中國古代戰爭通覽（二）

——西晉時代至五代

軍事學術研究文集序

世事難料——拙著《中國古代戰爭通覽》、《中國近代戰策輯要》、《兵家必爭之地》、《歷代兵詩窺要》，皆係二、三十年前舊作，分別由大陸解放軍出版社、長征出版社、軍事科學出版社出版發行。本以為時過境遷，早成過眼雲煙，或束高閣，或散故人，大概只有自己還記得這事。不期竟蒙臺灣知書房出版社垂顧，在當今紙媒出版這麼困難的情況下，將其匯總成一套軍事學術研究文集面世。枯木也能逢春，不啻恩同再造了。

既然全是在跟歷史上的攻戰殺伐打交道，那就說說我為何喜歡歷史。

我上學沒專門學過歷史，卻好像跟歷史有緣分，較早就懂得歷史這概念，似乎應包括歷史知識和歷史意識兩個層面。人想有歷史知識，那好辦，多待幾天圖書館，多跑幾趟博物院，甚麼三墳五典、百宋千元、天球河圖、金人玉佛、祖傳丸散、祕製膏丹……全裝進腦袋裡了。有沒有歷史意識，可沒這麼簡單。須知歷史知識本身，一般是已經凝固的東西，並不能教會你如何運用它，這種運用之道，乃是歷史知識以外、歷史知識以上的能力。確實，知識和意識是有區別的，它們是不同的東西，就像吃飽了肚子，未必就長身體，學到了知識，不見得就有意識。這就是為什麼有的人雖無學問，思想卻很活躍，有的人雖有學問，卻無思想。這也即為什麼在研究工作中養成良好的思維習慣，要比擁有大量相關知識重要。所以，困難就在於既把握所應把握的一切知識，又不讓這些知識束縛自己，身陷塵封網結的故紙堆中，大腦皮層卻噼啪作響，神騖八極，總能自覺地將歷史看作一門不能忽視已知事實的藝術，一門用實例教訓世人的哲學，是為了鑒往知來，撫古馭今，不能不對已逝歲月有所回望，不能不跟歷代先人有所對話。

有人說，但凡歷史上值得思考的事情，早被人無數次地思考過了，搞歷史在炒冷飯。真是寧跟明白人打架，別跟糊塗人吵架，我們所應當做的，只是試圖重新加以思考而已。你看世間多少事物，都是給它一種解釋之後，許多人便接受了，不再考慮對與錯。有思想的人卻不滿足，認為一定還有可研究的地方。這時候，就不要輕易放棄突如其來的感觸，那也許是某種頓悟，更不要隨便丟棄思想上的火花，那也許是將認識引向深入的亮點。聰明睿智的特徵，就在於只需看到或聽到一點，就能有更多的理解和考慮。做學問，當然得吸收前人和旁人所做的一切，然後再往前走，所謂操千曲而知音、觀千劍而識器，非盡採百家之美，不能成一人之奇，非取法至高之境，不能開獨造之域，同時也切忌模仿和因循。模仿別人，成不了那個人，因循二字，從來誤盡後生。

最後，從事軍事學術研究，最重要的學養基礎，應該是哲學、歷史和地理。讀哲學的好處是站得比較高，使你在分析、綜合、選擇、判斷各種軍事現象時，神智更清醒些，意識更超越些，不至於只見樹木不見森林，知其然不知其所以然，缺乏理論思辯的深度和力度。懂歷史，便可形成一種歷史的眼光，而任何事物一旦確立了它的歷史地位，也就瞭解了它。沒有地理知識的人，想必也沒有空間意識，研究軍事沒有空間意識，難怪總是在雲山霧罩，不著邊際。

張曉生 二〇一四年五月二十三日

臺灣版原序

中國是歷史悠久、幅員遼闊、由多民族融匯而成的國家。自從私有制出現，隨之社會分化為階級或集團以來，何日無戰？僅據有案可稽的文獻，截至清代以前，就發生過數以千計的戰爭。其中許多戰爭，規模之浩大，衝突之激烈，性質之複雜，為處於相同歷史階段的任何國家所難匹擬。認真整理一下這筆遺產，對於研究中國歷史，分析戰爭經驗，無疑非常必要。

以往雖然做過這方面的工作，往往停留在某些著名戰例上，一直缺乏系統地整理。於是三年前，我們應大陸出版社之約，從浩如煙海的史籍中，稽要鉤玄，綜合歸納，以能夠影響歷史進程和民族命運為標準，撰寫了上自黃帝、下至清末一百七十一次比較重要的戰事。

在敘述上，我們不但儘量做到脈絡清晰，將各次戰爭發生的起因、戰前有關情況、戰場地理形勢、雙方謀略及兵力部署、作戰經過、戰爭結局、勝負原因深入淺出地予以闡釋，而且注意此次戰爭與彼次戰爭的承啟關係，以期連綴起來，能夠讓讀者在有限的時間裡，一覽四千餘年來發生在中華大地上波詭雲譎的戰事。拙著在大陸出版後，反映尚好。今蒙臺灣雲龍出版社在臺灣地區出版繁體字版，不勝欣慰，亦願討教於臺灣學術界的朋友。

是為《中國古代戰爭通覽》臺灣版序。

張曉生一九八九年十一月十日

——臺灣版今序——

光陰荏苒，忽忽二十五年過去，承蒙謝俊龍先生不嫌不棄，在臺灣再版《中國古代戰爭通覽》，撫今追昔，恍若隔世。

這部書出版三年後，已是一九九一年春夏之交，遠在美國的劉長樂先生突發奇想，要搞套《中華古文明大圖集》，邀我去統稿，並為之撰寫題記。該書八部二十四集，內有《兵戰》一集。在為《兵戰》撰寫題記時，曾將搞通覽的體會梳理了一下，即當年寫得頭昏腦漲，究竟想讓讀者瞭解甚麼呢？當然希望瞭解所涉戰事，但同時又希望別僅如此，而是能由此感到——人類社會的發展，從來就不是在溫情脈脈中和平共處的，恰然相反，總是充滿無盡的矛盾和衝突。

說到我們這個幅員遼闊、人口眾多、由多民族融匯而成的國家，自從石器時代即有部族相斫以來，何日無戰？僅據有案可稽的文獻，截至清代以前，就發生過數以千計的戰事。其中許多次戰事，規模之浩大，衝突之酷烈，性質之複雜，為處於相同歷史階段的任何國家所難匹擬。正是以這種長期的、繁複的、劇烈的戰爭實踐為基礎，神州子弟嫻兵甲，華夏英雄富韜鈐，中國人高度清醒、冷靜的理知態度，首先在軍事領域獲得成熟與發達。素有禮義之邦美譽的中國，又因此被稱為兵學昌盛之國。

即如，與曾經一味依靠炫耀或硬拼武力、似乎不大講究戰略為何物的西方古代軍事界相比，中國人很早就強調「廟算」，注重「全勝為上」、「兵者詭道」、「知己知彼」、「知天知地」、「以逸待勞」、「以戰止戰」、「不戰而屈人之兵」……這些為兵聖孫子兩千五百年前便提出的著名的戰略原則，迄今仍代表著古今中外戰略研究的最高智慧。是的，拋開近代由於統治者腐朽顢頇，造成中華民族不幸落後挨打的歷史性恥辱另表，幾千年的中國人擺弄起軍事來，刀頭獵色敵寒膽，虎帳談兵鬼聳肩，演出過多少幕人類戰爭史上最為有聲有色的往事。而且，中國人似乎更清楚戰爭的目的何在，深知兵者是兇器，祇能不得已而用之，痛感最是風雲龍虎日，不勝天地慘淒情，主張倘能制侵淩，豈在多殺傷。這就使得中國兵學的大義，往往表現在這樣幾個方面：一切以現實利害為依據，非常具體地重視經驗，迅速從紛繁交錯和撲朔迷離中發現和抓住跟戰爭有關的本質與關鍵，把人的能動作用與戰爭的客觀條件聯繫起來綜合探索勝負之情。

中國古代的唯物論和辯證觀念，無疑在兵學中被集中和簡化了，使之構成中國實用理性的重要內容，給整個中國思想傳統都留下不可磨滅的印跡。這也即為甚麼兵學所總結的攻守、進退、虛實、勞逸、利害、奇正、分合等一系列軍事鬥爭中矛盾統一的概念，一旦擴展到自然現象和人事經驗，諸如明昧、高下、長短、先後、曲直、美惡、寵辱、成缺、損益、巧拙……就會成為貫穿事事物物的普遍性的共通原理。中國兵學所含真理的時空跨度，大矣哉。

是為《中國古代戰爭通覽》臺灣版今序。

張曉生二〇一四年三月三十一日於北京

目錄

第四章 唐代……231

第五章 五代……327

第一章

西晉時代

晉滅吳之戰

晉滅吳之戰，發生在晉太康元年、吳天紀四年（二八〇年）正月至三月。

魏滅蜀以後，原來魏蜀吳三國鼎立的局面，一變而為魏吳南北對峙。魏相國、晉公司馬昭，則因滅蜀之功，進爵為晉王，在曹魏政權中的地位更加鞏固。魏咸熙二年（二六五年）八月，司馬昭病死，其子司馬炎嗣為晉王。同年十二月，司馬炎廢黜魏元帝曹奐，改國號為晉，自立為晉武帝。司馬炎篡魏後，首先穩定國內局勢，在政治、經濟、軍事上採取了一系列重大措施，有效地增強了晉的實力。

從晉泰始五年（二六九年）開始，司馬炎便著手滅吳的軍事部署，派尚書僕射羊祜統領荊州諸軍鎮守襄陽，派征東大將軍王璀統領青州諸軍鎮守臨淄，派鎮東大將軍司馬仙統領徐州諸軍鎮守下邳。後來，由於西北諸胡及鮮卑之患，司馬炎滅吳的決策被延緩，但並未因此忘記滅吳。司馬炎一面運用分化瓦解政策離間吳國內部，一面加緊儲備軍需。他還針對魏晉軍隊歷來缺乏水師的弱點，為了征服波濤洶湧的長江，密令益州刺史王濬在巴蜀訓練水軍，製作舟艦，以便攻吳時順流而下。幾年之後，王濬水軍「舟楫之盛，自古未有」，為實現水陸並進滅吳，提供了重要的軍事力量。

吳國自蜀滅之後，與魏晉隔江對峙，形勢岌岌可危。吳永安七年（二六四年）七月，吳景帝孫休病死，孫權之孫孫皓為帝。孫皓十分暴虐淫奢，弄得朝中人人自危，國用也入不敷出。當時，吳國的一些有識之士認為，吳國雖有長江天險，但「長江之限，不可久恃」，勸孫皓在加強內部安定和增強經濟實力的同時，注意建平（今湖北省秭歸縣）、西陵（今湖北省宜昌市東南西陵峽口）的防務，以防晉軍從上游順流而下。然而，吳主孫皓並沒有看到這些，仍以為吳有長江天險，晉軍難以攻破，他不但絲毫沒有調整長江上游的防務，而且不顧國力，一再出兵攻掠晉地，致使吳國民生凋敝，上下離心，許多將士叛吳降晉。

晉咸寧五年（二七九年）十一月，司馬炎在徹底平定作亂於涼州多年的鮮卑禿發樹機能部之後，集中六路大軍，終於展開滅吳之戰。晉太康元年、吳天紀四年（二八〇年）正月，晉各路大軍皆向預定目標進擊。其中，瑯琊王司馬伷率徐州諸軍數萬人，自下邳南趨涂中（今安徽省滁縣），逼近長江牽制吳軍；安東將軍王渾率揚州諸軍十餘萬人，自壽春分別向橫江（今安徽省和縣西南）、尋陽（今湖北省黃梅縣北）進擊，擊滅吳將李純部，進據高望城（今江蘇省江浦縣西南），又擊滅吳將俞恭部和孔忠部，迫使吳將陳代、朱明等懼而請降。

二月，吳主孫皓為挽救江西方面的危局，派丞相張悌率丹陽太守沈瑩、護軍孫震、副軍師諸葛靚，領三萬精兵迎戰。當吳軍來到牛渚（今安徽省當塗縣西北，又名采石磯）時，沈瑩建議在此堅守，以防晉軍王濬的水師東下，並指出若渡江與晉軍作戰，一旦失利，則大勢將不可挽回。張悌卻說：「吳國將要滅亡，這是無論誰都知道的，而且並不是時至今日才知道。恐怕王濬的水師至此，眾心駭懼，連仗都打不成。如今渡過江去，還可以與晉軍決一死戰，即使敗喪，我們為社稷而死，也沒有甚麼可憾恨的，若僥倖取勝，我軍兵勢將成倍增長，說不定能進一步消滅晉軍。」於是，張悌命全軍渡江，尋找晉軍王渾部決戰。這時，王渾的前鋒張喬，率七千人剛到楊荷（今安徽省和縣東南），被張悌軍包圍。張喬因大隊尚未到達，自知寡不敵眾，閉柵請降。諸葛靚認為是偽降，捨之必為後患，建議攻屠這部分晉軍。張悌不同意，認為強敵在前，不宜在此用兵，而且擊殺降敵乃不祥之兆，將張喬安撫後繼續前進。吳軍剛進至板橋（距楊荷不遠），便與王渾主力軍孫疇及周浚部遭遇。吳丹陽太守沈瑩，首先率五千丹陽銳卒發起衝擊，連衝三次，晉軍陣容未為所動，吳軍反倒損失二將，只好引退。晉軍則乘沈瑩退軍時隊伍混亂，予以反擊，致使吳軍全線崩潰。這時，張喬也自背後掩擊吳軍，吳軍愈發離散。諸葛靚請張悌撤離戰場，張悌不肯離去。諸葛靚硬要把他拉走，並說：「吳國的存亡自有天數，不是您一個人可以挽回的，何必故意取死？」張悌淚流滿面地回答：「今日正是我的死日！當我還是個孩子時，便為先朝丞相所識拔，常恐自己不得其死，有負先朝丞相知顧之恩。今日能夠以身殉國，還有甚麼別的下場，比這更好呢？」此役，張悌、孫震、沈瑩等皆為晉軍所殺，吳軍損失將士七千八百餘人。

王渾大軍在取得上述勝利之後，進臨大江，等待從上遊下來的王濬水軍。揚州別駕何惲，向揚州刺史周浚建議：「張悌舉全吳精兵，殄滅於此，吳國朝野，莫不震懾。如今，龍驤將軍（王濬）已克武昌（今湖北省鄂城縣），正在乘勝東下，所向輒克，吳國土崩瓦解之勢就在眼前，我們應當急速引兵渡江，直指吳都建業。」周浚認為很有道理，讓他親自去和王渾講。何惲說：「王渾不大懂得事理，只願謹慎從事，以免過失，不會聽我的話。」周浚堅持要他去勸說王渾。王渾果然說：

「陛下只命我屯守江北，以抗吳軍，並沒有讓我隨便冒進。你們揚州的兵馬雖然善戰，能夠獨自掃平江東嗎？我若違命進軍建業，即使獲勝也沒有功勞，如若不勝，罪過就大了。況且，陛下已明確王濬之軍歸我掌管，你們只管準備船隻，等王濬來到一同過江。」何惲對王渾的這番話，不以為然，又說：「王濬從遠道建赫赫戰功來到這裡，能聽從您的指揮嗎？您既然身為上將軍，就應當見機行事，何必處處等待詔命？今日渡江，必能攻克建業。」王渾仍未動心，堅持將大軍屯於江北。

此時，武昌、江夏方面的晉軍主將王戎，率豫州諸軍自項城（豫州治所）越大別山南進，也進抵長江北岸，與吳國的武昌隔江對峙。江陵方面，晉軍主將杜預率荊州諸軍進攻江陵未克，當王濬軍攻破丹陽（今湖北省秭歸縣東）時，杜預派參軍樊顯、尹林、鄧圭及襄陽太守周奇，率軍循江西上，以策應王濬軍。二月五日，王濬軍攻克荊門、夷道二城（均在今湖北省宜都縣西北），吳國都督孫歆自樂鄉（今湖北省松滋縣東）迎擊，杜預乘機渡江襲擊樂鄉。孫歆前臨王濬的重兵，後方又被襲擊，大敗而回，而當孫歆率軍於夜間返抵樂鄉時，杜預預先埋伏在樂鄉城外的晉軍跟著混入城內，活捉孫歆，佔領樂鄉。接著，王濬水軍擊破吳國水軍，並擊殺吳國水軍都督陸景。杜預也集中全力，再攻江陵，吳江陵守將伍延偽降，被杜預擒斬。這時，晉征南將軍胡奮進克江安（今湖北省公安縣東北），整個長江中游，已大致為晉軍所控制。

司馬炎見伐吳進展順利，命杜預從此以撫定荊州為己任，命王濬與胡奮和王戎，在攻下夏口和武昌後，立即東下進攻建業。王濬自成都出發以來，一路所向無敵，戰果輝煌，在杜預增兵援助之後，更是勢不可擋。二月下旬，王濬率軍八萬，與胡奮進趨夏口，攻擊武昌，吳江夏太守劉朗、武昌守將虞昺皆降。三月，王濬軍自武昌順流而下，前往建業。當王濬軍抵達三山（今南京西南五十里）時，吳主孫皓派遊擊將軍張象率萬餘水軍阻擋，該部吳軍竟望風而降。去交趾討伐叛亂的吳將陶濬，正好返回建業，孫皓把最後的希望寄託在陶濬身上，問他有何辦法抵禦晉軍。陶濬誇口道：「晉軍的船隻都很小，只要給我二萬兵力，乘大船與其交戰，足以將其擊敗。」孫皓於是將全部軍權交給陶濬，命他於次日領兵迎敵。眾將士早無鬥志，聽說讓他們去送死，當天夜裡，就紛紛逃走。這時，除了王濬的水軍外，晉軍王渾、司馬伷等部均在長江北岸，孫皓採用光祿勛薛瑩、中書令胡沖之計，派使者分送降書給王渾、王濬、司馬伷各一份，企圖使三人爭功，引起晉軍內亂。王渾在接到降書後，曾要王濬過來商議，王濬則藉口「風利，不得泊舟」，催軍直指建業。三月十五日，孫皓被迫親自到王濬軍門請降，割據江東五十七年之久的孫吳政權滅亡。

晉滅吳後，中國又歸於統一，結束了自東漢末年董卓造亂以來長達九十年的混亂局面。但由於晉武帝司馬炎缺乏遠略，在實現統一之後，耽於苟安逸樂，並大封宗室為王，不久便使中國又陷入四分五裂的境地。

西晉皇室內亂之戰

西晉皇室內亂之戰，起於晉永康元年（三〇〇年）四月趙王司馬倫謀篡，迄於晉光熙元年（三〇六年）十一月晉懷帝即位，前後歷時六年零七個月，史稱「八王之亂」。

晉武帝司馬炎在篡魏的同時，鑑於曹魏帝室孤弱才使他得以奪權，乃大封宗室作為皇室的輔翼。他以叔祖司馬孚為安平王，叔父司馬幹為平原王、司馬亮為扶風王，司馬伷為東莞王，司馬駿為汝陰王，司馬肜為梁王，司馬倫為瑯琊王，弟弟司馬攸為齊王、司馬鑑為樂安王、司馬機為燕王，此外還封了十七位宗室為王。諸王以郡為國邑，卻不去赴任，而是居住在京師，分別授以官職。

晉滅吳後，司馬炎又下詔裁撤各州郡的軍隊，大郡僅留武士百人，小郡僅留武士五十人。司馬炎的想法是：自漢末以來，四海分崩，各地刺史內親民事，外領兵馬。如今天下為一，應當休兵卸甲，刺史的職份，仍按漢初所定。交州牧陶璜、僕射山濤等，曾勸司馬炎不要廢除州郡的武備，司馬炎不聽。侍御史郭欽也說：「西北諸郡，皆為胡人所居，內地京兆、魏郡、弘農（今陝西、山西、河南三省交界地區）也有他們的人。他們現在雖然服從於我們，百年之後若有風塵之警，騎兵自平陽、上黨出發，不用三天，就能到達孟津。這樣，北地、西河、太原、馮翊、安定、上郡等地，就都是胡人的天下了。現在應當乘滅吳之威，將雜居在內地的胡人，全遷到邊地去，並加強對他們的管理。」司馬炎也未聽從。

這是因為，司馬炎滿足於統一大業已遂，又已大封宗室，皇室日漸穩固，以為裁撤各州郡的軍隊，漢末州郡割據的局面便不致重演，從此只想以遊宴逸樂為事。由於司馬炎耽於聲色，不理朝政，大權逐漸為楊皇后之父、車騎將軍楊駿所掌握。晉太康十年（二八九年），司馬炎病倒，他唯恐楊駿日後逼淩太子司馬衷，聽從大臣王佑的建議，重新封王，然後讓所封諸王分率重兵，往各州郡督領軍事。其中，以汝南王司馬亮為大都督，負責豫州的軍事，治所在許昌；以南陽王司馬柬為秦王，負責關中的軍事；以始平王司馬瑋為楚王，負責荊州的軍事；以濮陽王司馬允為淮南王，負責揚州和江州的軍事；另立皇子司馬乂為長沙王、司馬穎為成都王、司馬晏為吳王、司馬熾為豫章王、司馬演為代王，皇孫司馬遹為廣陵王。司馬炎此項部署的重點，是以司馬亮、司馬柬、司馬瑋、司馬允（後三王皆為太子司馬衷同母弟）控扼天下要害，希望他們在外輔弼太子。

晉太熙元年（二九〇年）三月，司馬炎死去，太子司馬衷即位，是為晉惠帝。楊皇后夥同楊駿，篡改司馬炎要汝南王司馬亮與楊駿共同輔政的遺詔，迫使前來弔喪的司馬亮離開京城，而由楊駿獨攬朝政，身為太尉、太傅兼大都督。楊駿忌恨皇后賈南鳳（惠帝后）「險悍多權略」，派其外甥段廣為散騎常侍管機密，派張邵為中護軍管殿中禁軍，嚴格限制賈后的行動。無奈賈后仍欲干預政事，並於晉元康元年（二九一年）正月，與親信謀誅楊太后（即原來的楊皇后）和楊駿。為此，賈后派殿中中郎李肇去見汝南王司馬亮，說楊駿將危及社稷，請他舉兵討伐。司馬亮認為，不可擅動。李肇又去見督領荊州諸軍的楚王司馬瑋，司馬瑋欣然許之。二月，司馬瑋與督領揚州、江州諸軍的淮南王司馬允入朝。三月，李肇等請晉惠帝下詔，指控楊駿要謀反，命東安公司馬繇率殿中禁軍逮捕楊駿，楚王司馬瑋為其後援。楊太后為救楊駿，亟呼救太傅者有賞。賈后於是宣佈楊太后與楊駿同反，命禁軍火燒楊駿府，將楊駿捉到後殺死，並廢除楊太后。然後，賈后唆使晉惠帝委任汝南王司馬亮為太宰，與太保衛瓘共同輔政，同時以秦王司馬柬為大將軍，以東平王司馬楙為撫軍大將軍，以楚王司馬瑋為衛將軍領北軍中侯，以下邳王司馬晃為尚書令，以東安公司馬繇為尚書左僕射，並進爵為王。

賈后雖然已經得勢，但不久便發現朝中諸顯要人物仍不可靠，決定利用他們之間的矛盾，一一予以斬除。此時，東安王司馬繇深感賈后暴戾，密謀廢除賈后，賈后十分恐懼。正好，司馬繇與其兄東武公司馬澹素來關係不好，司馬澹向太宰司馬亮詆毀司馬繇「專行誅賞，欲據朝政」，賈后於是讓晉惠帝免去司馬繇的官職，並將其攆出京城，後又追殺。太宰司馬亮、太保衛瓘見楚王司馬瑋剛愎好殺，欲奪其兵權。司馬瑋親附於賈后，以求自保，賈后也正因司馬亮、衛瓘執政，使自己不得專恣，便讓晉惠帝作手詔給司馬瑋，命其除掉司馬亮和衛瓘。司馬瑋發本軍和洛陽內外三十六軍，襲擊司馬亮和衛瓘，將他們滿門抄斬。司馬瑋正奉詔殺人之際，太子少傅張華又通過宦官董猛，對賈后說：「楚王既然殺死二公（司馬亮和衛瓘，則天下威權將全歸入他的手中，陛下何以自安？應當定司馬瑋以擅殺大臣之罪，立即誅之！」賈后本來就想以此為藉口除掉司馬瑋，便命張華出宮宣佈：「楚王矯詔，大家不要聽從他的。」眾將士奉詔，均拋棄司馬瑋而離去，司馬瑋左右空無一人，被廷尉擒殺。賈后在半年之內連殺五位大臣，遂自行專政，委任親信，淫虐日甚。

晉元康九年（二九九年）六月，侍中裴頠、賈模恐怕禍及己身，曾與張華密謀廢除賈后，而立謝淑妃（太子司馬遹之母）為后，但又覺得晉惠帝未必答應，只好作罷。這年十一月，侍中賈謐因與太子遹發生衝突，勸賈后廢掉太子遹。此議，正中賈后下懷。賈后便大肆張揚太子遹的短處，並詐稱自己已有身孕，企圖秘密將其妹夫的兒子接來，立為太子。十二月，賈后宣佈所謂太子遹之罪，命公卿議之。公卿均知其中有詐，議未能決。賈后於是直接逼迫晉惠帝表態，將太子遹廢為庶人，同時殺死太子遹的生母謝淑妃。

賈后廢除太子遹一事，在朝中引起強烈反響。晉永康元年（三〇〇年）三月，曾經侍奉過太子遹的右衛督司馬雅、常從督許超等人，與殿中中郎士琦謀誅賈后。他們感到張華、裴頠等人，只顧保全自己的地位，難與同謀，而右軍將軍趙王司馬倫不但掌握兵權，而且性格貪婪，喜歡冒險，便通過司馬倫的親信孫秀，去勸說司馬倫。司馬倫果然應允，並約通事令張林、省事張衡等為內應。就在將要舉事的前夕，孫秀又向司馬倫獻計：「太子遹聰明剛猛，如果復位，必不能受制於人。您素來與賈后關係不錯，朝中無不知道，今日雖然為太子遹建立大功，太子遹也會以為您不過是迫於形勢，反戈一擊，以免己罪。即使太子遹不咎既往，也很難信任您，您若再有點過失，將立刻被誅。不如暫緩舉事，賈后必害太子遹，然後廢掉賈后，為太子遹報仇．不但能免禍，而且可得志。」司馬倫依計行事，按兵不動，並故意透露消息，說朝中有人想廢掉賈后迎回太子遹。賈后聞知甚懼。司馬倫又通過賈謐，勸賈后早除太子遹，以絕眾望。賈后於是命太醫製造毒藥，派人送到太子遹被囚禁的處所，毒死太子遹。四月，司馬倫聯合齊王司馬冏、梁王司馬彤，矯詔向朝臣宣佈：「中宮（賈后）與賈謐等殺死太子，十惡不赦。今使人廢除中宮，汝等皆當從命，事畢各賜爵關內侯，不從者誅三族！」朝中眾臣皆從命。司馬倫立即殺死賈謐，廢賈后為庶人，將賈后的親信全部捕斬。然後，司馬倫陰謀篡位，又除掉張華、裴頠等重臣，自領相國，封自己的兒子們個個為王，以孫秀為中書令。

淮南王司馬允，早知司馬倫懷有異志，暗地裡收羅亡命之士，企圖討伐司馬倫。司馬倫亦知司馬允性格沉毅，在禁軍中很有威望，深恐司馬允作亂，先是加封司馬允為驃騎將軍開府儀同三司領中護軍，後又轉為太尉，外示優崇，實則奪其兵權。司馬允拒不接受。司馬倫派孫秀奉詔，逼迫司馬允接受，司馬允一看詔書是孫秀的筆跡，怒不可遏，親率禁軍去攻打相府。光祿大夫陳准同情司馬允，擔心司馬允這樣做會吃虧，勸晉惠帝遣使持白虎幡，制止雙方爭鬥。大臣優胤奉詔持幡出宮，被司馬倫的兒子汝陰王司馬虔收買，優胤便詐言有詔命，令司馬允討伐司馬倫，誘使司馬允下車受詔，然後將司馬允殺死。司馬倫在除掉這一最大威脅之後，於晉永寧元年（三〇一年）正月，逼迫晉惠帝讓位，自立為帝。

這時，齊王司馬冏、成都王司馬穎、河間王司馬顒各擁強兵，坐鎮一方。司馬倫害怕他們不承認自己的帝位，一面加官進爵予以籠絡，一面派親信為三王的參佐。但是，這一切都枉費心機。這年三月，齊王司馬冏殺死司馬倫派到自己身邊的親信，起兵討伐司馬倫。成都王司馬穎、長沙王司馬乂、新野公司馬歆，立即響應。河間王司馬顒，本想協助司馬倫鎮壓司馬冏等，後見司馬冏和司馬乂兵盛，也參加討伐司馬倫行列。

司馬倫聞訊，分遣上將軍孫輔、折衝將軍李嚴，率兵七千出延壽關（今河南省緱氏縣），征虜將軍張泓、左軍將軍蔡璜、前軍將軍閭和，率兵九千出崿阪關（今河南省登封縣），鎮軍將軍司馬雅、揚威將軍莫原率兵八千，出成皋關（今河南省滎陽縣），以拒齊王司馬冏；又遣孫秀的兒子孫會，與將軍士猗、許超率軍三萬向朝歌（今河南省淇縣），以拒成都王司馬穎；另遣京兆尹王馥、廣平王司馬虔率兵八千，作為策應。四月，司馬冏進至穎陰（今河南省禹縣東南），與進據陽翟（今河南省禹縣）的張泓等接戰，雙方互有勝負。司馬穎則乘其對峙不下，在司馬乂的後援下，由朝歌進至溴水（今河南省溫縣境），與孫會、士猗、許超等大戰，連獲勝利，並渡河進攻洛陽。洛陽城內的左衛將軍王輿等，見司馬倫大勢已去，收斬司馬倫、孫秀及其黨羽，迎接晉惠帝復位。司馬穎又遣兵協助司馬冏破張泓等，然後與司馬冏、司馬顒、司馬乂等，一同進入洛陽。晉惠帝委任司馬冏為大司馬，加九錫，如司馬懿輔魏時的地位；委任司馬穎為大將軍，亦加九錫，可以劍履上殿，入朝不跪；以司馬顒為侍中太尉，加三錫；以司馬乂為撫大將軍領左軍；其餘有功諸王，亦各加封賞。不久，司馬穎因恐與司馬冏衝突，返歸鄴城，司馬冏得以專政。

晉朝皇室內的權勢之爭，並沒有隨著司馬倫的敗亡而停止，而是接踵又起。晉永寧元年（三〇一年）冬天，司馬冏為了久專大政，立年方八歲的清河王司馬覃為太子，自封為太子太師，而以東海王司馬越為司空，領中書監。司馬冏還因司馬顒曾經親附司馬倫，心中十分忌恨。晉泰安元年（三〇二年）十一月，司馬顒的長史李含被召為翊軍校尉，司馬冏手下的皇甫商和趙驤素與李含有隙，李含不敢赴召。李含並慫恿司馬顒說：「司馬穎與陛下關係至親（同母兄弟），又建立大功，因恐遭司馬冏所忌，才推讓掉共同輔政的地位，返回鄴城。司馬冏越親而專政，朝廷內外無不側目。若使司馬乂討伐司馬冏，司馬冏必殺司馬乂，您便可乘機討伐司馬冏。然後，去鄴城扶司馬穎為帝，您就是安定社稷的大功臣了。」司馬顒聽從了這個建議，一面派李含率兵前往洛陽，一面與司馬乂、司馬穎諸王聯繫。十二月，李含進攻新安，再次呼籲司馬乂討伐司馬冏。司馬冏害怕司馬乂又響應司馬顒，決定先下手為強，率兵挾晉惠帝進攻司馬乂，洛陽城內一片混亂。雙方連戰三日，司馬冏及其同黨敗死，司馬乂執政。

司馬顒依李含之計，策動司馬乂討伐司馬冏，原希望司馬乂被司馬冏殺死，然後以此為藉口宣告四方，共討司馬冏，廢除晉惠帝，而立司馬穎為帝，自己則身為宰相，不料司馬乂卻殺死了司馬冏，朝政反而落在司馬乂手中。司馬顒於是在晉泰安二年（三〇三年）秋七月，秘密派李含聯絡侍中馮蓀、中書令卞粹等，準備襲殺司馬乂。此事為司馬乂查覺，立即殺死李含等人。司馬顒遂起兵討伐司馬乂。司馬穎與司馬乂之間也有矛盾，欲與司馬顒共攻司馬乂。他的部下盧志獻策說：「您以前討伐司馬倫有大功，事成之後，又委權辭寵，在天下的名聲很好。今若屯兵函谷關以外，身穿文服入朝，不難從司馬乂手中奪回朝政。」他的另一部下邵續，則勸道：「司馬乂與您是同胞兄弟，如今您面臨這麼多與您搶奪天下的敵手，怎麼可以先與司馬乂相殘呢？」司馬穎均未聽從。八月，司馬穎與司馬顒以司馬乂「論功不平，與右僕射羊玄之、右將軍皇甫商專擅朝政，殺害忠良」為辭，舉兵討之，司馬顒派張方率精兵七萬，自函谷關東趨洛陽，司馬穎引兵進屯朝歌，派陸機等率軍二十餘萬，南向洛陽。司馬乂命皇甫商率萬餘人，在宜陽抵禦張方，自率大軍奉晉惠帝鑾駕，抗擊司馬穎。九月，皇甫商為張方襲破，司馬乂奉晉惠帝退屯緱氏，後又退守京城洛陽。洛陽建春門（上東門）一戰，司馬穎軍大敗，司馬乂乘勝大破張方。這時，朝中大臣認為，司馬乂和司馬穎是同胞兄弟，可以通過談判和解，共推中書令王衍，去勸說司馬穎，希望他能與司馬乂平分天下。司馬穎拒不接受。司馬乂又致書司馬穎，曉以利害，企圖與其和解。司馬穎要求先殺死皇甫商，然後才能撤兵還鄴，司馬乂當然不答應。司馬穎遂引兵再次逼近洛陽，與張方共圍京師。至晉永興元年（三〇四年）正月，司馬乂雖然屢挫司馬穎軍，前後殲敵六、七萬，但東海王司馬越仍擔心洛陽不守，將司馬乂活捉，請晉惠帝下詔免去司馬乂的官職。司馬乂後在囚地，為張方所殺。司馬穎既入京師，將朝中忌恨他的大臣統統殺死，廢除皇太子司馬覃和羊皇后，然後以丞相、皇太弟的身分還鎮鄴城，都督天下軍事，一如當年曹操的模樣，而以司馬顒為太宰、大都督兼雍州牧，加封東海王司馬越為尚書令。

司馬穎得志後，為所欲為，大失眾望。司馬越與陳眕、上官巳等人，在洛陽恢復羊皇后和太子司馬覃的地位，於六月請晉惠帝親自出征司馬穎。司馬穎派石超率兵五萬，在蕩陰（今河南省湯陰縣）大破司馬越，俘獲晉惠帝至鄴城。司馬越逃往東海，又糾集并州刺史司馬騰與幽州刺史王浚的軍隊共十餘萬人，再次討伐司馬穎。司馬穎畏懼王浚和司馬騰的軍隊，一面請匈奴左部都尉劉淵發兵來助，一面在鄴城嚴陣以待。九月，鄴城被攻破，司馬穎僅率數十人，挾晉惠帝逃奔洛陽。司馬顒將晉惠帝和司馬穎控制在手中，司馬穎從此失勢。司馬顒後又挾持晉惠帝和司馬穎退往長安，並下詔給司馬越，提出與司馬越夾輔帝室。司馬越不肯，於晉光熙元年（三〇六年）夏天攻破長安，迎接晉惠帝還都洛陽。這年十一月，司馬越鴆殺晉惠帝，立司馬熾為晉懷帝，延續了將近七年之久的「八王之亂」，始告結束。

晉室經此大亂，元氣大喪，國內四分五裂，邊疆各少數民族勢力乘機崛起，不僅西晉因此淪亡，而且招致中國有史以來異族亂華的空前混亂局面。

匈奴劉漢滅西晉之戰

匈奴劉漢滅西晉之戰，起於晉永嘉二年（三〇八年）正月，迄於晉建興四年（三一六年）十一月，歷時將近九年。

西晉初年，雜居在汾水之濱（今山西省中部）的南匈奴苗裔，自稱其祖先乃是西漢皇室的外孫，因此改姓劉氏。其左部帥劉淵，姿儀魁偉，膂力過人，被晉朝重臣王渾推薦給晉武帝司馬炎，並於晉太康十年（二八九年）受任為匈奴北部都尉。晉惠帝永熙元年（二九〇年）冬天，楊駿又委任劉淵為建威將軍、匈奴五部大都督。及長沙王司馬乂執政時，成都王司馬穎以劉淵為冠軍將軍，收為己用，命其駐在鄴城。

晉永興元年（三〇四年）秋天，司馬穎與東海王司馬越相爭，又拜劉淵為匈奴左單于、參丞相軍事，並命他赴左國城（今山西省離石縣東北），率匈奴五部兵，迎戰王浚及東瀛公司馬騰。劉淵到左國城後，匈奴右部帥劉宣等，共推劉淵為大單于。當司馬穎兵敗放棄鄴城時，劉淵曾欲發兵救之。右賢王劉宣等勸道：「昔我先人與漢約為兄弟，憂泰同之。自漢亡以來，魏晉代興，我單于雖有虛號，再無寸土屬於自己。如今司馬氏骨肉相殘，四海鼎沸，興我邦族、恢復祖先呼韓邪單于的基業的時候到了，怎麼倒去拯救仇敵呢？」劉淵如夢忽醒，並說：「大丈夫應當做漢高祖、魏武帝那樣的人物，呼韓邪何足仿效？」劉淵於是在左國城招兵買馬，迅速擴展。劉淵又對其部下說：「過去漢有天下達幾百年之久，人們至今尚未忘記。我們乃是漢室的外孫，匈奴又曾與漢約為兄弟，兄亡弟紹，不是理所當然的嗎？」劉淵遂建國號為漢，仿效漢高祖自稱漢王，尊蜀漢後主劉禪為孝懷皇帝。

這年十二月，晉東瀛公司馬騰派聶玄，自太原討伐劉淵，與劉淵戰於大陵（今山西省文水縣東北），晉軍大敗。劉淵決定乘勝，派建武將軍劉曜政取泫氏（今山西省高平縣）、屯留、長子、中都（今山西省平遙縣西北）等地，皆陷之。次年，劉曜又與晉將司馬瑜等戰於汾城（今山西省汾陽縣），又破之。晉光熙元年（三〇六年）十月，劉琨出任并州刺史，在上黨募兵，進據晉陽（今山西省太原市）。劉淵曾派前將軍劉景邀擊劉琨於板橋（今山西省介休縣境），為劉琨所敗。這時，侍中劉殷，向劉淵獻策說：「自起兵以來，我們一直偏守一方，王威未震。若能分兵四下出擊，先消滅劉琨，克定河東，建立帝號，然後大舉南下，一定可以佔領長安，作為國都。而關中一旦到手，席捲洛陽易如反掌。漢高祖當年，就是這樣創啟鴻基，殄滅項羽的。」劉淵採納了這一建議，進據河東（今山西省永濟縣東南蒲阪），附近各郡縣望風歸降。

晉永嘉二年（三〇八年）正月，劉淵又分遣諸將大舉出征，以撫軍將軍劉聰等十將南據太行，以輔漢將軍石勒等十將東下趙、魏（今河北省中南部和河南省北部），對晉展開全面攻勢。二月，石勒進攻常山（今河北省正定縣南），為王浚所敗，轉兵南向。九月，石勒與王彌攻陷鄴城。晉東海王司馬越，命豫州刺史裴憲，在白馬（今河南省滑縣）抵禦王彌，車騎將軍王堪，在東燕（今河南省延津縣東北）抵禦石勒，平北將軍曹武，在大陽防備由蒲阪南下的漢軍，司馬越本人，亦自濮陽移屯滎陽，指揮各方面作戰。十月，劉琨在壺關擊敗漢鎮東將軍綦毋達部，石勒則與王彌的部將劉靈攻陷魏郡（今河南省安陽市）、汲郡（今河南省汲縣西南）、頓丘（今河南省清豐縣），在這些地方擴軍五萬。這月，劉淵即皇帝位，並於次年正月徙都平陽（今山西省臨汾市）。

不久，司馬越見京師洛陽告危，自滎陽返回洛陽，將原先的禁軍全部更換，而以自己的親兵代之。左積弩將軍朱誕，不滿司馬越的所作所為，投奔劉淵，勸劉淵乘洛陽形勢孤弱，發動進攻。劉淵立即以朱誕為前鋒，派滅晉大將軍劉景進攻黎陽（今河南省浚縣東北），安東大將軍石勒進攻鉅鹿（今河北省寧晉縣西南）及常山，以掩護劉景軍。劉景攻克黎陽，又敗王堪於延津，將當地三萬百姓，趕入黃河淹死。劉淵聞知大怒，罵道：「我所要除去的只是司馬氏，小民有何罪過？」因此，削奪劉景的指揮權，而以征東大將軍王彌為主帥，命其與楚王劉聰，共攻壺關。劉琨欲救壺關，被石勒所破。司馬越又派王曠率軍二萬，渡河北進，企圖奪回對上黨的控制權。劉聰在長平大敗王曠，進克屯留、長子等地，並迫使晉上黨太守龐淳，以壺關降漢。劉淵見漢軍在黎陽、上黨連戰均勝，於晉永嘉三年（三〇九年）八月命劉聰自上黨襲破大陽，渡河疾趨宜陽（今河南省宜陽縣西）。九月，晉弘農太守垣延詐降，劉聰防備懈怠，遭到垣延夜襲，大敗而還。這時，石勒也被王浚和鮮卑的聯軍擊敗於飛龍山（今河北省獲鹿縣南），退守黎陽。十月，劉淵又派劉聰、王彌、劉曜、劉景率精騎五萬進攻洛陽，而使呼延翼率步卒繼後。劉聰等在洛陽城下圍攻了一個月之久，也未能破城。劉淵便改變戰略，將劉聰、劉曜、劉景、呼延翼等召回，只留下王彌繼續攻掠兗、豫二州，命石勒對冀州展開攻勢，以削弱洛陽外援，從而孤立洛陽。

晉永嘉三年（三〇九年）十一月，王彌自轘氏出轘轅，晉潁川、襄城、汝南、南陽、河南等郡的流民殺死郡守，紛紛響應漢軍，王彌兵勢因此大振。這時，石勒亦攻克信都（今河北省冀縣），殺死冀州刺史王斌。司馬越命王堪、裴憲率兵進攻石勒，遭到石勒重創，魏郡太守劉矩投降，裴憲棄軍奔往淮南，王堪退保倉垣（今河南省開封市西北）。十二月，劉淵派都護大將軍王賢與劉靈、趙固、王桑等，增援石勒，東至內黃。王彌則繼續東掠青州，以擴張劉漢的勢力。

晉永嘉四年（三一〇年）正月，石勒渡過黃河攻佔白馬，王彌率三萬兵力與之會師，共攻徐、豫、兗三州。二月，石勒襲破鄄城，殺兗州刺史袁孚，又進擾倉垣，斬王堪，然後北渡黃河，攻奪冀州諸郡，當地人投軍者，達九萬餘人。司馬越深感中原形勢危急，徵調江南建威將軍錢玹和揚州刺史王敦部，速來增援。錢玹叛晉，未肯服從。接著，王彌部將曹嶷自大梁（今河南省開封市）引兵向東，所至皆陷，在攻克東平後，進攻瑯琊（今山東省臨沂縣北）。四月，晉將王浚擒斬漢冀州刺史劉靈。至此，晉軍在徐、兗、豫三州均告失敗，唯在冀州方面王浚與石勒相峙，互有勝敗。七月，劉聰、劉曜、石勒及趙固等，共攻河內郡，再次逼近洛陽。但就在這個時候，劉淵病死，太子劉和即位。劉和欲削奪楚王劉聰的兵權，引起劉漢內部相互混戰。混戰的結果，是劉聰獲勝，即皇帝位。

十月，劉聰在安定了劉漢內部之後，立即派河內王劉粲、始安王劉曜及王彌、石勒，率兵四萬進攻洛陽。石勒與劉粲在澠池擊敗晉將裴邈，進入洛川，與司馬越戰於洛陽西明門外，在此受挫。漢軍於是又採取以前的戰略，分兵向四方掠地。劉粲出轘轅，攻略梁、陳、汝、穎諸郡；石勒出成皋關，攻陳留太守王贊於倉垣；王彌攻取襄城諸縣。洛陽城內，因飢困不堪，司馬越遣使徵集各州郡兵馬，入援京師。然而，僅是駐在襄陽的征南將軍山簡和荊州刺史王澄起兵，還被南陽作亂的流民所阻，竟沒有任何援兵到達洛陽。石勒因南陽混亂，乘機攻陷宛城、襄陽，進入江漢地區。司馬越見內外交逼，只留部分兵力守衛京師，自率名將勁卒四萬人前去許昌，後轉屯項城（今河南省項城縣東北）。司馬越此舉，名為防禦石勒，實際上是恐怕困守京師生變，欲藉此保存實力於豫州。

晉永嘉五年（三一一年）正月，在江漢間的石勒，因軍中斷糧，渡過沔水攻拔江夏，以解決軍糧困難。二月，石勒轉兵北攻新蔡，殺新蔡王司馬確於南頓（今河南省項城縣北），接著進陷許昌，斬晉平東將軍王康。這時，晉兗州刺史苟晞與司馬越發生矛盾，司馬越的黨羽河南尹潘滔，尚書劉望等，又在晉懷帝面前詆毀苟晞，苟晞大怒，上表晉懷帝，請求殺死潘滔和劉望，並認為天下之所以大亂，原因就在於司馬越執政，建議將其除掉。晉懷帝也早已厭惡司馬越專權，密詔苟晞討伐司馬越。司馬越知道後，亦宣佈苟晞罪狀，改委楊瑁為兗州刺史，命其與徐州刺史裴循共討苟晞。

不久，司馬越憂憤成疾，將後事託付給太宰王衍後，於這年三月死去。晉懷帝遂以苟晞為大將軍，都督青、徐、兗、豫、荊、揚六州軍事。四月，石勒率輕騎，截擊司馬越的餘部於苦縣甯平城（今河南省鹿邑縣西南），晉軍將士相踐如山，太宰王衍、豫州刺史劉喬及襄陽王司馬範等六王被擒。五月，劉聰又派前軍大將軍呼延晏，率二萬七千人進攻洛陽，劉曜、王彌、石勒聞訊，亦引兵前來合圍。六月十一日，王彌、呼延晏攻陷宣陽門，進入晉宮。晉懷帝欲出華林園門逃向長安，被漢兵擒獲，押往平陽。晉懷帝到平陽後，劉聰封其為光祿大夫、平阿公。

劉曜因王彌不等自己來到，便先破洛陽，心中怨恨王彌。因此，當王彌向他建議奏請劉聰遷都洛陽時，劉曜聲稱天下未定，洛陽四面受敵，不可扼守，不但未用王彌之策，反而焚燒洛陽。七月，晉蒲阪守將趙染降漢。八月，劉聰命趙染與安西將軍劉雅，率騎兵二萬進攻長安，以劉粲和劉曜部為其後繼。趙染攻破潼關，長驅下邽（今陝西省渭南縣東北），進圍長安。晉南陽王司馬模出戰失利，降漢被殺，漢軍進佔長安。劉聰改封劉曜為車騎大將軍、雍州牧和中山王，命其鎖守長安。長安既陷，晉馮翊太守索綝和安定太守賈疋等企圖復興晉室，率眾五萬撲向長安。晉雍州刺史麴特、新平太守竺恢、扶風太守梁綜，皆起兵響應，率眾十萬，與賈疋等會師。晉軍在新平（今陝西省邠縣）、黃丘（今陝西省淳化縣黃嶺山下）、新豐連創漢軍，包圍長安。這時，晉豫州刺史閻鼎欲擁秦王司馬業入據長安，自宛城經武關至藍田。賈疋派兵迎接，將他們暫且安頓在雍城。

晉永嘉六年（三一二年）三月，晉涼州刺史張軌，發大軍七萬赴長安，但卻為晉秦州刺史所阻，未能趕至前線。賈疋等包圍長安已經數月，劉曜連戰連敗，於四月退回平陽。長安被晉軍收復後，秦王司馬業自雍城入居長安。此後數月，因為劉琨和鮮卑拓跋猗盧的聯軍，與漢軍大戰於晉陽，賈疋等得以整治關中。八月，賈疋等擁戴司馬業為皇太子，晉室此刻猶有可為。但是，不久由於閻鼎與梁綜爭權，麴允、索綝、梁肅等又共攻閻鼎，賈疋亦為人所殺，長安復興之勢，轉瞬即逝。

晉永嘉七年（三一三年）二月，劉聰殺晉懷帝於平陽。四月，長安獲知晉懷帝遇害，扶皇太子司馬業即皇帝位，是為晉湣帝，改元建興。劉聰派劉曜、趙染、喬知明進攻長安，由於劉琨與拓跋猗盧在背後擊漢，劉曜等行至蒲阪即還師。五月，晉湣帝以瑯琊王司馬睿為左丞相，都督陝東軍事，以南陽王司馬保為右丞相，都督陝西軍事，並下詔說：「今當掃除劉漢，奉迎梓宮（晉懷帝的靈柩），命幽、并兩州集兵三十萬直攻平陽，右丞相率秦、涼、梁、雍之師前來長安，左丞相領精兵三十萬前往洛陽。」詔至建康，瑯琊王司馬睿藉口剛平定江東，無暇北征，拒絕發兵。秦州的南陽王司馬保、涼州的張軌、幽州的王浚、并州的劉琨、開封的荀藩，也都皆圖割據，按兵不動，遂使晉湣帝復興晉室的計劃，歸於泡影。

九月，劉曜、趙染攻晉將麴允於黃白城（今陝西省三原縣東北），麴允累戰皆敗。晉湣帝派索綝為征東大將軍，率兵援助麴允。十月，劉曜乘麴允等統兵在外，長安空虛，命趙染率精騎五千襲長安，攻入外城。晉將麴鑑率軍奮力抵抗，才迫使趙染退走。麴鑑追擊趙染，與劉曜在零武（今陝西省咸陽縣東）遭遇，受到重創。這時，劉曜恃勝而不設防，十一月被麴允襲破，斬其部將喬知明，劉曜遂引兵退回平陽。次年五月，劉曜與趙染、殷凱再攻長安，被麴允襲破於馮翊（今陝西省大荔縣），漢軍又退還。

晉建興三年（三一五年）九月，劉曜分軍進攻北地（今陝西省耀縣東南）、馮翊二郡，晉湣帝派麴允迎擊。十月，劉曜攻陷馮翊，晉馮翊太守梁肅退守萬年（今陝西省臨潼縣東北），劉曜轉攻上郡（今陝西省鄜縣），麴允自黃白城進軍零武抗擊。晉湣帝因長安危急，屢次徵召右丞相司馬保前來救駕，司馬保均以「今胡寇大盛，宜斷隴道，以觀其變」為辭，不肯發兵。麴允欲奉晉湣帝前往司馬保所在的秦州（今甘肅省天水市西南）暫駐，索綝認為司馬保若得到天子，必逞其私志，力勸麴允改變這一決定。晉建興四年（三一六年）四月，張軌撥來五千步騎援救長安，並送來大量貢賦，飢困已久的長安，才稍得緩解。這年七月，劉曜包圍北地太守麴昌，麴允率步騎三萬往救，被劉曜襲破，敗還零武，北地失陷。劉曜乘勝進至涇陽，渭北諸城皆陷。八月，劉曜進逼長安。九月，晉安定（今甘肅省鎮原縣南）太守焦嵩、新平太守竺恢、弘農太守宋哲等，引兵援救長安，散騎常侍華輯率京兆、馮翊、弘農、上洛四郡兵屯駐霸上，皆畏漢軍兵勢，不敢接近長安。不久，司馬保派胡崧襲敗劉曜於靈臺（長安西），胡崧卻唯恐晉朝國威復振，則麴允、索綝等將把持朝政，屯兵渭北不進，後回師槐里（今陝西省興平縣東南）。於是，劉曜得以重新部署，攻陷長安外城，迫使麴允、索綝退保內城。晉湣帝見內外隔絕，城中已出現人相食的慘狀，決定忍恥出降。十一月十一日，晉湣帝出降劉曜，旋即被押赴平陽。劉聰以晉湣帝為光祿大夫，封懷安侯，西晉至此滅亡。

西晉滅亡後兩年，劉聰就因病死去，劉曜即皇帝位，改國號為趙，史稱前趙。晉瑯琊王司馬睿，也於同年在建康（今江蘇省南京市）即皇帝位，史稱東晉。

第二章

東晉時代

後趙石勒開國之戰

後趙石勒開國之戰，起於晉永嘉六年（三一二年）石勒進據襄國，迄於東晉咸和五年（三三〇年）石勒即皇帝位，前後共歷十八年。

石勒本為羯族人，於晉永嘉元年（三〇七年）歸附劉淵，在協助劉淵建立匈奴劉漢政權的戰爭中，屢立戰功。晉永嘉五年（三一一年）六月，石勒與王彌、劉曜等攻陷洛陽後，引兵出轘轅屯許昌。八月，石勒又攻陷陽夏（今河南省太康縣）、蒙城（今安徽省蒙城縣），擒獲晉豫章王司馬端和大將軍苟晞。漢主劉聰，遂拜石勒為幽州牧。

這時，王彌因與劉曜有隙，亦引兵東屯項關（今河南省項城縣境）。石勒與王彌相距很近，兩人表面上友好，內心卻互存疑忌。王彌曾派親信劉暾，去聯絡青州刺史曹嶷，讓其邀請石勒前往青州，然後準備吞併石勒部。不料，劉暾在赴青州途中被石勒的部下擒獲，石勒殺死劉暾，王彌尚不知道。不久，王彌的部將徐邈等率部離去，王彌的兵勢漸衰。王彌又聽說石勒活捉晉朝大將軍苟晞，心中益發不安，寫信對石勒說：「您能把苟晞抓到，為己所用，真是神人！如果讓苟晞作您的左手，我來作您的右手！天下不難平定。」石勒與其謀士張賓商議後，認為：「王彌的地位很高，卻說出這麼卑屈的話來，一定是想打我的主意。」當時，石勒正與晉將陳午相峙於蓬關（今河南省開封市東北），王彌也正與晉將劉瑞相峙於壽春，王彌因力不能支，請石勒救援，石勒沒有答應。張賓乃獻計說：「您常恨不能找到除掉王彌的機會，今日上天將王彌交給您了。陳午這小子不足憂慮，王彌卻是人中豪傑，應當及早翦除。」石勒遂引兵協助王彌，擊斬劉瑞。王彌大喜，以為石勒對自己還不錯，從此不再懷疑石勒。十月，石勒在己吾（今河南省寧陵縣西南）宴請王彌，席間親手殺死王彌，並收容其部下，然後上表劉聰，報告王彌謀叛。劉聰大怒，遣使責備石勒擅殺大臣，藐視自己，卻又加封石勒為鎮東將軍領并州刺史，以安其心。石勒引兵掃蕩豫州諸郡，後屯於葛陂（今河南省新蔡縣北）。晉并州刺史劉琨，曾藉送石勒的母親王氏和從子石虎去葛陂之際，勸石勒歸晉，石勒以名馬珍寶酬謝劉琨，拒絕歸晉。

晉永嘉六年（三一二年）二月，石勒在葛陂大造舟船，準備進攻建業。晉瑯琊王司馬睿聞訊，集中江南之軍於壽春抵禦，適逢連月大雨不止，石勒軍因飢疫而死者甚多。張賓對石勒說：「鄴城山河四塞，應當北上佔據那裡，以經營河北。河北若在您的手中，天下無人可與您爭鋒了。晉軍之所以死保壽春，是唯恐您發動進攻，聽說您要離去，一定不會追擊。」石勒遂引兵自葛陂北上，長驅至鄴。鄴城守將，為劉琨的侄子劉演，在鄴城嚴加防守。石勒本想一舉攻下鄴城，後又採納張賓關於邯鄲襄國形勢之地，請擇一都之的建議，轉而進據襄國（今河北省邢臺市西南）。石勒一面向劉聰報告，願以襄國為指揮中樞，一面分遣諸將攻取冀州郡縣，將所獲全部運往襄國。劉聰遂命石勒都督冀、幽、并、營四州軍事，為冀州牧，進封上黨公。

晉永嘉六年（三一二年）七月，晉幽州刺史王浚，請遼西段疾陸眷、段匹磾、文鴦、末柸等率軍五萬，大舉進攻石勒於襄國。段疾陸眷所率的鮮卑騎兵，極為精悍，進屯渚陽（今河北省冀縣境）後，連創石勒軍，並企圖攻破襄國。石勒對其將佐說：「今敵眾我寡，外無救援，內糧將盡，即使孫吳重生，也很難守住城池。我想挑選一部分將士，與敵在野外大戰。」諸將都認為不如堅守疲敵，待敵退卻時，再予以反擊。張賓則說：「段氏所率的鮮卑騎兵，以末柸部為主力。段氏連日攻擊襄國北城，以為我們形勢孤弱不敢出戰，必然懈怠。我們應當進一步顯示怯戰，迅速在北城鑿開二十條通道，待敵再發動進攻時，直衝末柸部，打他個措手不及。末柸部一旦失利，其餘敵軍也會敗潰。」石勒採納其計，遂生擒末柸，並一舉將段疾陸眷軍擊回渚陽。

石勒既擒末柸，以末柸為人質，向段疾陸眷求和。段疾陸眷許之。文鴦勸道：「今以末柸一人之故，而放縱即將攻滅的石勒，王浚若問罪下來，怎麼辦？」段疾陸眷不聽。石勒認為，段疾陸眷乃是受王浚所使，不願結怨於鮮卑，乘釋放末柸之際，極力拉攏段疾陸眷，終於使段疾陸眷背叛王浚，與石勒結為兄弟，返回遼西。石勒遂進攻信都，斬殺王浚所部署的晉冀州刺史王象。

晉建興元年（三一三年）四月，石勒派石虎攻陷鄴城，劉演走保廩丘（今山東省范縣東南）。王浚見與石勒決戰勢所難免，督諸軍進屯易水，遣使召段疾陸眷再來助戰。段疾陸眷拒不肯來。王浚於是以重幣，賄賂居於晉北的鮮卑拓跋猗盧部，請其與鮮卑慕容廆部共討段疾陸眷。這兩部鮮卑勢力均出兵協助王浚，但拓跋猗盧部遭到段疾陸眷重創，慕容廆部雖然攻取陡河（今遼寧省錦縣西北）、新城（今遼寧省興城縣）而至陽樂（今河北省撫寧縣西），聽說拓跋猗盧部失利，亦引軍撤走。石勒則利用這段時間，相繼略定山東各郡縣。

這年十一月，王浚欲稱皇帝，致使部下紛紛離心，許多人逃歸鮮卑慕容廆部。石勒企圖乘機進襲王浚，問計於張賓。張賓獻策：王浚雖為晉臣，一直想廢晉自立，以前只是怕四海英雄不肯服從於他。他現在想得到您的支持，猶如項羽想得到韓信。您不妨卑辭厚禮向他稱臣，然後再尋隙消滅他。」石勒於是派人帶許多珍寶去見王浚，對王浚說：石勒本是胡人，逢亂世聚眾，不過是為了保全自己的性命。如今晉朝已經滅亡（指晉懷帝被擄往平陽），中原無主，您乃是名門貴望，為四海所注目，理應登基為帝。石勒之所以捐軀起兵，誅討暴亂，也正是想為一位真命天子效命。但願您應天順人，早登皇位。石勒奉戴陛下，將如對天地父母，陛下洞察石勒的微心，亦望如規導兒子一樣。王浚聽後大喜，以為石勒真得要歸附自己。

晉建興二年（三一四年）正月，王浚派使者至襄國，石勒將其勁卒精甲隱匿起來，而以老弱之軍示之，向王浚宣誓稱臣，並決定於三月中旬親往幽州，奉上尊號。王浚因此益發驕怠，根本不再防備石勒。不料才至二月，石勒便迫不及待地準備襲擊王浚，後來又猶豫未發。張賓問：「襲擊敵人應當出其不意。您已經備戰多日，卻不出發，莫非是畏懼劉琨及鮮卑、烏桓為後患嗎？」石勒點頭承認，問如何對付。張賓說：「這三方將帥的智勇，沒有能夠比得上您的。您雖然遠出，他們也不敢妄動。況且，以輕便之軍進攻幽州，往返不過二十天，即使他們有心襲擊，還沒有出兵，我們的軍隊已經回來了。劉琨與王浚雖然都是晉臣，實為仇敵，聽說我們去攻打王浚，劉琨只會高興，豈會救援王浚而襲擊我們？用兵貴在神速，再不要拖延了。」石勒嘆道：「我心中很多放心不下的顧慮，您總是早已料知。」立即發兵連夜北上。

三月，石勒軍抵達易水。王浚的部將孫緯，派人騎快馬飛報王浚，並準備阻擊石勒軍。王浚的部將都認為，胡人貪得無饜，而且不講信用，石勒此來必有陰謀，請求出擊。王浚生氣地說：「石勒是來擁戴我為帝的，再敢說出擊者斬！」四月四日，石勒到達薊城，懷疑城內有埋伏，先趕進數千頭牛羊，說是獻上的禮品。至此，王浚才有些疑懼，在府舍坐立不安。石勒進城後，縱兵大肆搶掠，王浚左右的人請求還擊，王浚仍未做決斷。石勒派人將王浚捉來，王浚痛罵石勒大逆不道。石勒則回答：「你身為晉朝大臣，手握重兵，坐視國家覆滅而不救，卻想自尊為帝，才是真正的大逆不道！」下令，將王浚押回襄國斬首，並殺死其部下精兵萬人。石勒返回襄國後，派人攜帶王浚的首級，向劉聰報捷。劉聰加封石勒為驃騎大將軍和東單于。

石勒既滅王浚，依張賓之計，決定進圖并州劉琨。劉琨也知道石勒的下一步行動必在并州，大感恐懼，上表給長安的晉湣帝說：「函谷關以東八州，石勒已滅七州，倖存的只有并州。石勒佔據襄國，與我僅隔著一道太行山，朝發夕至。我對朝廷雖懷滿腔忠貞，也只怕力不從心了。」此時長安方面，自顧尚且不暇，哪裡顧得上并州。不料石勒自薊城返回襄國途中，被王浚部將孫緯襲擊，石勒所署的幽州刺史劉翰，亦背叛石勒，請鮮卑首領段匹磾進據薊城，石勒為了專力進攻并州，暫置幽州於不顧，在晉建興四年（三一六年）四月，首先派石虎進擊劉琨所署的兗州刺史劉演於廩丘。段匹磾派文鴦救之未及，石虎攻陷廩丘。十一月，石勒又進攻樂平太守韓據於坫城（今山西省昔陽縣西南），韓據向劉琨請救。劉琨剛得到拓跋猗盧的援助，欲乘勢抗擊石勒。他的部將箕澹、衛雄說：「樂平雖為晉地，久淪異域，不值得去救它，不如閉關守險，以防石勒來攻并州。」劉琨認為樂平絕不可丟，決定率全軍拯救樂平，命箕澹領步騎二萬為前鋒，自屯廣牧（今山西省壽陽縣北）為繼援。石勒聽說箕澹軍將至，立刻進據險要，在附近山上遍佈疑兵，然後派輕騎與箕澹交戰。石勒的輕騎佯敗，箕澹縱兵追擊，進入石勒的埋伏，箕澹僅率殘騎千餘人逃奔代郡（今山西省山陰縣南）。十二月，劉琨的長史李弘，在陽曲投降石勒。劉琨進退兩難，不知所措，後受段匹磾之邀，從飛狐口（今河北省淶源縣北）奔往薊城。石勒一面將陽曲、樂平的人民徙往襄國，在此置戍而還，一面派兵追殺箕澹於代郡，遂盡有并州之地。

東晉建武元年（三一七年）春天，在薊城的劉琨、段匹磾見晉湣帝已經降漢，派使者去建康，勸瑯琊王司馬睿即皇帝位。這年七月，段匹磾推劉琨為大都督，並給其兄段疾陸眷和叔父涉復辰、弟末柸等人寫信，請他們率兵前來共討石勒。末柸不願與石勒交戰，對段疾陸眷和涉復辰說：「以父兄的身分而服從侄弟，是恥辱的。即使劉琨僥倖取勝，段匹磾將獨取其功，我們又能得到什麼？」段疾陸眷與涉復辰，於是拒絕發兵。次年正月，段疾陸眷死去，其子幼小，叔父涉復辰自立。段匹磾聞訊，自薊城奔喪。末柸認為段匹磾是來篡奪權力，勸涉復辰發兵拒之，末柸則乘虛襲殺涉復辰，自稱單于，又迎擊段匹磾，將其趕回薊城。這時，隨同段匹磾前來奔喪的劉琨的兒子劉群，為末柸所擒，末柸放他回薊城，與劉琨商議，請劉琨作內應共襲段匹磾。段匹磾得知，盡殺劉琨及其全家。劉琨死後，薊城一片混亂，末柸遣兵攻之，段匹磾被迫逃往樂陵（今山東省樂陵縣）。末柸遂自稱幽州刺史。東晉太興二年（三一九年），石勒進爵為趙王，將幽、冀、并三州均奪到自己手中，史稱後趙開始。

石勒從此尾大不掉，與前趙國主劉曜（繼承匈奴劉漢政權改國號為趙，史稱前趙）分庭抗禮，並準備取而代之。但石勒欲攻取劉曜所在的前趙國都長安，必須先消滅晉將祖逖在豫州所遺留的勢力，以及盤據青州的曹嶷，以免後患。石勒乃於東晉永昌元年（三二二年）十月派兵進攻河南，佔領城父（今河南省襄城縣），迫使晉將祖約（祖逖弟，祖逖死後代領其眾）退屯壽春。石勒軍轉取陳留，徐、兗二州的重鎮，多投降後趙。次年三月，石勒又遣將進攻彭城、下邳，迫使東晉徐州刺史下敦與征北將軍王邃退保盱眙。這年秋天，石勒遣石虎攻陷臨淄、廣固（今山東省益都縣西），曹嶷出降被殺。石勒遂併有青州之地。

東晉太寧二年（三二四年），石勒派石生擊斬前趙河南太守尹平於新安，後又使石生進攻許潁，俘獲甚眾。石生在陽翟進攻郭誦時受挫，退屯康城（今河南省禹縣西北）。石聰奉石勒之命馳援石生，大破東晉司州刺史李矩及潁川太守郭默，於滎陽和陽翟二地，然後與石生一起進據洛陽。次年春夏之間，東晉都尉魯潛與李矩、郭默相繼投降石勒，司、豫、徐、兗四州，盡為後趙所有，而以淮水與東晉為界。前趙國主劉曜，曾派中山王劉岳來爭奪河南，與石生戰於金墉。石勒派石虎增援石生，劉岳敗走。劉曜親自前去救應，被石虎掩擊，全軍大潰，只好退歸長安。東晉咸和三年（三二八年）夏天，石勒又派石堪進攻宛城，東晉南陽太守投降。七月，石堪與石聰合兵攻陷壽春，祖約敗走歷陽（今安徽省和縣）。與此同時，石勒派石虎西擊前趙，進攻蒲阪。劉曜率軍馳救蒲阪，斬後趙將領石膽，將石虎擊走。劉曜又進攻石生於洛陽金墉，後趙控制下的滎陽、野王等地，均投降前趙，致使襄國亦為之大震。石勒因此親自出兵，前往洛陽與劉曜決戰。石勒命石堪自壽春會兵滎陽，石虎自朝歌進據石門（今河南省滎陽縣東北），石勒自統大軍至成皋。石勒見成皋無前趙守軍，由此詭道兼行，出鞏縣至洛水。劉曜聽說石勒親自來戰，為之色變，立即撤去金墉之圍，集兵十餘萬，在洛水以西列陣。石勒進入洛陽，命石虎進擊前趙中軍，石堪進擊前趙前鋒，一舉將前趙軍擊潰，並俘獲劉曜，押回襄國。石勒返回襄國後，命劉曜給其太子劉熙寫信，讓前趙停止抵抗。劉曜卻讓劉熙和諸大臣以社稷為重，不要顧慮自己的安危。石勒遂殺死劉曜。

東晉咸和四年（三二九年）春天，前趙太子劉熙聽說劉曜被殺，心中恐懼，率百官奔往上邽

（今甘肅省天水市西南），關中因此大亂。石勒派石生率洛陽之軍進攻長安，前趙長安守將蔣英、辛恕率十萬守軍投降後趙。這年秋天，前趙南陽王劉胤率兵數萬，自上邽爭奪長安，石虎馳援扼守長安的石生，與劉胤戰於義渠（今甘肅省寧縣西北），大破前趙軍。劉胤逃回上邽，石虎乘勝追擊，上邽一片潰亂，劉熙、劉胤等被斬，前趙從此滅亡。次年，涼州張駿亦降於後趙，中國北方皆為石勒所有。

西晉自「八王之亂」以來，天下紛亂，群雄相繼割據，至石勒才統一中國北方。此時，仍在與石勒抗衡的，僅有割據江南的東晉和割據蜀漢的李雄所建的成國。東晉咸和五年、後趙建平元年（三三〇年）九月，石勒即皇帝位於襄國。

東晉內亂之戰

東晉內亂之戰，起於東晉永昌元年（三二二年）正月王敦進軍建康，迄於東晉咸和五年（三三〇年）三月討平郭默，歷時八年零二個月。

晉自永嘉以後，中原屢遭匈奴劉漢的侵擾，形勢極為混亂，洛陽、長安先後被佔，晉懷帝、晉湣帝相繼被俘，西晉因此滅亡。在此期間，瑯琊王司馬睿鎮守建康（今江蘇省南京市），依靠王敦、王導兄弟的輔佐，平定江州、湘州、荊州諸地，然後憑藉長江險阻，尚能繼續復國，史稱東晉。但由於王敦功高震主，又手握重兵，都督江、揚、荊、湘、交、廣六州軍事兼統州郡，有遙控朝廷之勢，使晉元帝司馬睿深感畏懼。司馬睿為了防微杜漸，早在東晉大興二年（三一九年）夏天，即設法削弱王敦的勢力。次年冬天，司馬睿仍嫌王敦威權太盛，將王敦的怨敵侍中劉隗、中書令刁協等收為心腹，謀求如何抵制王敦。王敦也知道司馬睿在疑忌自己，曾上表陳述古今忠臣見疑於君、「蒼蠅之人」交構其間的歷史教訓，想讓司馬睿對自己放心。不料，司馬睿卻愈發疑忌他。東晉大興四年（三二一年）七月，司馬睿採用劉隗之策，派親信出鎮各州，企圖由此剝奪王敦的兵權。王敦為保持自己的地位，先發制人，於東晉永昌元年（三二二年）正月，一面上疏彈劾劉隗之罪，一面以誅劉隗為名舉兵，進逼建康，東晉內亂之戰遂起。

王敦率軍由武昌東下後，疾趨蕪湖，又上疏彈劾刁協的罪狀。司馬睿大怒，於正月二十一日下達征討王敦的詔書，並徵召戴淵、劉隗等人入衛京師。這時，在長沙的譙王司馬丞，不願順從王敦，與長沙太守虞悝合謀，囚禁王敦的親信桓羆，然後聯合零陵太守尹奉、建昌太守王循、衡陽太守劉翼、舂陵令易雄等，共同討伐王敦。湘東太守鄭澹（王敦的妹夫）不從，司馬丞派虞望將其討斬。司馬丞又派人去襄陽勸說梁州刺史甘卓，請他出兵襲擊王敦的後方武昌。這時，已行至蕪湖的王敦，因事先曾約甘卓一同舉兵，甘卓也表示同意，見甘卓仍未舉兵，害怕甘卓襲其後方，派參軍樂道融再去邀請。但樂道融見到甘卓後，反勸甘卓襲擊王敦，並設計「偽許應命，而馳襲武昌」。甘卓於是決心與司馬丞共討王敦，率兵進屯豬口（今湖北省沔陽縣北）。王敦聞訊，立即派部將魏文、李恆率軍二萬攻長沙。司馬丞奮力抵抗，處境艱危，向甘卓求救。甘卓遣使勸司馬丞固守，聲稱自己將出兵沔口，截斷王敦軍的歸路。司馬丞守至四月十日，城破被殺。建康上游討伐王敦之勢，於是迅速瓦解。

三月，王敦之軍抵達建康。司馬睿以王敦的從弟王導為前鋒大都督，戴淵為驃騎將軍，以周札為右將軍扼守石頭城，劉隗守金城，又以甘卓為鎮南大將軍都督荊、梁二州軍事，陶侃領江州刺史，然後親自披甲，往郊外迎戰王敦。王敦欲先攻金城劉隗，後採納謀士杜弘之策，一舉攻拔石頭城。司馬睿命刁協、劉隗、戴淵等反攻石頭城，王導予以助攻，各路大軍皆敗。王敦進入建康城後，故意不去朝見司馬睿，放縱士卒大肆劫掠。司馬睿脫去戎衣，換上朝服，派人對王敦說：「你若不忘本朝，就此息兵，則天下尚可平安。否則，我將返歸瑯琊，把帝位讓與你。」同時，司馬睿加封王敦為丞相及武昌郡公，讓刁協、劉隗等遠走避禍。王敦此時並無謀篡之心，在誅殺朝中的怨敵和要求加封其從弟王導為尚書令之後，引兵返回武昌。五月，王敦密使襄陽太守周慮襲殺甘卓，改委自己的親信鎮守襄陽。十一月，司馬睿憂憤成疾而死，太子司馬紹即位，是為晉明帝。

東晉太寧元年（三二三年）三月，後趙石勒乘東晉之亂，遣將攻陷彭城、下邳，東晉徐州刺史卞敦與征北將軍王邃退保盱眙。晉明帝命王敦抵禦後趙，王敦移鎮姑孰于湖（今安徽省當塗縣南），自領揚州牧。六月，晉明帝畏懼王敦之逼，欲以尚書郗鑑為外援，拜郗鑑為兗州刺史，都督揚州、江西軍事，鎮守合肥。王敦甚感不安，為了加強自己宗族的勢力，淩弱帝室，命其兄王含為征東將軍，都督揚州、江西軍事，王舒為荊州刺史，王彬為江州刺史。

東晉太寧二年（三二四年）五月，王敦病重，矯詔封其養子（王敦無嗣）王應為武衛將軍，以王應生父王含為驃騎大將軍開府儀同三司。謀士錢鳳問王敦：「您若有不測，便將後事交付給王應嗎？」王敦說：「非常之事，只有非常之人才能為。王應年少，豈堪擔此大任？我死之後，你們釋兵散眾，歸身朝廷，保全門戶，乃是上計；退還武昌，收兵自守，向朝廷效忠，是中計；乘我還活著率軍進攻建康，萬一僥倖獲勝，是下計。」錢鳳對其同黨說：「王敦所說的下計，正是上計。」遂與沈充等合謀，等王敦一死即作亂。這時，丹楊尹一職出缺，王敦的左司馬溫嶠，勸王敦挑一合適人選。王敦問誰可以擔任此職，溫嶠推薦錢鳳，錢鳳則推薦溫嶠。六月，王敦上表請封溫嶠為丹楊尹，並讓溫嶠去朝廷待命。溫嶠到建康後，將王敦的逆謀報告晉明帝，請晉明帝預作準備。晉明帝於是下達詔書，詐稱王敦已死，部署軍事討伐王敦勢力。王敦見詔大怒，病情加重，命王含為元帥代替自己指揮，率水陸軍五萬指向京師。錢鳳等問：「事畢之日，天子還有什麼吩咐？」王敦卻說：「我還沒有登基，你怎麼就稱呼我為天子？你們只要保護好東海王司馬沖（司馬睿第三子）和裴妃（司馬睿之妃）就行了。」王敦交待完畢，上疏以誅奸臣溫嶠等為名，命王含出兵。

這年七月二日，王含軍長驅至建康秦淮河南岸，京師一片混亂。溫嶠屯軍秦淮河以北，燒斷河橋，以阻王含軍過河。這時，王導寫信給王含，曉以君臣大義，王含卻置若罔聞。晉明帝得知大怒，拒絕眾臣提出的「難以力競，而以謀屈」的建議，招募壯士千餘人，由將軍段秀、中軍司馬曹渾等率領，乘王含軍初至未備，於夜間潛師進襲，大破王含軍。王敦聞訊，欲親往建康指揮作戰，無奈病體不支，便對其舅父羊鑑和養子王應說：「我死後，王應立刻即皇帝位，先立朝廷百官，然後再處理我的喪事。」然而，當王敦死後，王應秘不發喪，也未敢即皇帝位，而是一味縱酒淫樂。

這時，沈充自吳興（今浙江省吳興縣）率兵萬人來到建康，與王含軍會合。劉遐、蘇峻等，率勤王之師，亦來到建康。沈充和錢鳳乘劉遐、蘇峻等軍初到疲困，發動襲擊，直逼建康宣陽門，不料在此遭到劉遐和蘇峻的橫擊，損失慘重，王含遂燒營夜遁。晉明帝命庾亮、蘇峻等追擊沈充，溫嶠、劉遐等追擊王含、錢鳳。王含往荊州投奔王舒，被王舒沉於江中。錢鳳走至闔盧州，為其部下周光所殺。沈充亦於逃跑途中，為人所殺。

東晉太寧三年（三二五年）秋天，晉明帝死去，年僅五歲的太子司馬衍即位，是為晉成帝。庾太后臨朝稱制，由其兄中書令庾亮執政。豫州刺史祖約，荊州刺史陶侃等，見自己未得顧命，庾亮又對他們加以排擯，皆懷怨憤。歷陽內史蘇峻，則因平叛之功，頗為驕矜，有輕視朝廷之意。庾亮為鞏固自己的權力和地位，於東晉咸和元年（三二六年）八月，以溫嶠為江州刺史鎮武昌，以王舒為會稽內史，並加修石頭城。這時，曾為晉明帝寵臣的南頓王司馬宗，由於其統領禁軍之權被庾亮剝奪，企圖廢除庾亮。庾亮也早欲除掉司馬宗，便誣稱司馬宗要謀反，背著晉成帝將其殺死。庾亮擅殺宗室大臣，在朝中愈發孤立。司馬宗的親信卞闡，因司馬宗生前素與蘇峻相好，前去投奔蘇峻。庾亮命蘇峻將卞闡送還京師，蘇峻卻將卞闡藏匿起來。庾亮於是認為蘇峻遲早會作亂，不顧朝中大臣的一致反對，下詔命蘇峻前來京師，以便就近控制，或尋隙翦除。

蘇峻得知庾亮徵召自己去京師，於東晉咸和二年（三二七年）十月，派人對庾亮說：「讓我在外討賊，遠近都可以，至於內輔朝政，實在不是我所能做得了的。」庾亮執意要蘇峻來，並一面召北中郎將郭默為後將軍領屯騎校尉，司徒右長史庾冰（庾亮弟）為吳國內史，皆率重兵防備蘇峻，一面加封蘇峻為大司農兼散騎常侍。蘇峻仍拒召不赴，庾亮再次遣使催逼蘇峻，指斥蘇峻有反叛之意。蘇峻自知與庾亮攤牌，勢所難免，遂聯合祖約，共同進犯京師。尚書左丞孔坦、司徒陶回等，均請庾亮乘蘇峻未至，派兵加強江西當利口（今安徽省和縣西南長江渡口）的防禦，庾亮自恃兵多將廣，未從。這年十二月初，蘇峻派其部將韓晃、張健等渡江疾襲姑孰、宣城，攻陷二城。彭城王司馬雄、章武王司馬休聞訊，皆叛附蘇峻。庾亮於是在京師戒嚴，以左衛將軍趙胤為歷陽太守，命左將軍司馬流率兵增援慈湖（今安徽省當塗縣北）。

東晉咸和三年（三二八年）正月，蘇峻率祖渙、許柳等部二萬人抵達牛渚，集兵進攻慈湖，殺死司馬流，而後長驅東下。當慈湖陷落時，陶回曾對庾亮說：「蘇峻知道石頭城有重兵戍守，必然不敢直下，很可能由小丹楊（今江蘇省江寧縣南）南道而來，應當在那裡預設埋伏。」庾亮仍未採納。蘇峻果然自小丹楊乘夜潛進。二月，蘇峻軍至蔣陵（吳大帝孫權陵，在今南京市鍾山南麓），進趨覆舟山（今南京太平門內）。庾亮急命卞壺與郭默、趙胤等在大桁（秦淮河朱雀橋）以東迎擊蘇峻。該部遭到重創，被迫退守青溪柵。蘇峻又進擊青溪柵，順風縱火，卞壺戰死，丹楊尹羊曼勒、黃門侍郎周導、廬江太守陶瞻等亦戰死。庾亮率軍在宣陽門內企圖抵抗，士卒皆棄甲潰走，庾亮只好與其弟庾澤等乘小船，往尋陽投奔溫嶠。

蘇峻的部下闖入宮中，司徒王導抱著晉成帝，在太極前殿等候。蘇峻羞辱百官，裸剝仕女，搶掠國庫，唯獨對晉成帝未敢加害。這月八日，蘇峻以晉成帝的名義宣佈大赦，但庾亮兄弟不在大赦之列。蘇峻還自封為驃騎領軍將軍錄尚書事，在朝中遍置親黨，以祖約為侍中太尉尚書令。然後，蘇峻分兵，使韓晃攻義興郡（今江蘇省宜興縣），張健、營商、弦徽等攻晉陵郡（今江蘇省武進縣），皆克之，遂攻吳國內史庾冰於吳郡（今江蘇省吳縣），又克之。三月，蘇峻迫死庾太后之後，為防備上游的溫嶠，親自率軍南屯于湖（今安徽省當涂縣南）。

庾亮等逃至尋陽，宣示庾太后的詔書，加封溫嶠為驃騎將軍開府儀同三司。溫嶠素與庾亮相好，庾亮雖然敗奔至此，仍分兵給他。兩人互推為盟主，相爭不下。溫嶠的從弟溫允說：「征西將軍陶侃位重兵強，應當推他為帥。」溫嶠便派人去荊州邀請陶侃。陶侃仍以未參與顧命為恨，拒絕道：「我是在疆埸上作戰的外將，本非顧命之臣。今日之事，實在不敢當。」又說：「蘇峻作亂，根源即在於庾亮兄弟，不誅其兄弟，不足以謝天下。」溫嶠又再三懇求，陶侃才答應做盟主，派其部將龔登領兵先行，並表示自己將親率大軍繼至。溫嶠在得到上述答覆後，傳檄四方，聲討蘇峻、祖約的罪惡，號召各地群起討逆。

然而，陶侃忽然中途變計，追回龔登之師。溫嶠一再勸導，也不能使陶侃回心轉意。溫嶠於絕望之中，曾欲拚自己的力量，與蘇峻決戰，後聽取參軍毛寶的意見，再次向陶侃喻之以理、動之以情，終於使陶侃決心出兵。溫嶠手下的人認為，陶侃怨恨庾亮，一定會殺死庾亮。庾亮聞知，甚懼。溫嶠勸庾亮主動去見陶侃，庾亮不敢去，溫嶠讓他放心。庾亮於是抖起精神，去見陶侃，引咎自責，陶侃的宿怨頓消。不久，在廣陵的郗鑑，亦舉兵討伐蘇峻，派人對溫嶠說：「聽說蘇峻欲挾天子東入會稽，應當先立營壘，控據要害，既防其出走，又斷其糧運，然後清野堅壁以待之。」溫嶠立即按郗鑑的建議部署。

東晉咸和三年（三二八年）五月，陶侃與溫嶠連兵四萬，自尋陽同趨建康。各地守將聞知，皆舉兵響應。蘇峻見溫嶠、陶侃軍東下，一面分兵拒守，一面派兵運米萬斛，給退據歷陽的祖約。溫嶠的前鋒毛寶襲獲這批糧米，使祖約軍因此乏食。蘇峻深感溫嶠和陶侃兵盛，採用參軍賈寧之計，自姑孰退據石頭城，並逼迫晉成帝也住進石頭城。陶侃等進趨石頭城下，庾亮部將王彰先攻蘇峻、張曜部，反為張曜所敗。六月，郗鑑部將李根請築白石壘（在石頭城東北），以防蘇峻軍衝擊。溫嶠遂下令築壘，讓庾亮領二千人守衛。蘇峻率步騎萬餘人來攻，庾亮雖將其擊退，但形勢相當危急。溫嶠乃命郗鑑與後將軍郭默還軍京口（今江蘇省鎮江市），立曲阿（今江蘇省丹陽縣）、大業（曲阿北）、庱亭三壘，以分散蘇峻的兵勢。這月中旬，祖約派祖渙、桓撫襲擊湓口（今江西省九江市西），企圖切斷溫嶠等軍的後路，並重創譙國內史桓宣和前來救應的溫嶠軍毛寶部。毛寶退至蕪湖，轉攻祖約軍於東關（今安徽省巢湖縣東南），進拔合肥，以牽制祖約，後奉溫嶠之召，返回石頭城。

蘇峻的部將聽說祖約兵敗，唯恐形勢愈發逆轉，勸蘇峻殺死司徒王導等大臣，以安定人心。蘇峻未許。九月，溫嶠、陶侃因屢攻石頭城不下，心懷憂慮，派毛寶潛襲句容、湖孰（今江蘇省江寧縣東南）二地，火燒蘇峻軍的存糧，使蘇峻軍也因此乏食。蘇峻派張健、韓晃急攻大業壘，陶侃欲自往救之，後聽從長史殷羨之計，督水軍與溫嶠的步軍夾攻石頭城。蘇峻率八千人迎擊陶侃，而命其子蘇碩攻擊溫嶠軍，溫嶠軍大敗。蘇峻勞其將士，醉中見溫嶠部將趙胤敗走，僅率四騎北追，因馬隧被殺。蘇峻死後，其弟蘇逸繼任統帥，閉城固守。

東晉咸和四年（三二九年）正月，趙胤擊破祖約於歷陽，祖約逃奔後趙。二月初，陶侃、溫嶠等又再次大舉進攻石頭城，蘇碩率騎兵渡過秦淮河迎戰，被溫嶠擊斬。接著，韓晃、張健被郗鑑擊斬，蘇逸等亦在混戰中被殺。蘇峻、祖約之亂，至此剿平。

四月，溫嶠病死，王導以劉胤代替溫嶠為平南將軍、江州刺史。陶侃和郗鑑都認為，劉胤並非一方之帥，王導未接受他們的意見。劉胤擔任江州刺史後，縱酒耽樂，不理政事，只圖聚斂個人財富。這年十二月，晉成帝任命後將軍郭默為右將軍，郭默表示願為邊將，不願入宮宿衛，乘機挑撥劉胤在江州反叛。劉胤說認為，這不是自己所能做的事。郭默又向劉胤借兵借糧，劉胤未給，郭默便借朝廷免除劉胤江州刺史的職務之際，殺死劉胤，佔據江州。東晉咸和五年（三三〇年）正月，司徒王導因郭默驍勇難制，主張委任郭默為江州刺史。太尉陶侃卻認為，郭默擅殺刺史，恃勇貪暴，絕不可姑息，主張舉兵討伐。豫州刺史庾亮，亦請求討伐郭默。晉成帝於是命庾亮為征討都督，會同陶侃一起出兵。二月，郭默欲自尋陽南據豫章，見陶侃兵至，入城固守。三月，庾亮軍亦至湓口，與陶侃軍合圍尋陽。五月，陶侃因愛惜郭默的驍勇，想給他一條活路，派郭誦去勸降郭默。郭默答應投降，但其部將張丑、宋侯等恐為陶侃所殺，堅持與朝廷的軍隊交戰。陶侃因此又加緊圍攻。五月十九日，宋侯將郭默綁縛出降，陶侃斬殺郭默及其同黨四十人。

東晉建國於江南初期，便迭遭王敦、蘇峻、郭默三次內亂，幾乎難以繼續司馬氏的統治。這時，後趙石勒併滅前趙，控有關中、隴西諸地，涼州的張稪，亦入貢於後趙，整個北方已為後趙所有，東晉只能勉保江南。

慕容燕開國之戰

慕容燕開國之戰，起於東晉咸康三年（三三七年）慕容皝自稱燕王，迄於咸康七年（三四一年）慕容皝挫敗後趙第二次攻勢，歷時四年。

東晉初年，後趙石勒統一中國北方之後，居住在遼西的鮮卑慕容氏的勢力，又逐漸強盛起來。東晉大興元年（三一八年），司馬睿曾遣使拜其首領慕容廆為散騎常侍、龍驤將軍、大單于、昌黎公。大興二年（三一九年）冬天，東夷校尉崔毖糾集高句麗（國都在今遼寧省新賓縣北）和鮮卑宇文氏、段氏的勢力，企圖消滅慕容廆，共分其地。慕容廆的部將，請求迎擊來犯之敵。慕容廆說：「宇文氏、段氏是受崔毖唆使，欲得一時之利，烏合而來，但他們剛剛會師，兵鋒甚銳，正巴不得與我們速戰，若立即迎擊，恰中其計。我們暫時不去交戰，要不了多久，他們內部就會分裂，到那時候再說。」崔毖等猛攻慕容廆所在的棘城（今遼寧省淩源縣），慕容廆閉門不戰，卻遣使獨以牛酒犒勞宇文氏。於是，崔毖、段氏和高句麗軍懷疑宇文氏與慕容廆有所勾結，各自引兵撤走。宇文氏只好獨自攻城，被慕容廆又設計離間其內部，終於慘敗。

東晉太寧三年（三二五年），後趙石勒曾派宇文乞得歸進擊慕容廆，亦被慕容廆擊滅，得其牲畜百萬頭，降民數萬。東晉咸和六年（三三一年），慕容廆遣使送信給東晉太尉陶侃，勸東晉興兵北伐，表示將協助東晉共清中原。因此，東晉大臣封抽等上表晉成帝，請封慕容廆為燕王行大將軍事，晉成帝未允。咸和八年（三三三年），慕容廆死去，其子慕容皝嗣位。慕容皝嗣立初期，執法嚴峻，部下多感不安。他的庶兄慕容翰、弟弟慕容仁、慕容昭皆有勇略，屢立戰功，深得軍心，頗使他心存忌懼。不久，慕容翰被迫逃奔段氏，慕容仁和慕容昭則舉兵反叛，並聯合宇文氏、段氏共攻慕容皝。慕容皝經過三年的抗擊，才將叛亂平定。東晉咸康三年（三三七年），慕容皝自稱燕王，追尊慕容廆為武宣王。

這年冬天，慕容皝為報段氏協助其弟慕容仁等作亂之仇，又因其庶兄慕容翰仍在段氏處，向後趙國主石虎稱藩，並讓其弟寧遠將軍慕容汗去做人質，乞求石虎發兵助其進攻段氏。石虎因段氏屢犯後趙邊境，答應出兵。

東晉咸康四年（三三八年）正月，慕容皝派人去後趙商定出師日期。這時，適逢段氏襲擊後趙的幽州，後趙幽川刺史李孟退保易京（今河北省雄縣西北）。於是，石虎請慕容皝立即出師，後趙則以桃豹為橫海將軍、王華為渡遼將軍，率舟師十萬出漂渝津（今天津市北），以支雄為龍驤將軍、姚弋仲為冠軍將軍，率步騎七萬從陸路進攻。三月，慕容皝引兵攻掠令支（今河北省遷安縣西）以北諸城，遭到段氏的阻擊，被迫撤退。段氏的部將欲追擊慕容皝，慕容翰勸道：「如今強大的趙軍在南面，應當全力抵禦趙軍，然後再與燕軍作戰。」段氏卻說：「我前次就被你所貽誤（上次慕容仁叛燕，聯合宇文氏及段氏圍攻棘城，段氏擊破燕軍於棘北，欲乘勝追殲慕容皝，慕容翰恐滅其宗國，竭力阻止），所以才有今日之患，我不會再上你的當。」遂下令全軍追擊。慕容皝設伏以待，大破段氏，斬首數千級，掠走五千人及牲畜萬頭，然後即班師，不再與後趙合力作戰。

後趙國主石虎出兵後，進屯金臺（今河北省固安縣境），命支雄長驅入薊（今北京市西南），段氏所轄的漁陽、上谷、代郡相繼投降。段氏見大勢已去，不敢再戰，率其親族放棄令支，奔往密雲山（今北京市密雲縣南）。臨行前，段氏拉著慕容翰的手哭道：「我沒聽你的話，自取敗亡，完全是罪有應得。但卻讓你因此無處棲身，深以為愧！」慕容翰遂投奔宇文氏。段氏敗亡後，燕與後趙接境，石虎以聲討慕容皝違約為名，乘勝攻燕，燕趙之戰又起。

東晉咸康四年（三三八年）四月，石虎移其攻段大軍，自令支向棘城進擊。慕容皝見後趙來攻，深感恐懼，問計於內史高詡。高詡說：「趙軍雖強，並不足憂，只要我們堅守以拒，他們便沒有辦法。」慕容皝遂下令堅守。石虎一面進兵，一面遣使四出招降燕的郡縣，致使燕成周內史崔燾、居就令游泓、武原令常霸及護軍宋晃等相率降趙，冀陽流民亦殺其太守宋燭降趙。五月，後趙軍進圍棘城，慕容皝無心抵抗，準備出逃。部將慕輿根勸道：「趙強我弱，大王一走，則趙之氣勢更盛。若讓趙軍收拾我國人心，補充足夠的糧秣，就更不容易與其交戰了。趙王正希望大王這樣做，豈能讓他如願？如今固守堅城，尚可支持，以觀時待變，實在支持不住，再撤走也不遲。」玄菟太守劉佩，也勸慕容皝不要逃走，並願主動出擊。慕容皝於是留在棘城未走，但仍心懷畏懼，讓劉佩出擊，試一下後趙軍的鋒芒。劉佩率數百名敢死之士衝出，竟然得勝而還，燕軍士氣頓時倍增。後來，後趙軍從四面像螞蟻一樣登城，慕輿根等與之力戰，使後趙軍連攻十餘天未能破城。慕容皝乘機命其子慕容恪，率二千騎兵反擊後趙軍，後趙軍陣勢大亂，石虎被迫引兵撤退。慕容皝又分兵討伐背叛他的各城守將，將失地全部收復。

石虎退回襄國後，不甘心失敗，於這年夏天積極作再次攻燕的準備，派渡遼將軍曹伏率青州之軍渡海，進趨蹋頓城（今遼寧省朝陽市西南），派典農中郎將王典率萬餘人在海濱屯田，並下令造船千艘。石虎之所以如此大整舟師，是想在平定燕國後，轉攻東晉。但當石虎正在大舉準備之際，燕趙之間又爆發一場不預期的衝突。段氏先是自密雲山遣使求降於後趙，後又反悔求降於燕。燕與後趙，均派兵去迎接段氏，段氏則與慕容皝密謀，企圖乘機消滅後趙軍。慕容皝派慕容恪率七千精騎埋伏在密雲山，當後趙將領麻秋之軍來到這裡時，突然發起襲擊，大敗後趙軍。

東晉咸康五年（三三九年）四月，慕容皝又派慕容評、慕容軍、慕輿根、慕容　進襲後趙的令支，俘獲千餘人。石虎派石成、呼延晃、張支等追擊，為慕容評等挫敗。咸康六年（三四〇年）秋天，石虎欲大舉攻燕，徵集司、冀、青、徐、幽、并、雍七州之軍，加上鄴城舊有的軍隊，共計五十萬人，備船萬艘，戰馬四萬餘匹，運糧一千一百萬斛於樂安城（今河北省樂亭縣東北）。慕容皝得知後趙將自樂安城大舉來攻，決定先發制敵，乘後趙的薊城南北設防薄弱，親自率軍自棘城入居庸關，長驅直抵薊城。

後趙幽州刺史石光擁兵數萬，閉城不出。燕軍於是進破武遂津（今河北省定興縣北），折向高陽（今河北省蠡縣南），一路大掠而還。慕容皝此次戰略奇襲，給後趙後方以極大破壞，挫阻了石虎大舉攻燕的計劃。咸康七年（三四一年）正月，慕容皝為加強對後趙的守備，在柳城之北和龍山之西增築城池。這時，東晉因慕容皝與後趙屢戰屢勝，遣使拜慕容皝為持節大將軍、幽州牧、大單于、燕王，並賜給他大量軍資器械。而後趙自被慕容皝侵襲之後，為了報復，於這年十一月派王華率舟師自海道襲擊安平（今遼寧省遼陽市東），將該地攻拔。慕容皝於是派慕容恪為渡遼將軍，出鎮平郭（今遼寧省蓋縣南），西防後趙，東防高句麗，以穩固遼東。

後趙第二次攻燕，由於受挫不能再舉，乃轉而謀討東晉。東晉咸康六年（三四〇年）三月，石虎曾寫信給割據巴蜀的漢國國主李壽，欲與其聯合進攻東晉，平分江南。李壽因國力不足，沒有同意。咸康八年（三四二年）十月，燕王慕容皝遷都於龍城。高勾麗國主，見燕國日益強盛，稱臣於燕。慕容皝又乘石虎準備南下進攻東晉，於東晉建元二年（三四四年）正月擊滅宇文氏，以後又擊滅居住在今遼河上游的扶餘族人。東晉永和六年（三五〇年），慕容皝更乘後趙內亂驅軍南下，以薊城為國都，史稱前燕。

桓溫滅漢之戰

桓溫滅漢之戰，起於東晉永和二年（三四六年）十一月，迄於次年三月。

東晉自郭默之亂平定後，國內暫安，外患頻仍，不但後趙屢次犯邊，割據巴蜀的成國，亦時來侵擾。東晉咸和五年（三三〇年）夏天，成國李壽攻陷巴東建平（今四川省巫山縣），東晉巴東太守楊謙退據宜都，東晉西疆形勢危急。東晉咸康四年（三三八年）夏天，李壽奪取成國政權，改國號為漢。六年後，李壽病死，太子李勢即位。李勢的弟弟、大將軍李廣因李勢無子，要求讓他當太弟，以便能夠繼李勢之後做漢國的國主。李勢未許，並殺死李廣及許多大臣，漢國國勢於是漸衰。

東晉永和二年（三四六年），都督荊、司、雍、益、梁、寧六州軍事的安西將軍桓溫，企圖伐漢，與諸將商議。江夏相袁喬進策說：「如今為天下之患的，一是北方的石趙，一是巴蜀的李勢。李勢比石趙要弱得多，應當先除去。李勢暴虐無道，臣民多不服從於他，他又恃其所據之地險遠，不修戰備。若出精兵萬人突襲，等他查覺，我軍已出險要，一舉可平巴蜀。蜀地富饒，人口眾多，諸葛亮曾在此抗衡曹魏，若得而有之，實在是國家的大幸。有人恐怕大軍一旦向西，石趙必來窺覦，乃是不必要的擔心。石趙聽說我們長途遠征，以為我們內有準備，必不敢動，縱然有所侵襲，沿江諸軍也足以拒守。」於是，桓溫伐漢之意遂決，並上表晉穆帝請求出征。朝中大臣都認為，蜀道艱險而且遙遠，桓溫以有限兵力長驅深入，未必能取得勝利，只有劉惔認為桓溫必勝。大家問有何根據，劉惔說：「我是以是否通曉兵法來判斷的。桓溫是精通兵法的人，如果不打勝仗，他是不會要求出兵的。但恐怕打敗了漢國之後，桓溫就要在朝中專擅了。」

這年十一月，桓溫命長史范汪留守江陵，自率益州刺史周撫、南郡太守司馬無忌伐漢，派袁喬率二千人為前鋒。次年正月，漢國國主李勢聞訊，派其叔父右衛將軍李福、從兄鎮南將軍李權、前將軍昝堅等，自山陽（今四川省樂山市西南）去合水（今樂山市東南大渡河入江之口）迎戰。諸將想在江南設伏，以待晉軍， 昝堅沒有同意，而是領兵從鴛鴦碕（今南溪西）渡江，直奔犍為（今四川省宜賓市西南）。二月，桓溫軍沿江疾進，越犍為而至青衣（今四川省雅安縣北），使昝堅在犍為阻擊的計劃落空。三月，桓溫軍進至距成都二百里的彭模（今四川省彭山縣東）。這時，有的晉將想分兵兩路，以離散漢軍之勢。袁喬反對這樣做，認為：「我軍遠離本土，打勝仗則大功告成，打敗就很難有哪個能生還了。因此，必須集中兵力勇猛奮戰，力求一戰獲勝。如果兵分兩路，則力量分散，步調不一，其中一路被打敗，另一路也會跟著失敗。不如全軍一路挺進，丟下炊具，只帶上夠三日吃的乾糧，以示不打勝仗誓不回還的決心，這樣倒能取得勝利。」桓溫聽從了袁喬的意見，留下參軍孫盛率部分士卒看守軍械糧草，自率主力直指成都。漢將李福、李權回軍來攻，孫盛擊潰李福，桓溫在前進途中與李權相遇，三戰三捷，迫使李權敗歸成都。這時，昝堅在犍為知道與晉軍異道，遂自沙頭津（今四川省彭山縣北）渡江，但當聽說桓溫軍已距成都僅有十餘里時，其部下見大勢已去，不戰自潰。

李勢為挽救危亡，親率成都守軍迎戰桓溫於笮橋（成都市西南）。晉軍進擊受挫，參軍龔護戰死，桓溫的馬首也中箭，晉軍恐懼欲退，幸虧袁喬及時拔劍督戰，組織反攻，才終於大敗漢軍。桓溫乘勝直進，縱火焚燒成都城門，漢軍驚慌萬狀，再無鬥志。李勢夜開東門，逃往葭萌（今四川省廣元縣西南）。幾天後，昝堅、鄧嵩等漢將皆勸李勢投降，李勢便派散騎常侍王幼送降書給桓溫，然後又親自去桓溫軍門乞降。桓溫將李勢及其宗室十餘人送往建康，李氏漢國遂滅。

桓溫進入成都後，為安撫蜀人之心，擢用當地賢人參政，百姓大安。但時隔不久，王誓、鄧定、王潤、隗文等漢將相繼反叛，桓溫與袁喬分軍將其逐個擊破。桓溫在成都僅住了一個月，便率軍返回江陵。桓溫之所以不敢在成都久留，乃是深知自己以輕兵襲漢，一怕後趙襲其後方，二怕兵無後繼。這年四月，晉穆帝因桓溫滅漢有功，加封桓溫為征西大將軍。

東晉與後趙、冉魏、前秦爭奪中原之戰

東晉與後趙、冉魏、前秦爭奪中原之戰，發生在東晉永和五年（三四九年）六月至東晉永和十年（三五四年）正月，前後歷時四年半。

東晉永和五年（三四九年）正月，後趙國主石虎因貶謫故太子石宣的親兵一萬餘人戍涼州，引起這些人的怨憤，於途中作亂東歸。石虎雖調兵遣將將其鎮壓下去，後趙內亂之勢卻並未遏止。這年四月，石虎病重，臨終前立劉后所生之子石世（時年十歲）為太子。石世即位後，尊劉后為皇太后，以鎮衛大將軍張豺為丞相。張豺一味排除異己，招致後趙宗室及大臣的共憤。彭城王石遵，本來就對自己作為長子而未能繼承皇位不滿，在姚弋仲、蒲洪、劉寧及石閔、王鸞等後趙將領的慫恿下，遂藉討伐張豺紊亂朝政為名，自李城（今河南省溫縣）舉兵趨鄴（此時，後趙國都已遷至鄴城）。張豺大懼，速召外地兵馬入衛京師，但響應者卻寥寥無幾。劉太后為消彌禍難，下詔加封石遵為丞相領大司馬大都督。石遵並未就此罷手，進入鄴城後，立即將張豺殺死，廢除石世，自立為帝，降劉太后為太妃，接著又把他們母子殺死。五月，鎮守薊城的沛王石沖，聽說石遵弒君自立，率軍十餘萬南下，進討石遵。石遵先是企圖安撫石沖，後見無效，派石閔、李農率精兵十萬，與石沖戰於平棘（今河北省趙縣南），石沖兵敗被殺。石遵的帝位漸漸穩固後，又聽從石閔的建議，為避免秦雍之地日後非後趙所有，改變石虎臨終遺命，免去鎮守關中的蒲洪都督秦雍二州的權力。蒲洪大怒，遣使投降東晉。後趙國勢因而益削。

此時的東晉方面，桓溫自滅漢之後威名大振，朝中大臣對其多懷忌憚。會稽王司馬昱為抗衡桓溫，將揚州刺史殷浩引為心腹，參與朝政。由於東晉內部互相傾軋，雖有多次北伐良機，均未能及時加以利用。東晉永和五年（三四九年）六月，桓溫欲乘後趙之亂出兵中原，上奏朝廷，朝廷隱而未報。桓溫乃出屯安陸（今湖北省安陸縣），以期經營北方。與此同時，征北大將軍褚裒，亦上表請伐後趙。朝議認為，褚裒為人持重，上奏晉穆帝加封褚裒為征討大都督，命其率軍三萬，進趨彭城。

褚裒出兵後，北方士民降晉者，日以千計，東晉朝野皆以為中原指日可復。六月底，褚裒部將王龕，與後趙南討大都督李農戰於代坡（今山東省滕縣東），王龕所率三千銳卒全部覆沒。八月，褚裒被逼退屯廣陵，後又回師京口。東晉壽春守將陳逵聞知，亦焚城逃返江南。這時，河北大亂，西晉遺民二十餘萬人渡過黃河，企圖歸附東晉，因褚裒已經撤軍，無人接應，全部被後趙軍追殺。不久，後趙樂平王石苞，欲起兵討伐石遵，東晉梁州刺史司馬勳，又乘機進攻後趙，武都氐王楊初，亦起兵攻襲後趙的西城（今甘肅省天水市西南）。九月，司馬勳出駱谷（今陝西省周至縣西南），佔領長城戍，然後指向長安，擊斬後趙京兆太守劉秀離。石苞於是放棄討伐石遵的打算，回師迎擊司馬勳。石遵派車騎將軍王朗率精騎二萬，與石苞合擊司馬勳，並尋機將石苞生擒，押往鄴城。十月，司馬勛因王朗兵力強盛，不敢再戰，轉攻宛城，殺死後趙南陽太守袁景。

這時，後趙內部矛盾愈發加劇。後趙武興公石閔恃功，向石遵要求晉爵，石遵未許，石閔便於東晉永和五年（三四九年）十月執殺石遵，迎義陽王石鑑即位。不久，秦雍二州的流民共推蒲洪為主，集兵十餘萬，控制了關中。石鑑被迫承認蒲洪的既得勢力，加封蒲洪為征西大將軍、雍州牧並領秦州刺史。十二月，石鑑密遣樂平王石苞、中書令李松、殿中將軍張才等，襲擊石閔和李農，未獲成功。接著，新興王石祗（石虎之子）與姚弋仲、蒲洪聯兵，共討石閔和李農。石閔和李農挾持石鑑，抗擊來討之軍，並殺死朝中所有對自己不滿的人。東晉永和六年（三五〇年）正月，石閔欲改國號為衛，易姓李氏，太宰趙庶、太尉張舉、中軍將軍張春、光祿大夫石岳、撫軍將軍石寧、武衛將軍張季等，紛紛出奔襄國。後趙各地守將聞知，也都不附從石閔。二月，石閔即皇帝位於鄴城，改姓冉氏，國號大魏。

石祗聞訊，亦即皇帝位於襄國，以繼承後趙。東晉永和七年（三五一年）二月，冉閔率軍圍攻襄國，石祗處境孤危，去掉皇帝稱號，改稱趙王，遣使持傳國玉璽，求援於前燕，並請姚弋仲來救。前燕國主慕容儁派軍三萬，馳救石祗，姚弋仲亦派其子姚襄，引兵前來襄國。冉閔在各路援軍和趙王石祗的夾擊下，敗歸鄴城。不久，石祗被其部將劉顯暗殺，後趙從此滅亡。劉顯引兵攻鄴，後又攻常山，為冉閔所滅。

東晉永和六年（三五〇年）二月，東晉乘中原大亂，又謀進取，以揚州刺史殷浩為中軍將軍，都督揚、豫、徐、兗、青五州軍事，以蒲洪為氐王，都督河北軍事。這時，姚弋仲也正起兵討伐魏主冉閔，與蒲洪皆有謀據關右之志，便轉其兵鋒襲擊蒲洪，不料為蒲洪所破，損兵三萬餘人。蒲洪從此躊躇滿志，對眾人說：「我率眾十萬，居形勝之地，冉閔、慕容儁可指日而破，消滅姚弋仲父子，也沒甚麼困難，看來我奪取天下，比漢高祖要容易得多。」蒲洪於是自稱大都督、大將軍、大單于、三秦王，改姓苻氏。不久，苻洪為部下麻秋鴆殺，其子苻健去掉大都督、大將軍、三秦王等稱號，仍稱東晉所封的官爵，並派人赴東晉告喪請命。八月，苻健乘虛襲取長安，命其弟苻雄率軍五千，自潼關進入關中，命其侄苻菁率軍七千，自軹關（今河南省濟源縣西）進入關中，自率大軍隨苻雄由河南繼進。十二月，苻健攻破長安，潼關以西皆為其所有。東晉永和七年（三五一年）正月，苻健即天王大單于位於長安，國號大秦，改元皇始。東晉聞訊，曾使梁州刺史司馬勛與苻健爭奪關中，率步騎三萬自南鄭出五丈原（今陝西省郿縣西南）。秦王苻健親自率軍迎擊，大敗司馬勛，迫使其退回南鄭。東晉永和八年（三五二年）正月，苻健稱帝，史稱前秦。

此時，東晉揚州刺史殷浩，因北方形勢反覆無常，一直遲遲未敢北伐。東晉永和七年（三五一年）三月，後趙兗州刺史劉啟自鄄城來降，冉魏徐州刺史周成、兗州刺史魏統、荊州刺史樂弘、豫州刺史張遇、平南將軍高崇、征虜將軍呂護等，亦各以其地降晉，燕王慕容儁又正舉兵進攻冉魏的中山，殷浩仍不敢北伐。而桓溫自永和五年（三四九年）請求北伐未得朝廷批准後，知道朝廷是在用殷浩來擷抗自己，內心十分忿懣，於是愈發與朝廷對立。永和七年（三五一年）十二月，桓溫上表聲稱要誅朝中奸臣，率軍五萬順流東下，到達武昌。晉穆帝大驚，殷浩則欲辭職，以避桓溫。會稽王司馬昱，遂致書桓溫，曉以是非，桓溫終於停止進軍，避免了一場即將爆發的內戰。永和八年（三五二年）春天，殷浩等仍然把持軍政，阻撓桓溫北伐，並上疏請求由自己率軍北伐。晉穆帝表示同意。殷浩立即命安西將軍謝尚、北中郎將荀羨為督統，進屯壽春。但謝尚由於侮慢冉魏降將張遇，張遇一怒之下，據許昌反叛，並派兵控制洛陽、倉垣（今河南省開封市西北），使殷浩軍不得前進。三月，殷浩命荀羨鎮守淮陰，進屯下邳。這時，姚弋仲死去，其子姚襄率軍六萬南走，攻陷冉魏的陽平（今山東省館陶縣西南）、元城（今河北省大名縣）、發乾（今山東省堂邑縣西南）等地，屯兵碻磝津（今山東省茌平縣西南），然後沿濟水北岸西進，欲攻取前秦的河內，結果失利，敗走滎陽，繼而又敗於麻田（滎陽、洛陽之間），只好南奔歸附東晉。六月，殷浩命謝尚與姚襄進攻許昌的張遇，前秦國主苻健乘中原之亂進圖關東，派苻雄與苻菁率步騎二萬援救張遇，在穎水誡橋（許昌西）重創晉軍，迫使謝尚逃往壽春。殷浩聽說謝尚兵敗，亦自泗口退屯壽春。七月，苻雄讓張遇部及陳、穎、許、洛之民五萬餘戶徙往關中，而以其右衛將軍楊群鎮守許昌，許洛一帶皆為秦地。

這年九月，殷浩企圖再次北伐，與前燕、前秦爭奪中原，進屯泗口。十月，晉軍王俠部自壽春攻克許昌，前秦豫州刺史楊群退屯弘農（今河南省陝縣），殷浩自泗口移鎮壽春。永和九年（三五三年）九月，姚襄在歷陽（今安徽省和縣）因前燕、前秦力量正強，難以北伐，在淮水兩岸屯田練兵，以備後舉。殷浩嫌姚襄難以控制，囚禁姚襄諸弟作為人質，並屢派刺客暗殺姚襄。十月，殷浩得知張遇在長安作亂，自壽春率軍七萬北伐，欲進據洛陽，命姚襄為前部。姚襄引兵北上途中，在山桑（今安徽省蒙城縣北）設伏，待殷浩來到後，縱兵擊之，迫使殷浩敗走譙城（今河南省夏邑縣北）。然後，姚襄命其兄姚益守山桑，驅兵返回淮南。十一月，殷浩派劉啟、王彬攻姚益於山桑，姚襄自淮南還擊，劉啟、王彬敗死。十二月，姚襄渡淮屯駐盱眙，遣使去建康，揭露殷浩的罪行，自己也向朝廷謝罪。晉穆帝派謝尚都督江西、淮南軍事，鎮守歷陽，以防姚襄。永和十年

（三五四年）正月，冉魏降將周成反叛東晉，自宛城偷襲洛陽，東晉河南太守戴施奔往鮪渚（今河南省單縣北）。桓溫因殷浩連年北伐俱遭失敗，上表彈劾殷浩。晉穆帝迫不得已，下詔免除殷浩的職務，將其貶為庶人。從此，東晉軍政大權盡歸桓溫。

桓溫滅漢之後，朝廷忌其威名，起用殷浩予以抗衡。當時，東晉縱盡全力北伐，尚且難卜成敗，又分為殷浩與桓溫兩相拒斥的力量，則其幾次北伐毫無建樹，乃是必然結果。

前燕伐後趙、冉魏之戰

前燕伐後趙之戰，發生在東晉永和六年（三五〇年）二月至九月；前燕伐冉魏之戰，發生在東晉永和八年（三五二年）四月至八月。

東晉永和五年（三四九年）五月，前燕平狄將軍慕容霸，見後趙自石虎死後內亂不已，上書對燕主慕容儁說：「石虎窮凶極暴，為天所棄，他的餘黨，正在自相魚肉。如今中原倒懸，急需拯救，若大軍一振，敵人勢必倒戈。」北平太守孫興，亦認為應乘後趙內亂，及時進取中原。當時，慕容儁因其父慕容皝剛剛死去，沒有同意。慕容霸便馳赴龍城，當面對慕容儁說：「時難得而易失，萬一石氏衰而復興，不但失去機會，恐怕將成為我們的大患。」慕容儁回答：「鄴城雖亂，趙將鄧恆尚佔據樂安（今河北省樂亭縣東北），兵強糧足。今若伐趙，東邊的道路是無法通過的，只能經由盧龍（今河北省遷安縣西北）。盧龍山路險狹，敵乘高斷要，我軍將前後受攻。」慕容霸說：「鄧恆本人雖欲為石氏拒守樂安，但其將士們卻皆懷歸心，若大軍一到，自然瓦解。我願為前鋒東出陡河（今遼寧省錦縣西北），潛往令支（今遷安縣西），出其不意發動襲擊。」慕容儁猶豫未決，又徵詢五材將軍封奕的意見。封奕回答：「用兵之道，敵強則用智，敵弱則用勢。以大吞小，猶如狼之食豬；以治易亂，猶如日之消雪。我國自先王（慕容廆）創業以來，兵強糧足，已經很有實力。石虎則極其殘暴，子孫爭國，上下乖離，致使中原人民墜於塗炭，正待我們前去拯救。大王若揚兵南下，先取薊城，次指鄴都，中原人將扶老攜幼迎接大王，石氏將望風而靡，哪裡是我們的對手呢？」折衝將軍慕輿根，亦建議：「中原人民苦於石氏之亂，人心浮動，正是千載難逢的出兵良機。我國自宣王（慕容廆）以來，招賢養民，務農訓兵，正是為了這一天。如今時機已到卻不行動，有這麼多顧慮，難道是天意還不想使海內得到平定嗎？還是大王您不想奪取天下呢？」慕容儁見諸將皆欲乘後趙內亂出兵，終於下定決心南下，並遣使至涼州，約前涼國主張重華夾攻後趙。

東晉永和六年（三五〇年）二月，慕容儁乘石閔因欲改國號為衛而使後趙大亂之際，自率二十萬大軍南伐。他的部署是：命慕容霸率軍二萬自東道出徒河，慕輿根自西道出蠮螉塞，慕容儁自率主力由中道出盧龍塞，以慕容恪、鮮于亮為前鋒。當慕容霸軍進抵三陘（今河北省撫寧縣矛石山），後趙征東將軍鄭恆甚懼，焚毀倉庫後放棄樂安西走，與幽州刺史王午共保薊城。三月，前燕軍至無終（今天津市薊縣），王午留部將王佗以數千人守薊城，與鄭恆退保魯口（今河北省饒陽縣南）。三月五日，慕容儁攻拔薊城，擒斬王佗，欲將全部降卒活埋。慕容霸勸道：「正是因為石氏暴虐，大王才興師南伐，拯民於水火，撫定中原。如今剛得到薊城，就坑殺降卒，難道以此作為我軍的先聲嗎？」慕容儁遂放棄了這個打算。前燕軍攻佔薊城後，中原人民紛紛趕來歸附，慕容儁乃乘勝南下范陽（今河北省涿縣），逼使後趙范陽太守李產投降，盡收幽州之地。

三月二十四日，慕容儁命慕輿句與鮮卑首領侯龕鎮守薊城，率軍進擊鄧恆於魯口。前燕軍抵達清梁（今河北省清苑縣西南），鄧恆部將鹿勃早率數千人夜襲燕營，突入前鋒慕容霸帳下。慕容霸奮起還擊，擊退鹿勃早軍。慕容儁與內史李洪退屯附近的高坡上，命慕輿根率數百精兵，協助慕容霸追擊鹿勃早軍，將其全殲。慕容儁此次遭受夜襲，深感後趙兵鋒甚銳，而後趙大將姚弋仲又統兵數萬屯攝頭，苻洪也率軍數萬屯枋頭，難以繼續南下，遂返還薊城。這時，後趙國主石祗正與冉魏國主冉閔對峙，姚弋仲與苻洪也都為謀據關東要地而互相衝突，慕容儁欲乘他們相攻疲弊之際，設法取之。果然，自四月至八月，後趙和冉魏相攻日劇。九月，慕容儁再次引兵南下，進掠冀州之地，連克章武（今河北省大城縣）、河間（今河北省河間縣）、渤海（今河北省滄縣）等地。

東晉永和七年（三五一年）二月，冉閔圍攻石祗於襄國，石祗向慕容儁和姚弋仲乞援。慕容儁派兵三萬救之，迫使冉閔退軍。這年夏天，石祗為其部將劉顯所殺，劉顯稱帝於襄國，後趙已陷入最後崩潰之境。八月，慕容儁大舉南下，派慕容恪進攻冉魏的中山（今河北省定縣），慕容評攻王午於魯口。慕容恪來到中山，冉魏中山太守侯龕閉城拒守，慕容恪遂越過中山，南掠常山（今河北省正定縣西南），迫降冉魏趙郡太守李邽，然後又圍中山，侯龕亦被迫投降。與此同時，慕容評在南安重創王午軍，烏桓援魏軍自上黨降燕。慕容儁見形勢於己有利，立即展開全面進擊冉魏之戰。

東晉永和八年（三五二年）春天，魏主冉閔已克襄國，因連年作戰，軍中乏糧，命其軍就食於中山、常山諸郡，並在此防備前燕軍南下。這時，原後趙立義將軍段勤聚集萬人，佔據繹幕（今山東省平原縣西北），自稱趙帝。慕容儁決心徹底剷除這一後趙餘孽，消滅冉魏，於四月發兵第四次南伐，以慕容恪等進攻冉魏，慕容霸等進攻段勤。慕容霸之軍剛到繹幕，段勤即舉城投降。魏主冉閔聽說慕容恪等來伐，準備迎戰。其大將軍董閏、車騎將軍張溫勸道：「燕軍相當精銳，又乘勝而來，彼眾我寡，應暫且躲避，待其驕墮，再舉兵迎擊。」冉閔大怒說：「我還想以此兵平定幽州，斬殺慕容儁呢，如今遇到慕容恪就躲避，天下人將會怎樣看我？」於是，冉閔親率大軍前往安喜（今河北省定縣東），與慕容恪接戰。後來，冉閔因魏軍多步兵，而慕容恪所統皆騎兵，不利於在平地作戰，便引兵轉入常山，欲在太行山麓叢林地帶，與前燕軍決戰。慕容恪發動追擊，直至廉臺（今河北省無極縣東北），與魏軍連戰十次，均未取勝。冉閔素有勇名，所率之軍又非常精銳，前燕軍心懷畏懼。慕容恪巡視魏陣後，對其將士說：「冉閔勇而無謀，其士卒飢疲，甲兵雖精，難以為用。」慕容恪的參軍高開建議：「我軍利於平地作戰，如果冉閔進入林中，將很難對付，應立即派輕騎邀擊，將其誘至平地再戰。」慕容恪同意。冉閔中計，果然追至平地。慕容恪抓住戰機，集中主力為中陣，選鮮卑兵善射者五千人排列在中陣的前方，用鐵鎖連馬，以防魏軍突破，又各以一部騎兵為兩翼，準備包圍魏軍而殲之。冉閔引兵突陣，望見前燕中軍大旗，逕直向前衝擊。前燕兩翼騎兵乘機包圍夾擊，魏軍大敗，冉閔亦被生擒。

由於前燕軍在這次戰鬥中損失也很嚴重，慕容儁於戰後命慕容恪回鎮中山，另派慕容評與侯龕率精騎萬人進攻鄴城，後又派慕容軍、慕輿根、皇甫真等率步騎二萬助攻。五月五日，慕容評等抵達鄴城，冉魏大將軍蔣幹與太子冉智閉城拒守，城外已皆降於前燕。不久，鄴城糧絕，蔣幹遣使向東晉請降，並求救於屯兵壽春的晉將謝尚。蔣幹所遣使者行至棘津（今河南省延津縣東北），被謝尚的部下河南太守戴施所阻，索取冉魏的傳國玉璽，蔣幹因此懷疑謝尚不會來救。六月，戴施率軍入鄴，在得到冉魏的傳國玉璽後，助守鄴城。六月六日，蔣幹選銳卒五千協同晉軍出戰，被慕容評擊破，斬首四千，蔣幹倉皇退回鄴城。七月，魏將王午因冉魏大勢已去，鄧恆已死，自稱安國王。八月十一日，慕容儁又派慕容恪、封奕、陽鶩進攻王午。王午閉城自守，慕容恪等在搶收了附近的莊稼後退兵。八月十三日，魏長水校尉馬願等開城降燕，戴施、蔣幹縋城逃奔倉垣，前燕軍遂佔領鄴城。

這年十一月，慕容儁在薊城稱帝。至此，中國又形成東晉、前秦、前燕三分鼎立之勢。

桓溫伐前秦、前燕之戰

桓溫伐前秦之戰，發生在東晉永和十年（三五四年）三月至六月；桓溫伐前燕之戰，發生在東晉太和四年（三六九年）三月至九月。

東晉永和八年（三五二年）十一月，慕容儁稱帝於薊城。這時，適逢東晉遣使至前燕，慕容儁便對晉使說：「請你回報晉朝天子，因為中原無主，我已被眾人推為皇帝。」其實，早在該年六月，當東晉河南太守戴施入鄴城，協助冉魏抗拒前燕時，前燕與東晉之間已經發生戰爭。慕容儁如今稱帝，遂公開與東晉南北對峙，雙方成為敵國。這年正月，前秦苻健也已稱帝，正與東晉爭奪許昌和洛陽。東晉方面，自殷浩被廢黜後，軍政大權盡歸於桓溫之手。桓溫決心收復中原，並乘前秦發生張遇之亂，首先展開討伐前秦之戰。

東晉永和十年（三五四年）三月，桓溫率步騎四萬自江陵出發，由襄陽溯漢水入均口（今湖北省光化縣境），指向南鄉（今河南省浙川縣東南），然後向武關進擊。與此同時，桓溫又派梁州刺史司馬勛自漢中出子午道（今陝西省長安縣與洋縣間），攻擊前秦的側背。很快，桓溫便攻破上洛（今陝西省商縣），在擒獲前秦荊州刺史郭敬後，進陷青泥（今陝西省藍田縣南），司馬勛進襲長安西部。前涼秦州刺史王擢，亦乘機攻陳倉（今陝西省寶雞市東），以響應桓溫。

前秦國主苻健聞訊，立即派太子苻萇、丞相苻雄率兵五萬，迎戰桓溫。四月，雙方戰於藍田，秦將苻生驍勇異常，殺傷晉軍甚眾，桓溫督軍力戰，才將其擊退。桓溫弟桓衝乘勝追擊，與苻雄戰於白鹿原（今陝西省西安市驪山西），苻雄大敗，退守灞、滻二水。桓溫遂進至灞上（即白鹿原）。苻萇率軍在長安城南設防，苻健率老弱之兵六千，固守長安小城，以待外援。不久，各地的前秦兵馬先後趕到，苻健派大司馬雷弱兒，領三萬精兵與苻萇合兵，共同抗拒桓溫。這時，司馬勛之軍已被苻雄所率的騎兵襲破，退屯女媧堡（今陝西省周至縣西南），只好移兵協助王擢進攻陳倉。五月，王擢、司馬勛攻破陳倉，而桓溫則一直屯軍灞上、阻於灞、滻二水、不敢再輕易前進。

華山隱士王猛求見桓溫，談及當世之務，議論頗為精闢。桓溫很敬重他，問道：「我奉天子之命，率銳卒十萬（顯係誇大）北伐，而當地豪傑卻沒有一個肯來幫助我的，這是甚麼原因？」王猛回答：「您不遠數千里深入此地，如今長安近在咫尺，卻不渡過灞水，百姓不知您心裡在想甚麼，所以不來。」桓溫不敢以軍中乏糧的實情相告，將王猛留在身邊做軍諮祭酒。桓溫部將薛珍等，勸桓溫渡灞水進逼長安，桓溫未從，欲待當地麥熟後補充軍糧。不久，苻雄反攻白鹿原，桓溫軍死傷萬人，被迫於六月初撤軍。桓溫欲請王猛一起返回東晉，王猛沒有答應，辭職離去。這時，秦主苻健一面命苻萇等追擊桓溫，一面命苻雄反攻王擢、司馬勛於陳倉。桓溫撤至潼關，遭到苻萇追擊，又損兵一萬餘人。苻雄收復陳倉，司馬勛退還漢中，王擢奔往略陽（今甘肅省秦安縣東南）。桓溫此次北伐，從出師至撤退，前後不到三個月。

當桓溫討伐前秦時，前燕軍攻克魯口，進據黃河以南，準備繼續南下進攻東晉。晉軍與燕軍在今河南、山東經過長達兩年的反覆較量，雙方自今山東省臨沂縣經泰安而西，沿黃河至洛陽為界。

東晉升平元年（三五七年）十一月，前燕國主慕容儁由薊城遷都鄴城，遂展開與東晉爭奪河南之戰。

東晉升平四年（三六〇年）正月，慕容儁在準備大舉進攻東晉時，因病死去，太子慕容暐即位。東晉王朝聽到這個消息，想乘機再次北伐。桓溫認為慕容恪尚在，北伐的條件尚不具備，沒有發兵。九年後，慕容恪已經死去，前燕國主慕容暐幼弱，難理朝政，桓溫遂大舉北伐。東晉太和四年（三六九年）四月，桓溫率步騎五萬自姑孰（今安徽省當塗縣）出師，溯泗水進至金鄉（今山東省金鄉縣），然後自清水入黃河，浩浩蕩蕩地繼續北進。晉將郗超恐怕由水路不利，建議改由陸路直趨鄴城，桓溫未從。

前燕國主慕容暐得知桓溫來伐，立即派下邳王慕容厲為征討大都督，率步騎二萬，迎戰桓溫於黃墟（今河南省民權縣）。慕容厲軍失利，幾乎全部被晉軍殲滅。晉軍前鋒鄧遐、朱序，又擊破燕將傅顏於林渚（今河南省新鄭縣北），迫使前燕高平（今山東省鄒縣西南）太守徐翻投降。慕容暐再派樂安王慕容臧迎戰桓溫，慕容臧力不能支，派人向前秦求援。七月，桓溫兵至武陽（今河南省范縣西），前燕兗州刺史孫元投降。桓溫進抵枋頭（今河南省浚縣西南），慕容暐大驚，準備奔往龍城（今遼寧省朝陽市）。車騎大將軍慕容垂說：「請讓我出兵迎擊晉軍，若不能取勝，陛下再走也不遲。」慕容暐遂命慕容垂率軍五萬抵禦桓溫，並遣使求救於前秦，以割讓虎牢以西土地給前秦為條件。此時，承嗣苻健為前秦國主的苻健之侄苻堅，召集群臣商議此事。群臣皆說：「以前桓溫進攻我國來到灞上，燕國並未來救我國。如今桓溫伐燕，我們為何倒去救燕？況且燕國並未向陛下稱藩，救燕沒有好處。」但尚書令王猛（此時已投奔苻堅，並受到重用）密言道：「燕國雖然強大，慕容暐畢竟不是桓溫的對手。如果桓溫佔領整個山東，進屯洛陽，收河北之兵，得晉豫之粟，我國就很危險了。不如與燕國合兵擊退桓溫，桓溫退走，燕國也必然衰弱，然後乘機取燕，豈不很好嗎？」苻堅採納王猛之策，於八月派苟池、鄧羌率步騎二萬救燕。

當慕容垂出軍時，其部將封孚與申胤曾說：「桓溫雖然聲勢浩大，卻未必能有多大作為。桓溫一旦得志，將為許多晉臣所妒忌，他們必然從中阻撓，以敗其事。桓溫驕傲又怯於應變，遲早會被我們擊破。」慕容垂於是以悉羅騰為前軍，自率主力繼進，又派王德等率輕騎襲擊桓溫的後方。八月，悉羅騰兩戰兩捷，給晉軍很大打擊。九月，王德的騎兵一萬人和前燕蘭臺侍御史劉當的騎兵五千人，皆已進抵石門，截擊晉軍的背後，前燕豫州刺史李邽，亦自許昌截擊晉軍的糧道。桓溫屢戰不利，糧儲將竭，又聽說前秦援兵將至，唯恐腹背受敵，下令焚毀舟船，丟棄輜重，由陸路回師。慕容垂追擊晉軍，在襄邑（今河南省睢縣西）大破桓溫，殲敵三萬餘人。前秦援軍，亦邀擊桓溫於譙城（今安徽省亳縣），晉軍損失又以萬計。桓溫率領殘部，至十月下旬，才返抵山陽（今江蘇省淮安市）。

從此，桓溫收復中原的願望，遂成泡影。

前秦滅前燕之戰

前秦滅前燕之戰，起於東晉太和四年（三六九年）十二月，迄於次年十一月。

前燕在前秦的協助下擊退桓溫後，內部矛盾加劇。太傅慕容評嫉妒車騎將軍慕容垂的戰功，不但極力壓抑對慕容垂的封賞，還與前燕太后密謀誅殺慕容垂。有人曾勸慕容垂先發制人，殺死慕容評等，慕容垂卻說：「骨肉相殘，只能亂國，我即使不幸被他們殺害，也不願做這種事。」後來，由於慕容評等一再相逼，慕容垂只好轉投前秦國主苻堅。苻堅在前燕太宰慕容恪死時，就有圖燕之志，只因畏懼慕容垂的威名，未敢發兵，今見慕容垂來降，心中大喜，親自到長安郊外迎接。苻堅拉著慕容垂的手說：「天生豪傑，必然相逢在一起同舉大業。我若與您共定天下，一定讓您返歸故土，世世代代封在幽州，使您去國不失為子之孝，歸我不失事君之忠，這樣做好嗎？」慕容垂黯然答道：「流亡之臣，能夠免罪，就是萬幸。貴國的榮耀，不是我所敢嚮往的。」王猛對慕容垂來降，卻深感憂慮，密勸苻堅說：「慕容垂乃是燕國的宗室，世代雄據東方，為人又寬仁惠下，深得民心，故燕國許多人都有奉戴他為主之意。觀其用兵方略，相當恢弘明智，幾個兒子，也都精明能幹，可謂人中之傑。蛟龍猛獸，非可馴之物，若藉以風雲，將不可控制，不如及早除之。」苻堅回答：「我正要收攬英雄，以清四海，怎麼能殺他？而且，他來到這裡，我已經推誠納之，匹夫尚不肯背棄諾言，何況萬乘之主呢？」於是，苻堅以慕容垂為冠軍將軍，封賓徒侯，對他的幾個兒子，也各有封賞。

這時，前燕使節梁琛正在前秦，得知慕容垂降秦的消息大驚。梁琛返國後，對慕容評說：「苻堅正檢閱軍旅，並聚糧於陜東。依我看來，與秦和好，很難長久。如今，慕容垂又去投奔他們，秦必有窺燕之謀，應當早做準備。」慕容評不相信前秦會改變與前燕的現存關係。梁琛又說：「燕、秦兩國分據中原，常有相吞之志。桓溫來伐時，秦救燕只是出自於計謀，並非憂慮燕國的命運。只要有機可乘，他們豈會忘記既定的打算？」慕容評又詢問，秦主苻堅是個怎樣的人。梁琛答道：「明而善斷。」慕容評又問，王猛是個怎樣的人。梁琛答道：「名不虛傳。」慕容評皆不相信。梁琛將自己在前秦的所見所聞報告燕王慕容暐，慕容暐也不相信。梁琛去見大將軍皇甫真，皇甫真倒深以為憂，上表請慕容暐在洛陽、太原、壺關等地增兵，以防不測。慕容暐沒有採納。不久，前秦遣使索取前燕許割的虎牢以西的土地，慕容暐卻反悔，聲稱那是一時失辭，兩國相互救助，乃是理所當然的事。秦主苻堅因此大怒，立即興師伐燕。

東晉太和四年（三六九年）十二月，苻堅派輔國將軍王猛，率梁成、鄧羌、慕容垂等部步騎三萬伐燕。次年正月，王猛圍攻洛陽，並寫信給前燕洛州刺史慕容築說：「我軍已阻塞成皋之險，杜絕盂津之路，將帜關（今河南省濟源縣西）直取鄴城。你現在困守金墉（洛陽外城），外無救援，還能支持多久？」慕容築見信大懼，立即降秦。這時，王猛又企圖除掉慕容垂，以免為秦後患。秦主苻堅，及時制止了這一舉動。不久，前燕大將軍慕容臧率精兵十萬馳救洛陽，王猛派將軍楊猛赴石門阻遏，為燕軍擊破。慕容臧進至滎陽，王猛又派將軍梁成、鄧羌等迎戰，燕軍受挫，退往新樂城（今河南省新鄉市）。王猛乃留鄧羌守金墉，垣寅為弘農太守戍陝城，然後還師長安。

這年四月，苻堅命王猛率楊安、張蚝、鄧羌等，以步騎六萬再次伐燕。六月，苻堅送王猛至灞上，對王猛說：「我把關東的事情全交給你了，你可從壺關、上黨出潞川（今漳河上游）長驅取鄴，這乃是捷徑，能夠迅雷不及掩耳。我將親率大軍隨即出發，水陸俱進，你不必擔心後方。」王猛遂分兵兩路，向壺關（今山西省長治市東南）、晉陽（今山西省太原市）疾進。燕主慕容暐，命慕容評率軍三十萬迎戰，命慕容桓屯兵沙亭（今河北省大名縣東），作為後繼。八月，王猛攻破壺關，前燕上黨太守慕容越降秦，前燕全國為之大震。王猛的部將楊安攻晉陽，因晉陽燕軍兵多糧足，攻至九月仍未破城。王猛乃留屯騎校尉苟長守壺關，引兵協助楊安攻晉陽。王猛趕到晉陽，立刻命令挖地道攻城，九月十日即克晉陽，生擒燕并州刺史慕容莊。這時，慕容評率大軍進至潞川，畏懼王猛，不敢再前進，便在潞川就地設防。十月，王猛留將軍毛當守晉陽，又率主力大舉進向潞川，與慕容評隔河對峙。慕容評因王猛長驅深入，欲持久作戰消耗秦軍，然而其部下已皆無鬥志。王猛決心就此擊滅慕容評，派遊擊將軍郭慶率騎兵五千，夜間從小路繞到燕軍營後，傍山縱火，燒其輜重，火光映照到鄴城。慕容評大驚，督軍出戰。王猛亦在潞源（今河北省涉縣西）誓師，然後大呼競進。及兩軍對陣，王猛見燕軍在數量上佔絕對優勢，對鄧羌說：「今日之事，非將軍不能破此勁敵，成敗在此一舉，請將軍出戰。」鄧羌竟要求以司、隸二州相封，才肯出戰。王猛說，這不是自己所能決定得了的，但必以安定太守和萬戶侯相薦，鄧羌不悅而退。兩軍很快交戰，王猛召鄧羌出兵，鄧羌卻仍在帳內飲酒。王猛答應戰後請示秦主苻堅，將司、隸二州封與鄧羌，鄧羌才披甲上陣，與張蚝、徐成等猛攻燕軍。此役，燕軍大敗，被秦軍俘斬五萬餘人。秦軍乘勝追擊，又殺降十餘萬人。燕軍終於完全敗潰，慕容評單騎回鄴城，慕容桓逃往內黃（今河南省內黃縣西北）。王猛遂進圍鄴城。

王猛兵臨鄴城城下，立即向苻堅報告。苻堅大喜，遣使告訴王猛：「將軍一舉殲滅燕軍主力，行動神速，勳高前古。我將立即率軍趕至鄴城，請將軍暫且休整將士，待我到後再取鄴城。」十一月，苻堅留太子苻宏守長安，遣苻融守洛陽，親率精兵十萬，向鄴城疾進。苻堅到鄴城後，一面指揮秦軍繼續圍攻，一面派鄧羌進攻信都（今河北省冀縣）。幾天後，前燕散常侍郎余蔚，夜開鄴城北門投降秦軍。慕容暐與慕容評等出逃，至高陽（今河北省蠡縣南）被秦軍擒獲，押回鄴城。苻堅命慕容暐下令，讓前燕文武官員停止抵抗，前燕各地於是盡降。

前秦滅前燕後，原來前秦、前燕、東晉三分鼎立的局面，一變而為前秦與東晉南北對峙。

前秦東晉淝水之戰

前秦東晉淝水之戰，發生在東晉太元八年（三八三年）十一月。

前秦國主苻堅，自滅前燕之後，就積極展開統一天下的雄圖。東晉咸安元年（三七一年），前秦出兵討伐仇池（今甘肅省成縣西），順便佔領了東晉的漢中地區。東晉寧康元年（三七三年），前秦取蜀。三年後，又併滅了前涼和代國。這時，整個黃河流域和長江、漢水上游，已都在前秦的控制之下。苻堅自恃其「資仗如山」、「甲兵已足」，急欲乘勢滅亡東晉，於滅涼併代的次年，即展開伐晉之戰。

東晉太元三年（三七八年）二月，苻堅派大軍向東晉的襄陽、淮陽、彭城、盱眙展開兩路攻勢。這年四月，西路秦軍已抵沔北，據守襄陽的東晉梁州刺史朱序，以為秦軍沒有舟船，未作迎戰的準備。秦將石越率騎兵五千，浮渡漢水，猛攻襄陽，攻克襄陽外城，朱序才為之駭懼，被迫固守中城。當時，東晉荊州刺史桓沖（桓溫弟）率軍七萬屯駐上明（今湖北省松滋縣西），因畏懼秦軍的攻勢，未敢進救襄陽。不久、前秦征南大將軍苻丕趕至襄陽，督軍圍攻襄陽中城，遭到東晉軍民頑強抵抗，直到年底還未破城，苻堅大怒，催逼苻丕從速破城，否則「汝司自裁」。苻丕得詔惶恐，命令十餘萬秦軍加緊攻擊，卻仍未得手，被迫退到距襄陽稍遠的地方紮營，並策劃下一步的行動。次年二月，襄陽督護李伯護門志動搖，密遣其子出城，向苻丕請降，願為內應。由於李伯護的叛變，固守了將近一年的襄陽，終於在三月被秦軍攻克。接著，秦將慕容越又攻拔順陽（今河南省浙川縣東南），韋鍾攻拔魏興（今陝西省安康縣西北）。東晉在江漢地區的防線，完全被秦軍突破。

此時江淮方面，東晉沛郡太守戴逯，正在彭城抗擊秦將彭超的圍攻。東晉兗川刺史謝玄率軍往救，屯軍泗口（今江蘇省銅山縣東南）。謝玄因見彭城難保，揚言將襲攻彭超輜重所在的留城（今江蘇省沛縣東南），使彭超撤去彭城之圍，回保輜重，謝玄則乘機將戴逯等接救出來，自泗口返回廣陵（今江蘇省揚州）。彭超進據彭城後，留部將徐褒守城，揮軍繼續南進盱眙（今江蘇省盱眙縣東北）。秦將俱難，也已連克下邳、淮陰等地，與彭超會攻盱眙。

東晉太元四年（三七九年）四月，秦將毛當、王顯率軍二萬，自襄陽東進，與俱難、彭超會師，共攻淮南。五月，秦軍克盱眙，然後進圍晉將田洛於三阿（今江蘇省高郵縣西北），距廣陵僅有百里。東晉朝廷驚恐異常，立刻臨江列戍，派征虜將軍謝石率水軍屯徐中（今安徽省滁縣），石衛將軍毛安之等率軍四萬屯堂邑（今江蘇省六合縣北），準備在長江北岸與秦軍決戰。秦將毛當、毛盛率精騎二萬襲攻堂邑，毛安之等驚潰。這時，幸虧謝玄自廣陵進救三阿，擊敗秦將俱難、彭超部，迫其退保盱眙，才沒有使秦軍繼續席捲東下。六月，謝玄率軍五萬反攻盱眙，俱難、彭超又敗，欲退往淮陰。謝玄派部將何謙等，率舟師乘潮而上，夜焚秦軍渡淮的橋樑，擊斬秦軍一部，俱難、彭超遂退屯淮北。謝玄與何謙、戴其、田洛等共同追擊秦軍，與俱難、彭超又戰於君川（盱眙北），再次將其擊破。

前秦第一次南伐東晉，在江漢方面獲勝，並佔領重要戰略據點襄陽，在淮北方面則先勝後敗，僅得東晉下邳、彭城兩地。這次戰後，苻堅被一些表面勝利衝昏頭腦，加緊準備，企圖再一次對東晉發動大規模進攻。

東晉太元七年（三八二年）八月，苻堅委任諫議大夫裴之略為巴西、梓潼二郡太守，命其秘密訓練水軍，欲仿效王濬當年滅吳的故事，順流東下攻滅東晉。東晉則自上次被侵之後，努力加強各地守備，將整個防線分為東、西兩大部分，東線由謝安節制，西線由桓沖節制。

東晉太元八年（三八三年）五月，桓沖似已知道前秦將再次南侵，為奪回襄陽和益州（成都），以固西防，決定先發制敵，率軍十萬進攻襄陽，同時分遣劉波、郭銓反攻沔北諸城，胡彬攻下蔡，楊亮攻蜀。劉波反攻沔北諸城告捷，郭銓收復武當（今湖北省均縣北），楊亮攻蜀拔其五城，長驅深入至涪城（今四川省綿陽縣），擬切斷前秦入蜀的通道。六月，桓沖又攻克萬歲城（今湖北省房縣境）和築陽（今湖北省谷城縣東）。秦主苻堅聞訊，立即派其子苻叡及慕容垂、毛當等，率步騎五萬救襄陽，又派張崇救武當，張蚝與姚萇救涪城。桓沖見前秦大軍將至，退屯沔南。七月，郭銓等在武當擊敗張崇後，亦引兵南歸。苻叡遂命慕容垂和石越為前鋒，進臨沔水，尋找晉軍主力決戰。桓沖畏懼秦軍攻勢，撤回上明。秦將張蚝出斜谷道，南下救涪城，晉將楊亮自料不敵，亦引兵東歸。

東晉太元八年（三八三年）八月，苻堅動員近百萬大軍，大舉伐晉。前秦此次伐晉，計分四路：主力一路自項城（今河南省項城縣東）攻壽陽（今安徽省壽縣），指向歷陽（今安徽省和縣）；蜀漢舟師沿嘉陵江、涪江順流而下，指向江陵（今湖北省江陵縣）、夏口（今湖北省武漢市漢口），然後會合襄陽之軍和慕容垂之軍東下；自襄陽沿漢水而下之軍，與蜀漢舟師及慕容垂軍會攻桓沖；幽冀之兵自彭城、下邳沿泗水、睢水而下，指向廣陵、盱眙、徐中（今安徽省滁縣）；四路大軍，均以東晉都城建康，為最終攻擊目標。東晉聞訊，只能憑江淮之險抵禦。其部署是：宰相謝安鎖守建康，尚書僕射謝石率水陸軍八萬，自淮陰、廣陵、盱眙、壽陽一線佈防，車騎將軍兼荊州刺史桓沖，率水陸軍十萬守禦西線。

　　這年九月，苻堅抵達項城，苻融所率前鋒已推進至穎口（今安徽省穎上縣東南），而苻融分遣的慕容暐、慕容垂部數萬人，正在向鄖城（今湖北省安陸縣）進擊。十月，苻融攻克壽陽，以參軍郭淮為淮南太守，並立即派衛將軍梁成、揚州刺史王顯、弋陽太守王詠等，率軍五萬進向洛澗（今安徽省懷遠縣西南），設置木柵，以阻遏東晉水軍。這時，慕容垂部攻克鄖城，斬晉將王太丘。晉將胡彬率部西進迎敵，途中得知壽陽已失，退保硤石（今安徽省鳳臺縣西南）。晉將謝石、謝玄、桓伊、謝琰等，亦率軍八萬西進，但當行至距離洛澗還有二十五里遠的地方，即因畏懼秦將梁成，不敢繼續前進。胡彬在硤石為苻融所逼，軍糧用盡，派人送信對謝石說：「敵人士氣旺盛，我軍糧盡，恐怕再也見不到你們了。」此信被秦軍截獲，交給苻融。苻融遣使報告苻堅，認為晉軍不難擊破，建議趕快發動進攻，以免晉軍逃走。苻堅乃留大軍在項城，自率八千輕騎兼程趕到壽陽，對苻融說：「晉軍若知道我來到這裡，我軍雖有百萬之眾，也無所用之。現在我秘密前來，他們還不知道，一定要抓緊時間決戰。」苻堅於是下令嚴密封鎖消息，有誰敢洩露他已到壽陽，立刻拔掉舌頭。然後，苻堅派朱序（在襄陽被俘的東晉梁州刺史）去勸說謝石，聲稱「強弱異勢，不如速降」。然而，朱序見到謝石，卻將前秦方面的部署情況，全部透露給謝石，並建議：「如果百萬秦軍全部到達，晉軍將很難抵擋。現在應乘其諸軍尚未集中，迅速發起攻擊，只要挫其前鋒，秦軍就不難對付了。「謝石聽說苻堅來到壽陽，心中甚懼，打算用堅守不戰的辦法疲憊秦軍。謝琰則勸謝石採納朱序的建議，遣使請戰。謝石思考再三，終於答應。

十一月，謝石派廣陵相劉牢之，率精兵五千進攻洛澗。秦將梁成隔澗為陣，準備迎戰，不料遭到劉牢之夜襲，兵敗身死。劉牢之又分兵截斷該部秦軍的歸路，秦軍爭先恐後搶渡淮水，損失達一萬五千餘人，大量軍資器械為晉軍繳獲。謝石見首戰告捷，命諸軍水陸繼進，直逼淝水列陣。苻堅在壽陽城上觀戰，見晉軍佈陣嚴整，又望見附近八公山（安徽省鳳臺縣東南）上的草木，以為也是晉兵，心中不禁有些恐懼，對苻融說：「這明明是強敵，你怎麼說他們弱不可擊呢？」

這時，秦將張蚝在淝水東岸擊破晉軍一部，謝玄、謝琰以數萬兵力相逼，才將張蚝趕走。苻堅便命以小將的軍旗，替換苻融的軍旗，以示秦軍大將不在，誘使晉軍前來交戰。而謝玄卻派人對苻融說：「請您把秦軍稍向後撤，讓晉軍渡過淝水，兩軍再決一勝負。」秦軍諸將，都認為這是詭計，勸苻堅不可上當。苻堅卻說：「我們可以稍退一步，然後乘他們渡河發動攻擊。」苻融於是指揮秦軍後撤。晉軍開始涉渡，苻融欲乘其尚未列陣擊之。苻堅說：「我軍長於步戰，晉軍長於水戰，捨步入水，是以我之所短擊敵所長，不是良策。待其全軍背水，再用騎兵砍殺不遲。」然而，秦軍一撤軍便亂了陣腳。朱序又在陣後大呼：「秦軍敗了！」秦軍信以為真，紛紛狂跑。謝玄、謝琰、桓伊等率軍渡過淝水後，立即展開猛烈攻擊，苻融於混亂中被殺，苻堅亦身中流矢，秦軍遂全線崩潰。謝玄等乘勝追擊，直抵青岡（今安徽省壽縣西北）。秦軍一路自相踐踏，屍體蔽野塞川，活著的人聽到風聲鶴唳，以為是晉軍的追兵，不敢停止腳步，繼續逃跑。此役，秦軍傷亡十之七八，苻堅倉皇逃至淮北。

晉軍在淝水一戰大獲全勝後，進克壽陽等地，國運轉危為安。前秦則因苻堅已敗，各路大軍相繼撤回北方。從此，前秦逐漸陷於分崩離析的境地。

慕容垂復燕與西燕、後秦、後涼建國之戰

慕容垂復燕之戰，發生在東晉太元八年（三八三年）十二月至次年正月。西燕建國之戰，發生在東晉太元九年（三八四年）三月至次年六月。後秦建國之戰，發生在東晉太元九年（三八四年）四月至太元十一年（三八六年）四月。後涼建國之戰，發生在東晉太元十年（三八五年）九月至太元二十一年（三九六年）夏天。

東晉太元八年（三八三年）十一月，苻堅在淝水之戰遭到慘敗後，在鄖城的慕容垂，亦率所統三萬兵北退。當慕容垂軍退至滎陽，苻堅率千餘殘騎到他這裡來落腳。慕容垂的兒子慕容寶，對慕容垂說：「我們的家國被苻堅傾覆，此仇至今未報。天命人心皆歸於父親，以前只是時運未至，姑且寄人籬下。如今苻堅兵敗，委身於我們，正是上天給我們恢復燕國的機會，但願父親不要意氣用事，總念及苻堅的那點恩惠，而忘記社稷之重。」慕容垂說：「你說得很對。但苻堅因相信我才到這裡，我怎麼能加害於他呢？上天如果真要拋棄苻堅，不怕他不滅亡。現在則應保護他，以報答他以前對我的恩德。」慕容德也勸慕容垂除掉苻堅，認為：「在秦國強盛的時候，利用它併滅燕國，

在秦國衰弱的時候，也應當取秦而代之。這是在報仇雪恥，並非負心。為何得而不取，將來仍要受他的轄制呢？」慕容垂說：「我昔日為慕容評所不容，無處安身，逃死於秦。苻堅以客人待我，恩禮備至。當王猛想加害於我的時候，連我自己都不能證明自己無罪，而苻堅心中卻很明白，這個恩德是不可忘記的。如果秦國的運數果然已盡，我將前往關東，先恢復燕國的舊業，關西不是我應該有的。」慕容垂的其他親黨，也多勸慕容垂殺死苻堅，慕容垂皆未聽從。

慕容垂之所以拒不採納眾人之言，除了有報恩之意，也是基於對當時形勢的分析。當時，前秦雖然在淝水慘敗，其關東各州郡均尚穩固，如豫州刺史毛當鎮許昌，荊州刺史都貴鎮襄陽，征東大將軍苻暉鎮洛陽，冀州牧苻丕鎮鄴城，皆擁有猛將銳兵，不可輕視。因此，慕容垂索性將自己的全部兵權交給苻堅，讓苻堅得以據此收集潰兵，然後經洛陽返回長安。

其實，慕容垂早在燕國被滅亡之日，就已有謀復故國之志。故而，當苻堅自洛陽返回長安，途經澠池時，慕容垂向苻堅辭行，並說：「北部邊民聽說王師在淝水失利，有所騷動，請讓我攜帶詔書，前去安撫民心，順便看望一下祖先的陵廟。」苻堅同意。前秦大臣權翼知道後，對苻堅說：「我軍最近蒙受挫折，四方皆有離異之心。慕容垂勇略過人，世代為東方的豪族，只是因避禍，才來到我們這裡，他的心願豈只滿足於做個冠軍將軍？譬如養鷹，當它飢餓的時候會依附於人，每當聽到風飆聲起，便常有淩霄之志。對慕容垂應該嚴加防範，豈可放縱，任其所欲？」苻堅說：「你說得不無道理。但我已經答應他了，就不能食言。若是天命有廢有興，不是用心計和武力所能夠移易的。」權翼又說：「陛下這是重小信而輕社稷。依我看，慕容垂此去絕不會回來，關東之亂，恐怕就從這裡開始了。」苻堅仍不聽從，並特派將軍李蠻、閔亮、尹固率兵三千，送別慕容垂。權翼不甘心就讓慕容垂這樣離去，密遣親信埋伏在慕容垂將要通過的河橋下，準備除掉慕容垂，不料慕容垂已結草筏，從別處渡河。

慕容垂自孟津來到鄴城，前秦冀州牧苻丕（苻堅之子）親自出城迎接。慕容垂的部將趙秋，勸慕容垂乘機擒拿苻丕，然後據鄴城起兵，慕容垂沒有同意。苻丕也想襲擊慕容垂，侍郎姜讓勸道：「慕容垂並沒有流露出反意，您若擅自將他殺死，有失臣子的職分。不如待之以上賓，同時嚴加戒備，等請示陛下後，再採取行動。」苻丕聽從這個建議，將慕容垂暫時安排在鄴城以西。這時，丁零羌首領翟斌起兵叛秦，進攻苻暉於洛陽，早已投降前秦的前燕故臣慕容鳳、王騰、段延等，均率部與之會合。苻堅於是下詔給慕容垂，命其率部討之。秦將石越對苻丕說：「王師新敗，民心未安，想乘機謀亂的人很多，故翟斌一起兵，幾天之內響應者甚多。慕容垂乃是燕人的領袖，素有興復舊業之心，讓他去討伐叛軍，實在不妥。」苻丕卻說：「慕容垂待在鄴城，我就如同跟老虎和蛟龍在一起睡覺一樣，常恐發生肘腋之變。今日陛下讓他遠遠地離開我，有甚麼不好的呢？況且，翟斌凶悖異常，必不肯為慕容垂所降服，使兩虎相爭，我然後制之，此乃卞莊子之術。」苻丕於是將弱兵二千和一些不合用的鎧甲儀仗撥給慕容垂，又派廣武將軍苻飛龍率精騎一千，隨慕容垂一起行動。苻丕並秘密授命給苻飛龍：「慕容垂為該部之師，你為監視和謀取慕容垂之將，此去千萬小心。」慕容垂臨行，請求入鄴城拜別祖廟，苻丕未許。慕容垂便偷偷跑去，被亭吏禁阻，慕容垂一怒之下斬吏燒亭。石越乘機又對苻丕說：「慕容垂輕侮將軍，殺吏燒亭，反形已露，可就此除掉他。」苻丕卻說：「父王（苻堅）在淮南兵敗後，慕容垂曾盡心侍衛，此功不可忘記。」石越退下，對別人嘆道：「他們父子好行小仁小義，不顧大計，早晚要為人所擒。」

慕容垂既已奉詔進討翟城，乃留慕容農、慕容楷、慕容紹於鄴西，自率慕容寶、慕容隆和苻飛龍南下。當行至湯池這個地方，慕容垂的部將閔亮、李毗從鄴西趕來，將探聽到的苻丕與苻飛龍的密謀報告慕容垂。慕容垂忍無可忍，對部下說：「我一片忠心對待苻氏，而他們卻一心想除掉我，怎麼辦？」諸將均要求立即反叛前秦。慕容垂於是藉口兵少，停在河內募兵，幾天之內，便得兵八千。苻暉自洛陽遣使責備慕容垂，催促他趕快進兵。慕容垂對苻飛龍說：「賊寇（翟斌）距我們已經不遠，應當白天休息夜間行軍，以便襲其不意。」苻飛龍同意。慕容垂乃於夜間行軍途中，前後合擊苻飛龍部，將苻飛龍殺死。然後，慕容垂一面派人到鄴西密告慕容農等起兵，一面率軍渡過黃河進襲洛陽，企圖一舉襲破洛陽和鄴城，作為恢復燕國的基地。

慕容農等得到慕容垂的命令，立即潛往列人（今河北省肥鄉縣東北）起兵。東晉太元九年（三八四年）正月初一，苻丕在鄴城大宴賓客，慕容農等未至，才發覺有變，派人四處去尋找，三天後，知道他們已在列人起兵。慕容農在列人聯合烏桓、鮮卑、扶餘等舊部，迅速攻破館陶（今山東省館陶縣西）、康臺澤（今山東省邱縣境）等地，獲得大批軍械戰馬，步騎雲集已至數萬。慕容農又派人西招庫　官偉於上黨，東招乞得乾歸於東阿，北召平叡於薊城，同時攻拔頓丘（今河南省清豐縣）。苻丕聞訊大驚，立即派石越率步騎一萬進討。慕容農說：「石越素有智勇之名，今不南拒大王（慕容垂）而來這裡，是畏懼大王而想欺淩於我，必然掉以輕心，應當以計取之。」這月十九日，石越軍行至列人以西，慕容農派趙秋和綦毌縢迎戰，擊敗石越軍的前鋒，夜間又發起猛襲，再次大破石越軍，並殺死石越本人。

起兵叛秦的慕容鳳、王騰、段延等，見慕容垂也已起兵，都勸翟斌擁戴慕容垂為盟主。翟斌同意，並派人去見慕容垂。但慕容垂此時的主要目標是襲取洛陽，而且不知道翟斌是否真心想歸附自己，拒絕道：「我是來救苻暉，不是來找你們的。你們既舉大事，成則享福，敗則受禍，我不想參與。」這年正月初二，慕容垂進抵洛陽，苻暉已知其殺死苻飛龍，閉城不許其進入。翟斌又派部將趙通，前來勸說慕容垂，慕容垂仍未答應與翟斌等合作。趙通說：「將軍之所以一再拒絕，莫非是嫌翟斌兄弟皆山野異類，無奇才遠略，必無所成嗎？其實，就將軍今日的處境來說，只有憑藉翟斌的幫助，才可實現大業。」慕容垂終於同意與翟斌合作。

兩軍會師後，翟斌等勸慕容垂稱帝。慕容垂說：「新興侯（苻堅封前燕國主慕容暐為新興侯）乃是燕國故主，應當迎接他返回鄴城重即帝位。」慕容垂並因此時與苻暉在洛陽相拒，洛陽是四面受敵之地，即使攻下也難以守住，遂引兵向東攻取鄴城。滎陽太守、故夫餘王蔚及鮮卑將領衛駒等，率眾投靠慕容垂，將慕容垂迎至滎陽，亦請慕容垂即皇帝位。慕容垂於是仿效晉元帝司馬睿當年所為，先自稱燕王。這時，慕容垂擁兵已有二十餘萬，自石門（滎陽北）渡過黃河，長驅至鄴，與慕容農等會師。

東晉太元九年（三八四年）七月間，慕容垂攻拔野王（今河南省沁陽縣）、常山（今河北省正定縣西南）、中山（今河北省定縣）等地，十月猛攻鄴城。這時，晉軍謝玄部進據碻磝城（今山東省茌平縣西南）、滑臺（今河南省滑縣），黎陽（今河南省浚縣東北），在鄴城難以抵禦慕容垂攻勢的苻丕，於是向謝玄請援，並借軍糧，條件是以後將鄴城給予東晉。謝玄乃於十二月，派劉牢之和滕恬之率軍二萬救鄴，並通過水陸運米接濟苻丕。東晉太元十年（三八五年）四月，劉牢之擊破慕容垂某部，但卻於追擊時反受重挫，遂入鄴城。此前，由於鄴城已無一點糧食，苻丕率軍出城在枋頭就食。慕容垂軍亦因乏糧，就食於中山。不久，苻丕率軍三萬自枋頭返歸鄴城，晉將檀玄阻擊苻丕，為秦軍所破，苻丕又收回鄴城。這年八月，苻丕聽說苻堅已死，急於回長安即前秦皇帝位，驅趕鄴城居民六萬餘人，與之同行。鄴城隨即為慕容垂佔領。慕容垂在此即皇帝位，然後遷都中山（今河北省定縣），史稱後燕。

東晉太元九年（三八四年）三月，前秦北地長史慕容泓（慕容暐弟）聽說慕容垂正進攻鄴城，遂收集鮮卑舊部數千人，欲出關與慕容垂會合，在華陰（今陝西省華陰縣東南）擊敗秦將強永。這時，秦主苻堅對權翼說：「我因為沒聽您的話，才使鮮卑如此猖狂。關東之地，我不想與慕容垂再爭奪了，請問如何對付慕容泓？」苻堅此次聽從權翼之勸，命苻熙為雍州刺史鎮守蒲阪，命衛大將軍苻叡、龍驤將軍姚萇等，率軍五萬進討慕容泓。不久，平陽太守慕容沖（慕容暐弟）亦在平陽（今山西省臨汾市）反叛，率軍二萬進攻蒲阪，苻堅又命左將軍竇沖，協助苻熙防守蒲阪。慕容泓聽說秦軍將至，急忙向關東撤退。

苻叡輕敵，欲追擊慕容泓，姚萇勸道：「鮮卑人皆有思歸故土之心，故起而為亂，應當讓他們出關，遏制是遏制不住的。抓住鼷鼠的尾巴不放，鼷鼠尚且會反過頭來咬人。他們若自知進退無據，與我們拚命，萬一作戰失利，後悔就來不及了。我們不妨一路鳴鼓隨後，他們將只顧向前奔逃。」苻叡未聽，截擊慕容泓於華陰澤，果然兵敗，自己也被殺死。姚萇派長史趙都和參軍姜協，到長安向苻堅謝罪，苻堅一怒之下，竟殺死趙都和姜協。姚萇深感恐懼，奔向渭北，從此脫離前秦，自謀發展。與此同時，竇沖雖擊破慕容沖於河東，慕容沖卻率鮮卑騎兵八千南奔，與慕容泓會合。慕容泓見自己擁兵十萬，派人送信對苻堅說：「慕容垂已定關東，請速準備車駕，奉還家兄皇帝（慕容暐）。我將率關中的燕人，護送家兄皇帝返回鄴城，與秦以虎牢為界，再不互相侵犯。」苻堅大怒，立即將慕容暐召來，斥責道：「慕容泓來信要你回去。你若想回去，我將資助車馬。但是，你的宗族，真可謂個個人面獸心，不能信任！」慕容暐叩頭請罪，涕泣謝絕。苻堅想了又想，說：「這乃是三豎（慕容垂、慕容泓、慕容沖）所為，並不是你的過失。」於是仍讓慕容暐任平南將軍，待他和以前一樣，並命他寫信招降慕容垂、慕容泓和慕容沖。慕容暐卻秘密派人對慕容泓說：「我是籠中之人，沒有回鄴城的希望了，而且又是燕室的罪人，不值得你們顧念。你們努力再建燕國的大業罷，請以慕容垂為相國，慕容沖為太宰，你為大將軍，一旦聽到我的死訊，你便可即皇帝位。」

這年六月，苻堅親率大軍去北地，征討叛秦的姚萇，欲擊破姚萇後，再回擊慕容泓。慕容泓乘虛進襲長安。在赴長安途中，謀士高蓋認為，慕容泓的德望不如慕容沖，對部下又非常嚴苛，尋機殺死慕容泓，立慕容沖為皇太弟。七月，苻暉率洛陽、陝城之軍回救關中，苻堅聽說慕容沖將至長安，亦自北地還師。苻暉與慕容沖戰於鄭西（今陝西省華縣西南），苻暉大敗。苻堅又派前將軍姜宇和他的小兒子苻琳，率兵三萬前往灞上，迎戰慕容沖，苻琳、姜宇亦皆敗死，而且失陷阿房城（今陝西省西安市西北）。由於慕容沖小時候曾很受苻堅寵愛，苻堅便派人給他送去一件錦袍，勸他念在以往的情份上退兵。慕容沖則以前燕皇太帝的身份回答：我的心願在於奪取整個天下，不會顧念這一袍之惠。你若知道天命，就早點投降，送還前燕皇帝（慕容暐），自然會受到寬大的對待，並酬謝你以前對我的好處。」苻堅悲憤地說：「我因不聽王猛、苻融之言，使白虜（鮮卑）竟如此放肆！」十一月，慕容暐見長安城中尚有鮮卑舊部一千餘人，陰謀作亂。十二月，慕容暐藉口他的兒子新婚，邀請苻堅來赴宴，企圖伏兵殺掉苻堅。此事被人告發，苻堅立即殺死慕容暐及全城的鮮卑人。

東晉太元十年（三八五年）正月，長安城中糧絕，而且外無救援。慕容沖聽說慕容暐已死，即皇帝位於阿房城，史稱西燕。這月中旬，苻堅反攻阿房城，曾擊敗慕容沖，但後來在白渠（今陝西省涇陽縣）卻為慕容沖所敗。慕容沖乘勝進攻長安，苻暉自殺，秦將苻方、苟池敗死驪山。苻堅雖派楊定再次大破慕容沖，俘虜鮮卑兵萬餘人，將他們全部活埋，卻無濟於解除長安之危。五月，慕容沖再攻長安，苻堅親自督戰，也無法阻擋慕容沖的攻勢，只好留太子苻宏守長安，自率數百騎兵西逃，企圖徵集各地尚存的秦軍，回救長安。六月，苻宏因長安已經難守，被迫率數千騎兵西奔下辨（今甘肅省成縣西）。慕容沖於前秦君臣相繼逃走之後，入據長安，縱兵大掠。苻堅走至五將山（今陝西省岐山縣境），為姚萇的部將吳忠擒獲。苻宏後來投降東晉。

這時，慕容垂已據有前燕全境，慕容沖畏懼慕容垂兵力比自己強盛，在長安不敢東歸，引起其部下的怨憤。左將軍韓延殺死慕容沖，改立段隨為帝。慕容恆、慕容永襲殺段隨，立慕容顗為帝，遂率鮮卑男女四十餘萬人，離開長安東歸。行至蒲阪，慕容韜又誘殺慕容顗，立慕容沖的兒子慕容瑤為帝。由於絕大多數鮮卑人，皆拋棄慕容瑤而依附慕容永，慕容永殺死慕容瑤，立慕容泓的兒子慕容忠為帝。及至聞喜（今山西省聞喜縣），聽說慕容垂也已稱帝，慕容永等不敢再繼續前進。六月，刁雲等又殺死慕容忠，而推慕容永為帝，即位於長子（今山西省長子縣）。從此，慕容永的西燕與慕容垂的後燕共存，直至東晉太元十九年（三九四年）秋天，滅於後燕。

東晉太元九年（三八四年）四月，姚萇畏罪逃往北地之後，被當地諸羌首領推為盟主，自稱大將軍、大單于、萬年秦王。這年六月，苻堅欲擊破姚萇，再回討慕容泓，自率步騎二萬，進擊姚萇於趙氏塢（今甘肅省涇川縣境），並派將軍楊璧從側翼助攻，屢敗姚萇。姚萇重整兵力，集軍七萬還擊苻堅軍，終於反敗為勝，擒獲楊璧、徐成、毛盛等秦將多人。這時，因慕容泓已進逼長安，苻堅被迫回擊慕容泓。十月，姚萇聽說慕容沖再次進攻長安，召集慕僚商議進取之策。眾人都認為應當先取長安，在此建立根本，然後經營四方。姚萇說：「這個想法不對。燕人正是因為思歸故土才起兵，得志後必然不會久留關中。我們應當移屯秦嶺以北，養兵備戰，以待苻堅滅亡和燕人離去，然後拱手可取長安。」姚萇於是留其子姚興扼守北地，命寧北將軍姚穆守同官川（今陝西省銅川市），自率主力攻新平（今陝西省邠縣）、安定（今甘肅省涇川縣北），盡得嶺北諸城，繼而又大破苻堅軍於白渠（今陝西省涇陽縣）。次年七月，姚萇得知苻堅自長安逃至五將山，派驍騎將軍吳忠率騎兵將其擒獲，囚禁在新平。姚萇遣使向苻堅索取傳國玉璽，苻堅沒有給他，他又要求苻堅同意由他禪代前秦。苻堅的回答是：「禪代乃是聖賢之事，姚萇是個叛賊，有甚麼資格禪代？」苻堅因過去有厚恩於姚萇，如今卻落到這般境地，只求速死。姚萇遂派人，將苻堅縊死在新平佛寺中。

東晉太元十一年（三八六年）三月，西燕已放棄長安東歸，姚萇遂入據長安稱帝，國號大秦，史稱後秦。六月，前秦國主苻丕（苻堅死後即位）傳檄四方，聲討姚萇弒逆之罪。後燕國主慕容垂立即響應，天水姜延、馮翊冠明、河東王昭、新平張宴、京北杜敏、扶風馬朗以及鄧景、竇沖、牧官、王敏等，亦皆應檄起兵。七月，前秦平涼太守金熙、安定都尉沒奕干與後秦左將軍姚方成，戰於孫丘谷，姚方成兵敗。姚萇乃留其弟征虜將軍姚緒守長安，率軍赴安定大破金熙等。這時，前秦撫軍大將軍苻登，率軍五萬下隴東，攻克南安（今甘肅省隴西縣東），遣使與苻丕聯繫，以求夾擊後秦。九月，苻丕在與西燕作戰時敗死，苻登即帝位，繼續進討姚萇。此後，姚萇與苻登在涇陽、新平、安定、杜陵、郿縣等地相戰，達七年之久。東晉太元十八年（三九三年）十二月，姚萇死於安定，太子姚興嗣位。次年，姚興大破苻登於始平（今陝西省興平縣東北），苻登敗死，後秦才穩固了在關西的統治。

東晉太元十年（三八五年）九月，曾奉苻堅之命征討西域的前秦將軍呂光，自龜茲（今新疆自治區庫車、沙雅二縣間）返抵宜禾（今新疆自治區吐魯番縣西），被前秦涼州刺史梁熙拒之於境外。前秦高昌（治所在今吐魯番縣）太守楊翰，對梁熙說：「呂光剛攻破西域，兵強氣銳，聽說中原喪亂，必有異圖。如果呂光兵出流沙，其勢難敵，應當加強高梧谷口和伊吾關（今新疆自治區鎮西縣境）的防守。」梁熙未聽。姜水令張統，也勸梁熙：「呂光智略過人，今擁思歸之軍，乘戰勝之威，其鋒難以阻遏。將軍世代受苻秦厚恩，應在今日建立殊勛。行唐公苻洛，乃是陛下（苻堅）的從弟，將軍莫若奉苻洛為盟主，以收眾望。這樣，呂光雖然來到這裡，也不敢萌生異心。將軍然後再聯合河州刺史毛興、秦州刺史王統、南秦州刺史楊璧，以四州之兵掃除凶逆，安定帝室，不啻齊桓、晉文之舉。」梁熙又未聽，而且派人殺死苻洛於西海（今青海省海宴縣），欲據涼州自保。呂光聽說楊翰向梁熙獻計，不敢再往前進。謀士杜進說：「梁熙文雅有餘，機斷不足，不會用楊翰之謀。我們應乘其上下離心，立即進取涼州。」呂光於是進入高昌，前出玉門。梁熙寫信，責備呂光擅自從西域還師，並派其子梁胤等率軍五萬，往酒泉阻擊呂光。呂光也寫信回答梁熙，斥責梁熙無赴國難之志，卻遏歸國之師。這時，高昌太守楊翰、敦煌太守姚靜、晉昌太守李純等，已相繼投降呂光。呂光遂派彭晃、杜進、姜飛為前鋒，與梁胤戰於安彌（今甘肅省酒泉市東），擒獲梁胤。

武威太守彭濟，則活捉梁熙，投降呂光。呂光殺死梁熙，自領涼州刺史。東晉太元十一年（三八六年）九月，呂光得悉苻堅已死，命全軍身著縞素，自稱大將軍、涼州牧、酒泉公。東晉太元二十一年（三九六年）夏天，呂光已據有洮水（今甘肅省洮河）以西四郡及西域之地，乃自稱天王，建國號為大涼，史稱後涼。

在前秦開始崩潰以後，東晉曾乘亂北略中原，在十個月中收復黃河、濟水以南大片土地。從此，東晉開始與後燕在河濟間相峙，及後燕為北魏所滅，又與北魏以河濟為界。

拓跋珪興魏及其擴張之戰

拓跋珪興魏及其擴張之戰，起於東晉太元十三年（三八八年），迄於東晉隆安二年（三九八年），前後歷時十年。

拓跋珪為鮮卑拓跋猗盧的後人，受晉封世居代地（今內蒙古自治區中部和山西省北部）。東晉太元元年（三七六年），前秦苻堅滅代，殺死第六代代王什翼犍，並欲將什翼犍的孫子拓跋珪劫往長安。後來，苻堅聽從代國長史燕鳳的哀求，為給拓跋氏留塊地盤，使其子子孫孫永為不侵不叛之臣，讓拓跋珪留在代地，但卻將代地劃為兩部，黃河以東屬劉庫仁，黃河以西屬劉衛辰，利用二人之間的矛盾分而治之。拓跋珪隨其母賀氏暫依劉庫仁，後被部眾推為代王。東晉太元十一年（三八六年）二月，代王拓跋珪徙居定襄盛樂（今內蒙古自治區和林格爾縣），改稱魏王，史稱北魏。

拓跋珪在相繼平定了內部的謀篡和叛亂之後，便開始積極對外擴張。他鑑於強大的後燕橫亙在中原地區，不能南下，決定首先擊滅鄰近小國，以增強北魏的基業。東晉太元十三年（三八八年）六月，拓跋珪揮師東進，擊破庫莫奚於弱洛水（今內蒙古自治區西喇木倫河）。這年七月，庫莫奚來襲，又為魏軍所敗。東晉太元十四年（三八九年）正月，魏軍襲破高車，吞併吐突鄰於女水（今河北省東北部灤河）。東晉太元十五年（三九〇年）四月，魏軍又與後燕慕容麟軍聯合作戰，在意辛山（今內蒙古自治區呼和浩特市東北）擊降紇突部、紇奚部，賀訥部被迫降魏。東晉太元十六年（三九一年）十月，拓跋珪親自率軍北擊柔然（今蒙古人民共和國賽爾烏蘇南部），柔然軍倉皇逃遁，拓跋珪追奔六百里，在大磧南床山下（今賽爾烏蘇西南）大破柔然，後又在平望川（今蒙古人民共和國雅臺南部）和涿邪山（今阿爾泰山東麓）俘其餘部。劉衛辰乘拓跋珪遠征在外，曾派其子直力鞮，率兵八萬進攻北魏。拓跋珪回師反擊，在鹽池（今內蒙古自治區包頭市西）一役，擊滅劉衛辰。

拓跋珪雖然畏懼後燕，但早在東晉太元十三年（三八八年）前秦苻登與後秦姚萇相攻時，便有偷襲後燕之志。這年八月，拓跋珪派九原公拓跋儀去中山（今河北省定縣），朝見後燕國主慕容垂。慕容垂詰問：「魏王為何不親自來見我？」拓跋儀答道：「先王（什翼犍）與您都曾依附晉室，世為兄弟。我今日奉使前來，於禮儀並未有失。」慕容垂說：「我現在威加四海，豈能以昔日為比？」拓跋儀說：「燕國若不修德禮，欲以兵威相逼，這乃是我國將帥所考慮的事情，與我這個做使臣的沒甚麼關係。」拓跋儀回北魏後，向拓跋珪報告後燕政情：「燕王慕容垂已經衰老，太子闇弱，范陽王慕容德非常自負，不是能夠輔弼少主的臣子。慕容垂死後，燕國必然發生內亂，那時可乘機出兵，現在則不是時候。」拓跋珪很讚同他的分析。

東晉太元十六年（三九一年）七月，拓跋珪藉故與後燕絕交。東晉太元十八年（三九三年）十一月，慕容垂大舉討伐西燕，於次年五月攻克晉陽，包圍長子。八月，西燕國主慕容永因情況危急，一面向東晉請救，一面請救於北魏。拓跋珪立即派拓跋虔、庾岳等率騎兵五萬往救，但尚未趕到長子，西燕已為後燕所滅。因為此事，慕容垂與拓跋珪之間的仇恨，益愈加深。

東晉太元二十年（三九五年）四月，拓跋珪侵逼後燕北部邊塞。六月，慕容垂派太子慕容寶、遼西王慕容農、趙王慕容麟等率軍八萬，出五原（今山西省壽陽縣北）伐魏，另以范陽王慕容德、陳留王慕容紹率步騎一萬八千，為其後繼。這年七月，北魏長史張袞見燕軍將至，向拓跋珪獻計：「燕國恃其在長子曾經大捷，有輕視我國之心。我們應當進一步表示軟弱，以驕怠燕軍。」拓跋珪聽從了這一建議。當燕軍行至五原，拓跋珪即率軍西渡黃河，暫避燕軍的鋒芒。燕軍未戰收降北魏三萬餘戶，得糧百餘萬斛，遂進軍臨河（今內蒙古自治區臨河縣），準備渡河追殲魏軍。拓跋珪一面向後秦求援，一面積極備戰。九月，魏軍與燕軍隔黃河對陣，慕容寶列兵將渡，暴風驟起，未能渡過黃河。這時，慕容寶已經數月沒有聽到父親慕容垂的消息，不時派使者回國問候。拓跋珪派兵在途中伏擊，將其使者全部俘獲，然後讓使者在黃河岸邊，向慕容寶高呼：「你的父親已死，為何還不早點回去？」慕容寶聽後憂慮，燕軍軍心亦因之浮動。拓跋珪遂使拓跋虔率騎兵五萬，進屯河東，拓跋儀率騎兵十萬，進屯河北，拓跋遵率騎兵七萬，截斷燕軍南歸之路，準備夾攻並截擊燕軍。

燕魏兩軍隔河相峙十天之後，慕容麟的部將慕輿嵩等，以為慕容垂真死了，密謀擁戴慕容麟為後燕國主。不料事洩，慕輿嵩等被殺死，燕軍軍心益亂。十月二十五日，慕容寶燒毀準備渡河的船隻，乘夜撤退。此時，黃河尚未結冰，慕容寶以為魏軍不可能渡河，故後軍未設警戒。十一月三日，暴風又起，黃河突然結冰，拓跋珪親率精騎二萬渡河追擊，在參合陂（今山西省大同市東南）這個地方，重創燕軍。慕容寶單騎脫走，數萬大軍被斬被俘。拓跋珪既獲大勝，挑選燕軍降將中有才能的人，收為己用，其餘人欲發給衣糧遣還。魏將王建勸道：「燕國兵力強盛，今日不過被我們僥倖擊敗。這些降卒，不如將他們全部殺掉，以使燕國兵員空虛。」拓跋珪認為言之有理，下令將俘獲的燕軍全部活埋。

慕容寶於參合陂一役遭到慘敗後，深以為恥，向慕容垂請求再次擊魏。慕容垂亦深恐北魏不除將為後患，命高陽王慕容隆、長樂公慕容盛率所部精兵，至中山集中。東晉太元二十一年（三九六年）正月，慕容隆率龍城兵來到中山，軍容精整，後燕士氣因之稍振。三月二十六日，慕容垂命范陽王慕容德守中山，親率諸軍秘密出發，踰青嶺（今河北省易縣西南）直指雲中（今山西省原平縣西南）。北魏陳留公拓跋虔，率軍三萬鎮守平城（今山西省大同市東），未做準備，在獵嶺（今山西省應縣南勾注山北麓）遭到燕軍襲擊。燕軍進抵平城，拓跋虔又遭重創，全軍覆沒。拓跋珪見燕軍來勢迅猛，深感恐怖，準備率軍逃走。而當慕容垂經過參合陂，見此地白骨如山，都是以前被活埋的燕軍的遺骸，不禁又慚愧，又憤怒，疾病復發，不能再前進，暫駐平城西北三十里處。這時，有些叛逃北魏的燕軍告訴拓跋珪，說慕容垂已死，拓跋珪本想起兵回擊，後聽說平城已為燕軍所控制，只好撤返陰山。慕容垂在平城居住了十天，病情加重，由慕容寶護送回國，於四月十日死於沮陽（今河北省懷來縣南）。慕容寶返回中山，即後燕皇帝位。

慕容寶嗣位後，荒怠無能，國人失望，更引起北魏拓跋珪的兼併之心。東晉太元二十一年（三九六年）六月，拓跋珪派將軍王建等攻破廣寧（今河北省涿鹿縣西），斬後燕太守劉亢泥，將當地人民全部徙往平城。後燕上谷（今河北省懷來縣南）太守慕容詳，聞訊棄郡逃走。這時，北魏群臣勸拓跋珪稱帝，並乘後燕內亂進取中原。八月，拓跋珪稱帝後，親率步騎四十餘萬南出馬邑

（今山西省朔縣），翻越勾注山，命左將軍李栗率騎兵五萬為前鋒，疾趨晉陽，另遣將軍封真等，從東道出軍都（今居庸關），襲擊幽州（今北京市大興縣）。九月，拓跋珪兵臨晉陽，燕遼西王慕容農率兵出戰失利，逃回晉陽。不料，司馬慕輿嵩叛變，閉門不許其進城，慕容農只好僅率數千騎兵南走，在潞川（今濁漳河）又遭到北魏中領將軍長孫肥追擊，所率騎兵盡沒。北魏遂佔有并州。

不久，北魏軍出軍都的一路，已克漁陽（今北京市密雲縣西南）。拓跋珪立即率大軍從晉陽東出，直搗燕都中山。後燕國主慕容寶得知魏軍將至，召集群臣商議對策。中山尹苻謨建議：「魏軍聲勢浩大，若放縱他們進入平原地帶，將不可抵擋，應控禦幾處險要拒戰。」中書令睦邃說：「魏多騎兵，往來剽悍迅急，但所攜軍糧只夠十天。我們應當讓各郡縣的人民聚集起來，每千家為一堡，挖深溝，築高壘，清野以待。魏軍來到後，沒有甚麼可掠奪的，糧食吃完了，自然會退兵。」尚書封懿則說：「魏軍有數十萬之多，民雖築堡，不足以自固，說不定反倒為敵所用，不如阻關拒戰。」趙王慕容麟認為：「魏軍來勢兇猛，只有固守中山，等待他們疲憊之後再戰。」慕容寶採納了慕容麟的主張，在中山修城積粟，加強守備，並派慕容農出屯安喜（今河北省定縣西），以資警戒。

這年十月，拓跋珪命于栗磾、公孫蘭率騎兵二萬，從晉陽趨井陘，直撲中山。十一月，魏軍攻拔常山（今河北省正定縣南），自常山以東的後燕守將，或逃或降，郡縣多附於北魏，只剩下中山、鄴城、信都三個重鎮未下。拓跋珪決定分軍進攻三鎮，命拓跋儀率五萬騎兵攻鄴，王建、李栗攻信都，自率大軍攻中山。後燕高陽王慕容隆扼守中山南郭，率眾力戰，殺傷魏軍數千人，阻遏了魏軍的攻勢。拓跋珪於是對諸將說：「中山城守禦嚴固，而且慕容寶必不肯出戰。我們急攻則損軍，久圍則費糧，不如先取鄴城和信都，然後再攻中山。」拓跋珪遂引兵南下，攻信都。這時，後燕章武王慕容審與陽城王慕容蘭固守薊城，魏將石河頭久攻未克，退屯漁陽。拓跋珪軍行至魯口（今河北省饒陽縣南），後燕博陵（今河北省安平縣）、高陽（今河北省蠡縣南）二郡皆潰。

魏軍拓跋儀部進攻鄴城，遭到後燕南安王慕容青夜襲，被迫退屯新城。慕容青向范陽王慕容德請求追擊，別駕韓逴力勸堅守勿出，慕容德聽從了韓逴的建議。十二月，拓跋珪派賀賴盧率騎兵二萬增援拓跋儀，抵達鄴城。東晉隆安元年（三九七年）正月，慕容德見魏軍愈來愈多，向後秦國主姚興請救。姚興未發救兵，鄴城形勢危急。這時，不料賀賴盧與拓跋儀發生內訌，被慕容德利用，出城大破魏軍。不久，信都為拓跋珪攻克，但此時北魏國內卻發生叛亂，拓跋珪急於回國平叛，遂遣使向後燕求和。

慕容寶聽說北魏內亂，不願與北魏媾和，調步卒十二萬、騎兵八萬七千，屯駐滹沱河北岸的柏肆（今河北省藁城縣北），欲與魏軍決戰。東晉隆安元年（三九七年）二月，拓跋珪率軍抵達柏肆滹沱河南岸。慕容寶於夜間，命一萬餘人渡水襲擊魏營，乘風縱火，致使魏軍大亂，拓跋珪倉皇逃走。但是，拓跋珪很快就鎮定下來，發動反擊，將來襲的燕軍擊潰。慕容寶見夜襲失敗，引兵又回到滹沱河北岸。次日，拓跋珪整軍渡河，向燕軍挑戰，慕容寶自料不敵，退回中山。拓跋珪縱軍追擊，擊降燕軍無數，繳獲大量袍仗兵器。然後，拓跋珪派一部軍回國，迅速平定了內亂。

三月，拓跋珪再圍中山。慕容麟企圖殺死慕容寶，自立為帝，事敗出逃西山（今河北省完縣、唐縣等地）。慕容寶怕慕容麟到薊城奪取清河王慕容會的軍隊，與慕容農、慕容隆商議後，決定退保龍城。慕容寶先到薊城，將薊城的兵員和物資統統徙往龍城，然後派河西公庫傉官驥率兵三千，協助慕容詳留守中山。慕容會想廢除太子，而由自己代之，在慕容寶赴龍城途中殺死慕容隆，並襲擊慕容寶。慕容寶和慕容農進入龍城，稍事休整，即回擊慕容會，慕容會敗走中山，被慕容詳所殺。

留守中山的慕容詳，獨自率軍抗擊拓跋珪，使拓跋珪連攻月餘未能破城，只好退屯鉅鹿（今河北省平鄉縣）、河間（今河北省獻縣）。五月，庫傉官驥率援軍來到中山，慕容詳殺死庫傉官驥，自稱後燕皇帝。慕容麟聞訊，潛襲中山，殺死慕容詳。九月，拓跋珪又對中山發起攻勢，慕容麟力不能支，逃往鄴城。拓跋珪移師攻鄴，慕容德與慕容麟放棄鄴城，南奔滑臺（今河南省滑縣），鄴城遂為北魏所陷。

此次戰後，慕容寶在龍城郊外，被部下殺死，慕容盛即後燕皇帝位。不久，慕容德亦即皇帝位於廣固（今山東省益都縣西北），史稱南燕，拓跋珪則遷都平城，北魏國勢，從此益臻富強。

桓玄篡晉及劉裕復晉之戰

桓玄篡晉之戰，發生在東晉元興元年（四〇二年）正月至十一月。劉裕復晉之戰，發生在東晉元興三年（四〇四年）二月至五月。

東晉自淝水戰後，相繼克復青、徐、兗、司諸州，一時頗有中興之勢。但是，由於晉孝武帝司馬曜沉湎於酒色，朝政漸為會稽王司馬道子所操縱，東晉又趨動亂。東晉太元二十一年（三九六年）九月，司馬曜為寵妃張貴人謀弒，太子司馬德宗即位，是為晉安帝。晉安帝年幼無知，司馬道子在朝內遍樹親黨，益發驕縱。東晉隆安元年（三九七年），司馬道子聽從其爪牙尚書僕射王國寶、建威將軍王緒的建議，企圖裁損荊州刺史殷仲堪和駐守京口（今江蘇省鎮江市）的王恭的兵權。這時，權臣桓溫已死，其子桓玄襲封南郡公，朝廷對其疑而不用。桓玄遂欲借殷仲堪的兵勢作亂，慫恿殷仲堪與王恭以討伐王國寶為名，舉兵前往建康。司馬道子聞訊大驚，委罪王國寶，賜其自盡，並斬王緒，這才使即將爆發的內戰暫息。但是，司馬道子不甘心自己的勢力驟然孤弱，並懼於王恭、殷仲堪之逼，又將譙王司馬尚之和其弟司馬休之引為心腹，派親信王愉出任江州刺史，都督江州及豫州四郡軍事。

東晉隆安二年（三九八年）七月，桓玄向朝廷請求為廣州刺史。司馬道子忌怕桓玄，早就不願他久住荊州，立即奏請晉安帝批准。但後來桓玄卻又變卦，不肯去廣州赴任，致使荊州情勢愈形複雜。這時，豫州刺史庾楷因司馬道子擬割其江北四郡，交給心腹王愉管轄，認為於防禦北敵不利，請求仍劃歸豫州所有。司馬道子未許。庾楷便與王恭、殷仲堪、桓玄等人聯繫，共推王恭為盟主，上表討伐王愉、司馬尚之與司馬休之。司馬道子一籌莫展，將大權交給他的兒子司馬元顯，在建康備兵守禦。不久，殷仲堪即自江陵起兵，命部將楊佺期率水軍五千為前鋒，配合桓玄行動，自率二萬水軍隨後東下，東晉內戰於是展開。

八月，楊佺期兵至湓口（今江西省九江市西），王愉倉惶逃奔臨川（今江西省臨江縣西）、被桓玄活捉。九月，朝廷以司馬元顯為征討都督，派衛將軍王殉、右將軍謝琰向京口討王恭，司馬尚之率兵討庾楷。司馬尚之在采石（今安徽省當塗縣西北）大破庾楷，迫使其逃奔桓玄。司馬道子遂以司馬尚之為豫州刺史，司馬休之為襄城（今安徽省繁昌縣西北）太守，司馬恢之為丹楊尹，司馬允之為吳國（今江蘇省吳縣）內史，各屯兵馬，拱衛京師。不久，桓玄進擊歷陽（今安徽省和縣），大破司馬尚之，與楊佺期會師於橫江（采石磯對岸），擊敗司馬尚之與司馬恢之。然而，由於從京口進抵竹脈（今江蘇省句容縣北）的王恭的部將劉牢之倒戈，王恭逃奔桓玄，途中被人擒往建康處死。這時，楊佺期與桓玄已進抵建康城外，殷仲堪大軍亦抵蕪胡。司馬道子採納左衛將軍桓脩之策，宣佈加封桓玄為江州刺史，加封楊佺期為雍州刺史，貶殷仲堪為廣州刺史，以求離析叛軍。殷仲堪唯恐自己失勢，立即自蕪湖西歸江陵，並恐嚇桓玄、楊佺期，不得接受朝廷任命，否則便殺死他們全家。桓玄、楊佺期，雖然很願意接受朝廷的任命，亦被迫相繼回師。司馬道子見叛軍已然撤兵，鑑於殷仲堪仍然實力在握，被迫將荊州刺史的職務，又還給殷仲堪。

殷仲堪等返回江陵後，東晉內戰暫告平息。次年（三九九年）四月，司馬元顯代替其父司馬道子執政，遍樹黨羽，橫徵暴斂，局勢更加動盪。瑯琊人孫恩乘機舉事，率眾攻佔會稽，幾天之內，便擁兵數十萬。晉安帝命謝琰與劉牢之率軍鎮壓，到這年十一月，才將孫恩佔據的各郡縣相繼收復。在此期間，殷仲堪、楊佺期與桓玄之間的矛盾也逐漸加劇，殷仲堪和楊佺期嫌桓玄太跋扈，桓玄則恐為殷仲堪和楊佺期所滅，雙方終於兵戎相見。結果，桓玄先後殺死殷仲堪和楊佺期，奪取荊州。東晉隆安四年（四〇〇年）三月，桓玄上表晉安帝，請封荊、江二州，晉安帝只封他為荊州刺史，而以中護軍桓脩為江州刺史。桓玄堅持兼領江州，晉安帝只好應允。此時，桓玄的權勢，已足以同其父桓溫生前相比。

東晉元興元年（四〇二年）正月，司馬元顯認為桓玄遲早要篡晉，大治水軍，企圖對其先行討伐。桓玄聞知，立即傳檄四方，聲討司馬元顯，同時舉兵東下。二月十八日，桓玄軍至尋陽（今江西省九江市），晉安帝派齊王司馬柔之奉詔，命桓玄罷兵，被桓玄的前鋒殺死。二月二十八日，桓玄軍至姑孰（今安徽省當塗縣），連破司馬休之、司馬尚之的軍隊，奪取歷陽、橫江、塗中（今安徽省滁縣）等地。劉牢之素與司馬元顯不和，正欲借桓玄之手除掉司馬元顯，不肯與桓玄作戰，致使桓玄順利地進入建康。晉安帝唯恐桓玄奪其帝位，加封桓玄為丞相，都督全部軍事。桓玄一旦大權在握，馬上將司馬道子流放至安成郡（今江西省安福縣），將司馬元顯及其黨羽全部殺死，封自己的親族桓偉、桓謙、桓脩、桓石生、殷仲文等，各以高官顯職，同時解除劉牢之的兵權，將其降為會稽內史。十月，桓玄不再以當丞相為滿足，脅迫晉安帝封他為楚王，加九錫。十一月，桓玄終於逼迫晉安帝禪位於己，改國號為大楚。

桓玄篡晉之後，朝野騷然，思亂者眾多。東晉元興三年（四〇四年）二月，益州刺史毛璩首先發難，傳檄聲討桓玄。這時，彭城內史劉裕，隨徐、兗二州刺史桓脩來建康，桓玄深感劉裕是個人傑，對其賞賜甚厚。但是，劉裕並未被桓玄所收買，返回京口，密謀復興晉室。幾天後，劉裕聯合中兵參軍劉毅、青州主簿孟和、太原王司馬仲德、河內太守辛扈興、振威將軍童厚之等二十七人，由何無忌作檄文，共討桓玄。一月二十七日，劉裕設計殺死桓脩，佔據京口、廣陵，揚言益州刺史毛璩已定荊楚，江州刺史郭昶之反正於尋陽，揚武將軍諸葛長民已據歷陽，鎮北參軍王元德在京師願為內應，然後親率徐、兗之軍，進向竹里（今江蘇省句容縣北）。桓玄派兵進討失利，甚為憂懼，命桓謙與何澹之屯守建康東陵（今江蘇省南京市覆舟山東北），卞範之屯守覆舟山以西，集兵二萬保衛京師。三月二日，劉裕率軍分數路突擊覆舟山。桓玄見抵擋不住劉裕軍的攻勢，與殷仲文等挾晉安帝逃往尋陽。劉裕進入建康，一面派兵追擊桓玄，一面盡殺桓玄的宗族。

三月，逃往尋陽的桓玄，留何澹之、郭銓與江州刺史郭和之守湓口，自挾晉安帝西返江陵。桓玄回到江陵後，仍以大楚皇帝自居，並因自己從建康敗奔，深恐失去威信，愈發任意殺戮，部下無不怨忿。四月，桓玄命其侄桓歆與氐帥楊秋反攻歷陽，被諸葛長民等擊破，斬楊秋於練固（歷陽西）。桓玄又使庾稚祖、桓道恭率千兵增援湓口，派桓振往義陽（今河南省信陽市東）募兵，佔領弋陽（今河南省潢川縣西）。不久，何無忌、劉道規等攻克湓口，進據尋陽，桓振亦為胡譁所破。桓玄不願坐以待斃，於四月二十七日自江陵挾晉安帝大舉東下，企圖再返回建康。

劉裕聞訊，一面使劉毅率何無忌、劉道規、孟懷玉等，向尋陽西上迎戰，一面命諸葛長民督江北諸軍鎖守山陽（今江蘇省淮陰縣），以備南燕軍南下支援桓玄。五月十七日，劉毅等與桓玄在崢嶸洲（今湖北省鄂城縣東）相遇，劉毅見桓玄兵力數倍於己，欲退還尋陽。劉道規說：「不可，彼眾我寡，強弱異勢，今若畏懦不進，必然為其所乘，雖至尋陽，也難自固。桓玄名為荊楚雄豪，內心其實怯懦，加上他曾從建康敗奔，軍心不穩。兩軍對陣，將領雄強者獲勝，並不在於兵力多少。」劉道規說罷，率領自己的部下向前挺進，劉毅等隨後繼之。這時，桓玄雖已舉兵，仍作好隨時敗逃的準備，在自己所乘的戰船旁邊繫一隻輕便的小舟。及兩軍將戰，劉毅等首先乘風縱火，然後發動攻擊，桓玄軍一觸即潰，桓玄挾晉安帝又返回江陵。馮該勸桓玄發兵再戰，桓玄已無鬥志，欲奔漢中桓希處棲身。五月二十四日夜間，桓玄正準備出走，內部發生反叛，桓玄被叛將殺死。

桓玄死後，荊州別駕王康產和太守王騰之，將晉安帝保護起來，準備送他回建康復位。桓玄餘黨桓振、桓謙聞知，從沮中（今湖北省當陽縣境）、華容浦（今湖北省監利縣境）趕到江陵，殺死王康產和王騰之，並欲殺晉安帝。後經眾人苦苦勸阻，桓振、桓謙才回心轉意，仍承認晉安帝為皇帝，但逼其加封自己為荊州刺史和侍中衛將軍。益州刺史毛璩，得知桓振、桓謙又奪江陵，率軍三萬東下，但由於蜀人不願遠征，中途返回成都。這時，劉毅等已兵臨江陵，在馬頭、龍泉（江陵南岸）連創叛軍。何無忌與桓振戰於靈溪（江陵東），被桓振擊敗。劉毅感到自己兵力單薄，難與桓振、桓謙繼續爭鋒，退返尋陽。

東晉義熙元年（四〇五年）正月，夏口、西陵、襄陽等地均為晉軍收復，江陵已處於三面夾攻之下，劉裕遂命劉毅等，再次進攻江陵。桓振見大勢已去，挾晉安帝出屯江津（今江津戍），遣使求割荊、江二州，然後答應奉還晉安帝。劉毅未許，並加緊攻勢，進屯紀南城（今江陵縣北）。桓振於是讓桓謙、馮該守江陵，親自出兵迎擊劉毅。劉毅乘機派一部兵襲攻江陵，迫使桓謙等棄城逃奔。桓振欲返江陵，見江陵已陷，逃往鄖川（今湖北省鄖水）。劉毅命何無忌率軍護送晉安帝回建康，自己和劉道規留屯夏口。三月，桓振自鄖城（今湖北省安陸縣）又來襲奪江陵，被劉毅的部將廣武將軍唐興擊斬。劉毅分遣諸軍，逐個討滅桓玄其他餘黨，至五月終於平定整個荊江地區。

晉安帝返回建康復位後，因劉裕平叛有功，以劉裕為侍中和車騎將軍，都督東晉全部軍事，出鎮京口。其他有功將領，如劉毅、何無忌、劉道規等，亦各加封賞。

劉裕滅南燕之戰

劉裕滅南燕之戰，起於東晉義熙五年（四〇九年）四月，迄於次年二月。

東晉義熙三年（四〇七年）七月，後燕中衛將軍馮跋殺死國主慕容熙（慕容盛子），立高雲為帝，不久又殺死高雲，自立為帝，史稱北燕。北燕因國力有限，不能參與爭奪中原之事。北魏拓跋氏雖然日漸強盛，亦尚無力經營黃河以南。這時的後秦，屢遭新興的大夏國侵擾，國勢轉衰。於是，南北爭鋒的雙方，便只能是企圖立功中原、以增強自身勛望的東晉的權臣劉裕，和企圖向南擴張的南燕。

東晉義熙五年（四〇九年）正月，南燕國主慕容超（慕容德之子）嫌南燕的宮廷樂師不夠用，欲從東晉掠取來補充。領軍將軍韓𧆛勸道：「先帝（慕容德）因舊京傾覆（後燕國都中山，被北魏攻陷），才輾轉來到三齊（今山東省）另立基業。陛下不養兵息民，等待時機從拓跋氏手中光復中山，卻侵掠南鄰晉室，增加自己的仇敵，這樣做合適嗎？」慕容超對東晉用兵的主意已定，根本聽不進去。這年二月，慕容超即派慕容興宗、斛谷提、公孫歸等，率騎進擊東晉的宿豫（今江蘇省宿遷縣東南），一舉將其攻拔，大掠而還。慕容超從被俘獲的百姓中，挑選男女二千五百人，讓他（她）們學習音樂，供自己驅使。

慕容超輕啟邊釁，給正想積累篡晉資本的劉裕，以出兵的藉口。三月，劉裕就上表晉安帝，請伐南燕。四月，劉裕自建康出發，率步騎舟師共十餘萬人，由淮入泗，於五月進抵下邳（今江蘇省邳縣東）。劉裕將船隻輜重留在這裡，改從陸路進至瑯琊（今山東省臨沂縣）。這時，有的部將對劉裕說：「燕人若塞大峴（今沂山）之險，或堅壁清野，大軍深入，不但無功，恐怕難以再回來。」劉裕則回答：「我已經考慮清楚，鮮卑人貪婪而又目光短淺，絕不會有甚麼驚人的部署。他們以為我們孤軍深入，不能持久，不過是得勝便進據臨朐（今山東省臨朐縣），失利便退守廣固（今山東省益都縣西北）。而我軍一旦進入大峴山，便將無路可退，眾將士以敢死之心向前衝擊，勢必攻無不克。而且，他們也絕不會守險清野，我可以肯定這一點。」

慕容超得知東晉出兵，召集群臣商討對策。征虜將軍公孫五樓說：「晉軍遠來，利在速戰，不可與之爭鋒。憑據大峴之險，使晉軍不能深入，時間一長，其銳氣必沮。然後，派精騎沿海岸向南斷其糧道，另遣兗州（今山東省泰安市南）之軍東下合擊，此乃上策。命各地守將依險自固，僅留下必需的物資，其餘全部焚毀，將田裡禾苗也全部芟除，使來敵無可掠奪，又求戰不得，必然撤軍，此乃中策。縱敵進入大峴，出廣固城迎戰，此乃下策。」慕容超卻聲稱：「今年歲星在齊地上方，這是上天在安排我們取得勝利。敵遠來疲敝，不能持久，我據五州（南燕將其國土劃為并州、徐州、兗州、幽州、青州）之地，擁富庶之民，精騎數萬，麥禾佈野，豈能芟苗徙民，未戰先自己削弱自己？不如就讓晉軍進入大峴，以精騎突擊，何憂不克？」輔國將軍賀賴盧等，苦諫慕容超不可放晉軍進入大峴，慕容超置若罔聞。太尉慕容鎮也說：「騎兵利於在平地作戰，應當命騎兵出大峴迎戰，戰而不勝，猶可退守，不能現在就縱敵進入大峴，自棄險要。」慕容超仍固執己見。慕容鎮退朝後，歎道：「陛下既不肯出擊卻敵，又不肯徙民清野，讓晉軍直入腹心，坐等圍攻，真是酷似漢末的劉璋，國家一定要滅亡了。」慕容超聞知大怒，將慕容鎮送入監獄。

五月，劉裕揮師進入大峴，一路未見燕軍，不禁喜形於色，對左右說：「我軍既已通過險要，只能懷必死之志決戰。敵遍地莊稼尚未收割，我軍無缺糧之憂，慕容超已在我的掌中。」六月，劉裕至東莞（今山東省莒縣），慕容超才派公孫五樓及賀賴盧、段暉等，率步騎五萬進軍臨朐，後又親率四萬步騎前去增援，只留老弱之軍守衛廣固。慕容超到達臨朐後，命公孫五樓迅速控制距臨朐四十里處的巨蔑水（今彌河），以免為晉軍進佔。公孫五樓遂率騎兵，馳往巨蔑水。但晉軍前鋒孟龍符。也正率騎兵馳往這裡，兩軍相遇，公孫五樓敗走。劉裕指揮全軍繼進，很快便抵達臨朐城南。慕容超出鐵騎萬餘，前後夾擊晉軍，晉軍各部齊力迎擊，雙方未分勝負。這時，晉軍參軍胡藩，向劉裕獻策：「燕軍主力已陸續投入戰鬥，臨朐城中留守的兵力一定不多，請以奇兵從間道攻城。韓信當年，就是使用這樣的戰術。」劉裕認為言之有理，立刻派胡藩與檀韶、向彌等，率軍繞出燕軍背後，猛攻臨朐城，迅速將其拔下。慕容超沒想到臨朐被晉軍攻克，逃至城南段暉處，引燕軍倉皇出城。劉裕縱兵奮戰，燕軍大潰，段暉等十餘名燕將陣亡，慕容超逃回廣固。劉裕乘勝向北追擊，直至廣固城下，攻克外城，迫使慕容超退保內城。劉裕暫停攻擊，築圍挖塹，招降納叛，欲待條件成熟後，再發動攻擊。這時，晉軍已繳獲南燕大批糧食，無須再由後方補給，江淮漕運悉停。

慕容超被困在廣固內城，一面派人向後秦請求援兵，一面赦免被囚禁的慕容鎮，請慕容鎮來指揮作戰。慕容鎮說：「聽說秦國正在對夏國用兵，恐怕無暇來救廣固。我們目前尚有殘兵數萬，請將您的全部財產拿出來賞賜將士，以求決一死戰。如果上天還願幫助我們，也許能夠破敵。如果不是這樣，死也死得壯烈、總比坐以待斃要好。」司徒慕容惠反對這一建議，認為：「晉軍士氣正高，我們以敗軍抵擋，只能白做犧牲。秦國雖然正與夏國對峙，但秦國與我們勢如唇齒，絕不會坐視不救。我們要派一位身份高的大臣前去借兵，尚書令韓范素為秦國所看，請讓他去。」慕容超同意這麼辦。七月，韓范抵達長安，後秦國主姚興果然派姚強率步騎一萬，隨韓范趕赴洛陽，擬會合洛陽守將姚紹的軍隊，共同去救南燕。

慕容超久困廣固內城，見後秦救兵仍未來到，向劉裕請求割大峴以南土地給東晉，並願作東晉的藩臣。劉裕沒有允許。這時，後秦國主姚興，派使者來見劉裕，對劉裕說：「燕國與我國是友好鄰邦，如今晉軍攻燕，我國已派出鐵騎十萬屯駐洛陽，如果晉軍不撤，則將長驅而進。」劉裕的回答是：「請你告訴姚興，待我擊滅燕國之後，息兵三年，就去奪取關洛。今日，秦軍既然送上門來，就請快點來戰。」劉穆之唯恐劉裕的這番話，不但不足以威嚇姚興，反而會激怒姚興，將形成晉軍與秦燕聯軍作戰的不利態勢。劉裕笑道：「此乃兵機。姚興若深信秦軍能夠赴救燕國，必然害怕我知道，豈肯先派人來送信，說這麼一番嚇人的話？可見，純屬自我吹噓之辭。我軍不來中原多年，姚興如今見我伐燕，心中一定感到恐懼，自保尚且不暇，還能來救慕容超嗎？」這時，姚興正與夏主赫連勃勃大戰於貳城（今陝西省黃陵縣西北），確實已沒有力量救燕。九月，南燕大臣張華、封愷、封融等相繼出城降晉，尚書張俊亦向劉裕投降。張俊對劉裕說：「燕人所存的最後一點希望，是韓范能借來秦軍。如果得到韓范，讓他向城中宣告實情，燕國必降。」劉裕便封韓范為散騎常侍，寫信請他回來。陪同韓范去長安借兵的南燕長水校尉王蒲，勸韓范歸順後秦。韓范說：

「劉裕以布衣起家，誅滅桓玄，復興晉室，今興師伐燕，又所向披靡，乃是上天授予他機運。燕亡之後，秦國早晚也要為他所滅，我不能再次受辱。」於是投降劉裕。廣固內城的南燕軍民聽說後，人心愈發離沮。

東晉義熙六年（四一〇年）正月，慕容超見晉軍圍城之勢難解，不禁膽寒落淚，但仍決心死守，先後殺死勸他降晉的靈臺令張光、尚書令董鐵等人。二月，賀賴盧、公孫五樓率軍挖地道出擊晉軍，未能卻敵，又返回內城。劉裕乘機集中全力四面攻城。南燕尚書悅壽，開城門接納晉軍，慕容超棄城出走，被晉軍追獲。

劉裕進入廣固內城後，恨此城久攻不下，欲將城中的成年男子全部殺死，將其妻女賞給將士。韓范勸道：「晉室南遷，中原鼎沸，人民無可依靠，只好在強權面前低頭，而且既為其臣民，自然為其盡力。他們都是華夏舊族、晉室遺民，今日王師卻要把他們全部殺掉，恐怕西北姚興統治下的遺民，再不會盼望王師了。」劉裕恍然大悟，感謝韓范的提醒，但仍殺死南燕王公以下三千人，夷其宗廟，將慕容超送往建康問斬。南燕從此滅亡。

劉裕平盧循、劉毅之戰

劉裕平盧循之戰，發生在東晉義熙六年（四一〇年）二月至次年六月。劉裕平劉毅之戰，發生在東晉義熙七年（四一一年）九月至十月。

正當劉裕為消滅南燕而圍困廣固之時，割據廣州的盧循（孫恩的妹夫）仍一心憑藉所率孫恩舊部的資源，維持自己被招安後的既得地位，毫無推翻東晉王朝的打算。他的妹夫徐道覆，則堅決主張北伐。東晉義熙六年（四一〇年）正月，徐道覆從駐地始興（今廣東省韶關市西南）趕到番禺（今廣東省廣州市），對盧循說：「現在，劉裕正領兵攻打南燕，戰事何時結束，尚不可知。我們乘機北上，掩襲何無忌、劉毅之流，將如同反掌。如果一味在廣州苟安，等劉裕滅亡南燕之後，最多息兵一、二年，一定會來收拾我們，那時就無法抵擋了。」盧循對徐道覆的話，不以為然。徐道覆又說：「今日之機，萬不可失。若先克建康，傾覆晉室的根基，即使劉裕回師也不怕。您若不願這樣做，我將自率始興之軍，直指尋陽。」盧循雖然仍不想起兵，但迫於徐道覆的勢力，只好應允。

這年二月，盧循和徐道覆分兵兩路北進，盧循自始興沿湘水攻奪長沙，進向江陵，徐道覆沿贛江攻奪南康（今江西省贛州市西南）、廬陵（今江西省吉水縣東北），進向尋陽（今江西省九江市）。徐道覆出兵後，進展神速，沿途守將皆棄城逃走。這時，劉裕已滅南燕，但消息尚未傳到建康，朝廷急召劉裕軍回救，同時命何無忌自尋陽引兵迎戰。三月下旬，何無忌與徐道覆在豫章（今江西省南昌市）遭遇，何無忌戰死。朝廷為之大震，眾臣紛紛勸晉安帝北走投奔劉裕，後因徐道覆軍未繼續急進，晉安帝才沒有離開建康。四月，劉裕匆匆趕回建康，命青州刺史諸葛長民、兗州刺史劉藩、并州刺史劉道憐，率軍入衛京師，又派豫州刺史劉毅率水軍，阻擊從長江上游東下的盧循。

盧循自與徐道覆分路出兵，連陷桂陽、零陵諸郡，並擊破荊州刺史劉道規在長沙的抵抗，乘勢直抵巴陵（今湖南省岳陽市），正擬進向江陵。已克尋陽的徐道覆，為了儘快攻奪建康，屯兵尋陽，等待與盧循會師。五月七日，盧循和徐道覆率水軍十萬、戰船一千餘艘，與劉毅水軍遭遇於桑洛州（今九江市東北江中），大獲全勝，迫使劉毅僅帶數百人逃回建康。盧循審問俘虜，得悉劉裕已回建康，不禁恐懼，欲由尋陽回取江陵，然後據荊、江二州，與朝廷抗衡。徐道覆反對退卻，力主乘勝進攻建康。盧循猶豫了數日，才勉強同意。

這時，劉裕已經爭取到時間，發動軍民加修石頭城。劉裕所率的北滅南燕之軍，由於長途跋涉多患疾病，戰鬥力大為減損。朝廷上下人心惶惶，尚書僕射孟昶和青州刺史諸葛長民，欲奉晉安帝過江躲避。劉裕不同意這樣做，認為朝廷一旦遷動，便會土崩瓦解。五月十四日，盧循軍已進至淮口（秦淮河入江之口，今南京市西北隅），建康形勢愈發危急。朝廷命瑯琊王司馬德文負責宮城防禦，請劉裕在石頭城組織抗擊。劉裕對諸將說：「賊若從新亭（今江蘇省江寧縣南）直進，其鋒芒很難抵擋，只能迴避，而且勝負將難以預料；若回泊蔡洲（今江寧縣西南江中），就要被我們擒獲了。」徐道覆果然請盧循自新亭至白石（石頭城北）焚舟而上，分數路進攻建康。盧循為萬全起見，對徐道覆說：「朝廷已經一片潰亂，勝負在此一舉，莫如暫且按兵，觀時待變。」徐道覆見盧循如此多疑少決，私下嘆道：「我終究要為盧公所誤，事必無成。倘使讓我為真正的英雄衝鋒陷陣，天下將很容易平定。」劉裕在石頭城上瞭望叛軍，起初見他們向新亭方向移動，大驚失色，後又見回泊蔡洲，才放下心來。

盧循伏兵於長江南岸，於五月開始進攻建康。但這時，劉裕已經完成了各項軍事部署，建康和石頭城內外戒備森嚴。劉裕還針對盧循聲言自白石進攻建康，留參軍沈林子、徐赤特守查浦（今南京市西南），命令他們堅守勿戰，自率劉毅、諸葛長民等，前往白石迎擊盧循。盧循將劉裕的主力吸引到白石後，立即率精銳疾趨丹陽（今江寧縣），襲擊建康。劉裕聞訊，馳還石頭城，在南塘（今秦淮河南岸）重新佈防。盧循始終懼怕與劉裕會戰，對徐道覆說：「我軍已經疲憊，不如回師尋陽，奪取荊州，佔據天下的三分之二。」七月，盧循遂自蔡洲退至尋陽，派其部將范崇民率兵五千佔領南陵（今安徽省繁昌縣西北）。劉裕命輔國將軍王仲德、廣州太守劉鍾、河間內史蒯恩、中軍咨議參軍孟懷玉等率軍追擊，被范崇民阻於南陵。八月，劉裕在建康大治水軍，並派建威將軍孫處、振威將軍沈田子，自海道襲擊盧循的巢穴番禺。

這時，割據蜀中的譙縱，欲乘盧循之亂擴展勢力，與後秦國主姚興聯兵二萬，東攻江陵。荊州刺史劉道規，已將許多兵力入援建康，面對譙縱軍與後秦軍夾攻江陵的不利形勢，組織剩餘力量頑強抵抗，終於將來犯之敵擊潰，使江陵危而復安。

當盧循自蔡洲西撤時，除劉裕所派的王仲德等部追軍外，江州刺史庾悅亦派鄱陽太守虞丘韹發動追擊，屢破盧循軍，並進據豫章，截斷盧循軍的糧道。十月，劉裕親率諸軍西進，追擊盧循。盧循退據尋陽後，即命徐道覆率軍三萬西上，以奪取荊州。徐道覆進至江陵東南的破冢，江陵為之大震。劉道規派部將劉遵，率遊軍準備側擊，自率主力前往豫章口（今江陵縣東南）正面阻擊。劉道規的前鋒迎戰失利，劉遵突出側擊，大破徐道覆軍，徐道覆逃往湓口。與此同時，王仲德、劉鍾在南陵夾攻范崇民的水軍，迫使范崇民棄城逃走。盧循在番禺的巢穴，亦為孫處、沈田子所襲破。十一月，劉裕揮師進抵雷池（今江西省彭澤縣東北），與盧循、徐道覆接戰，一舉殲敵數萬人。盧循、徐道覆經此慘敗，收集殘部南逃，徐道覆走保始興，盧循仍回番禺。

東晉義熙七年（四一一年）正月，劉藩率孟懷玉等軍，追擊盧循至嶺南。二月，孟懷玉攻克始興，斬徐道覆。三月，盧循退至番禺，包圍佔據番禺的孫處。沈田子對劉藩說：「番禺城雖然險固，但由於曾是叛賊的巢穴，如今盧循來圍，城中很可能發生內變。孫處兵力有限，也很難久守。如果讓叛賊重新佔據番禺，其兇勢必然復振。」劉藩於是派沈田子，引兵援救番禺。四月，沈田子擊破盧循，殲敵萬餘人，迫使盧循西走。沈田子與孫處合兵追擊，在蒼梧（今廣西省蒼梧縣）、鬱林（今廣西省貴縣東）、寧浦（今廣西省橫縣西南），又連破盧循。盧循在嶺南無處安身，自海道奔往交州（今越南人民共和國河內市）。六月，交州刺史杜慧度與盧循殘部三千餘人交戰，焚其戰船，斷其逃路。盧循自知不免於死，投海自盡。

盧循之亂平定後，劉裕返回建康，被晉安帝任命為太尉。劉毅因當年與劉裕共同恢復晉室，自以為應與劉裕平起平坐，如今卻處處受劉裕節制，很不服氣。東晉義熙八年（四一二年）四月，劉毅出任荊州刺史，圖謀憑借上游之勢，與劉裕爭權。不久，劉毅患病，其黨羽丹楊尹郗僧施等，怕劉毅死後自身難保，勸劉毅早日舉事。劉裕聞訊，立即發兵討伐劉毅。九月，劉裕率軍抵達姑孰（今安徽省當塗縣），命王鎮惡與蒯恩為前鋒兼行西上。十月，王鎮惡等馳至豫章口，捨舟上岸，進襲江陵。劉毅倉促迎戰，遭到重創，夜投江陵城北一佛寺，為追兵所逼，自縊而死。

東晉在劉裕的領導下，北滅南燕，內除盧循、劉毅，國勢因此大振，北方諸國無不畏懼。接著，劉裕又對外用兵，為其日後篡晉，進一步製造威望。

劉裕滅後秦之戰

劉裕滅後秦之戰，起於東晉義熙十二年（四一六年）八月，迄於次年九月。

劉裕在平定盧循、劉毅之後，繼續消除異己，又出兵擊滅了割據益州的譙縱和打擊了屯兵襄陽的司馬休之。然後，劉裕仍謀求立威於國外，並把矛頭指向內外交困、國勢漸衰的後秦。

東晉義熙十二年（四一六年）二月，後秦國主姚興病死，太子姚泓即位。姚興的另外幾個兒子（如姚弼、姚愔、姚耕兒等）謀奪帝位，被姚泓一一斬除。這年四月，西秦國主乞伏熾磐乘後秦內亂，進攻後秦秦州刺史姚艾於上邽（今甘肅省天水市西南），掠民五千餘戶。六月，在并州境內的匈奴部落反叛後秦，進攻平陽（今山西省臨汾市），被後秦軍討平。不久，氐王楊盛又進攻祁山（今甘肅省西和縣），大夏國主赫連勃勃也率騎兵四萬襲陷上邽，殲滅後秦軍一萬餘人，並攻佔安定（今甘肅省固原縣）、雍城（今陝西省鳳翔縣南），進侵郿城（今陝西省郿縣）。八月，劉裕認為進攻後秦的時機已到，命長子劉義苻和親信劉穆之等留守建康，親率十餘萬大軍出征。其進軍部署是：以龍驤將軍王鎮惡、冠軍將軍檀道濟率步軍為前鋒主力，自壽陽（今安徽省壽縣）渡過淮、淝二水，向許、洛方向進攻；以建武將軍沈林子、彭城內史劉遵考率水軍，由彭城（今江蘇省徐州市）溯汴水出石門（今河南省滎陽縣東北）進入黃河，直入洛陽以北，作為前鋒主力的後繼；以新野太守朱超石、寧朔將軍胡藩率軍一部，由襄陽赴陽城（今河南省登封縣東南），策應前鋒主力，從南面進攻洛陽；以振武將軍沈田子、建威將軍傅弘之率軍一部，由襄陽趨武關，牽制關中的後秦軍；以冀州刺史王仲德統領前鋒諸軍，並率水軍，由彭城溯泗水入黃河；劉裕自率大軍至彭城，然後自鉅野澤（故址在今山東省鉅野縣北）入黃河，溯流西上洛陽。

九月，王鎮惡、檀道濟所率前鋒主力，進入後秦國境，所向皆捷，連奪漆丘（今河南省商丘市東北）、項城（今河南省項城縣東北）、新蔡（今河南省新蔡縣）等地，並進克中原重鎮許昌，擒獲後秦潁川太守姚垣及大將楊業等。沈林子軍自汴入河，攻克倉垣（今河南省開封市南），擊降後秦兗州刺史韋華。這時，後秦東平公姚紹見許昌已失，深感憂慮，向後秦國主姚泓獻策：「晉軍已過許昌，應當速將在安定防禦夏軍的兵力東撤，充實京畿，可得精兵十萬。這樣，即使晉、夏交相侵犯，也不至於亡國。不然，晉攻洛陽，夏攻安定，我軍兩面作戰，將十分危險。」左僕射梁喜則認為：「齊公姚恢素有盛名，為夏國所畏曜，我國與夏又素有深仇，理應死守安定，迫其不能深入京畿。現在，關中的兵力足以抵禦晉軍，不要因為洛陽，而自損安定之防。」姚泓接受了梁喜的意見。

然而，正當晉軍進展順利之際，突然發生了一個始料未及的事件。王仲德為在側翼掩護王鎮惡、檀道濟自洛陽進擊，率水軍入黃河，逼近北魏在黃河南岸的唯一戰略據點滑臺（今河南省滑縣）。北魏兗州刺史尉建，害怕被晉軍吃掉，棄城逃跑。王仲德進駐滑臺後，唯恐惹起與北魏的衝突，聲稱：「晉軍本欲以布帛七萬匹作為條件，借道滑臺進擊洛陽，不料魏軍守將竟棄城而去。」北魏國主拓跋嗣，得知滑臺被晉軍佔領，立即派叔孫建、公孫表率軍，自河內（今河南省沁陽縣）

經枋頭（今河南省滑縣西）渡過黃河，逼向晉軍。王仲德派人對叔孫建說：「我軍不過是借道滑臺，並不想侵犯魏地，魏軍守將卻棄滑臺而去。我軍暫在此地休整，很快就要繼續西進，請貴國放心。」拓跋嗣又遣使去問劉裕。劉裕也表示歉意說：「洛陽本為我們的舊都，現為姚秦所據，我們早就想收復這裡。這次從貴國所控制的滑臺經過，絕不敢對貴國採取甚麼不利行動。」由於晉軍方面一再申明情況，拓跋嗣又顧忌北魏內部政局不穩，才放棄以武力收復滑臺的打算。

十月，分道向洛陽挺進的王鎮惡與檀道濟，在成皋會師，後秦陽城（今河南省登封縣東南）、滎陽二城皆降。鎮守洛陽的後秦征南將軍姚洸，向長安求救，秦主姚泓派越騎校尉閻生率騎兵三千、武衛將軍姚益男率步卒一萬，前去助守，同時命并州牧姚懿，自蒲阪進屯陝津（即茅津，古黃河渡口），為之後援。這時，後秦寧朔將軍趙玄，勸姚洸集中兵力，固守金墉，等待西來的援軍。姚洸的司馬姚禹，暗中與檀道濟私通，對姚洸說：「殿下以英武之略，受任一方，今主動示弱，恐怕將會被朝廷指責。」姚洸於是仍然分兵，扼守各處險要，命趙玄率軍千餘守柏谷塢（今河南省偃師縣東南），廣武將軍石無諱守鞏城。很快，成皋、虎牢守軍相繼投降晉軍，王鎮惡、檀道濟、沈林子等長驅而進，趕走石無諱，擊斬趙玄，然後逼近洛陽，迫使姚洸出降。奉命前來救援的秦將閻生、姚益男，於東進途中得知洛陽失陷，不敢再繼續前進。

在晉軍佔領洛陽的同時，西秦國主乞伏熾磐加緊攻擊後秦的上邽，並遣使與劉裕聯繫。劉裕拜乞伏熾磐為平西將軍、河南公。後秦在西秦和東晉交相逼迫之下，內部也不斷發生叛亂。并州牧姚懿，置當面晉軍於不顧，在蒲阪稱帝，然後舉兵襲擊長安。姚泓派寧東將軍姚成都平叛，將姚懿殺死。次年正月，鎮守安定的齊公姚恢，率軍自安定東歸長安，聲稱要「清君側」。其部下揚武將軍姜紀認為：「國家重兵皆在東方，京師空虛，以輕兵襲之必克。」姚恢沒有聽這個建議，而是南攻郿城，擊敗鎮西將軍姚湛，致使長安大震。秦主姚泓急命姚裕和胡翼度屯兵灃水（今陝西省長安縣西豐河）以西備戰，不料扶風（今陝西省涇陽縣西）太守姚 等投降姚恢，形勢愈發危急。這時，幸虧姚紹率援軍趕回關中，與姚恢對峙於靈臺（今長安西），姚讚亦自潼關率軍回救，才大敗姚恢，平定叛亂。

劉裕乘後秦內亂，留其子劉義隆守彭城，自率大軍西進。王鎮惡不等劉裕大軍到來，乘勝進擊澠池（今河南省洛寧縣西》，擒獲後秦弘農太守尹雅，然後引兵疾趨潼關。檀道濟、沈林子則從陝縣以北渡河，攻拔襄邑堡（今山西省平陸縣境）。然而，當戰事正在緊張進行之際，東晉滎陽守將傅洪降於北魏，晉軍後方頓受威脅。秦主姚泓亦調整軍事部署，命武衛將軍姚鸞，率步騎五萬加強潼關，命姚驢率軍救蒲阪。檀道濟進攻蒲阪未克，見後秦援軍又到，深感憂慮。沈林子向他獻策：「蒲阪城堅兵多，不可猝拔，攻之傷眾，圍之無期。王鎮惡在潼關勢孤力弱，不如與其合力進攻潼關，潼關一旦拿下，蒲阪不攻自潰。」檀道濟於是引兵前往潼關。三月，姚紹自潼關出戰，遭到檀道濟、沈林子痛擊，損兵千餘。姚紹對其部將說：「檀道濟等兵力不多，孤軍深入，沒有後援，是不敢猛攻潼關的。我準備分軍斷其糧道。」姚紹遂派姚鸞，與晉軍戰於潼關以南，不料又為晉軍擊敗，只好死守潼關，不再與晉軍交戰。

劉裕率水軍西上接應檀道濟和王鎮惡，由於北魏在丟失滑臺之後封鎖黃河交通，派人再次向北魏借道。秦主姚泓，亦派人請救於北魏。北魏國主拓跋嗣召集諸臣商議，大家都認為，劉裕以水軍進攻潼關甚難，只有登岸由陸路進攻才行，劉裕雖然聲稱是要討伐後秦，其志難測，北魏與後秦有著姻親關係（姚興之女聘給拓跋嗣為皇后），不可不救，應當發兵阻止晉軍西進。博士祭酒崔浩卻說：「劉裕伐秦蓄謀已久，而且肯定能夠滅秦。我們若阻擋他的行動，他必然因惱怒而上岸北侵，這樣我國就要代秦受敵。如今，柔然屢來犯邊，國內又鬧飢荒，如果再與劉裕為敵，柔然必將愈發從北邊入侵。不如聽任劉裕西上，然後屯兵在其後方，劉裕攻破潼關，必然感激我們借道，攻不下潼關，我們則不失救秦之名。況且南北異俗，即使整個恆山以南都為晉所有，劉裕也很難以江南之軍，與我們爭奪黃河以北。我們要為國家社稷的利益著想，豈可顧念一個女子（姚興之女）？」許多大臣，仍擔心劉裕會聲西擊北，勸拓跋嗣提高警惕。拓跋嗣折中兩方面的意見後，派司徒長孫嵩率山東諸軍鎮守鄴城，派振威將軍娥清、冀州刺史阿薄干，率步騎十萬屯駐河上（今山東省觀城縣境），防備晉軍北侵。二月，劉裕因北魏不肯借道，一面引軍強行進入黃河，一面命左將軍向彌留守碻磝城（今山東省茌平縣西南），以防北魏。

這時，王鎮惡、檀道濟部被後秦軍拒於潼關之外，糧秣將絕，軍心浮動，欲回師向劉裕靠攏。沈林子不同意這樣做，認為：「相公（劉裕）志在統一天下，今許洛已定，關右將平，大事能否告成，完全取決於前鋒，怎麼能自我沮喪戰勝之威，放棄眼見垂成之功？況且，大軍離我們還很遠，敵勢又如此強盛，想撤軍也未必能如願。相公讓你們二人（王鎮惡、檀道濟）為前鋒主將，與我本無關係，不過是提醒你們，擅自撤兵，將有何面目去見相公？」王鎮惡和檀道濟遂打消撤軍的念頭，派人回報劉裕，請求援送軍糧。劉裕向來人手指河上的魏軍，表示無法運糧，讓王鎮惡等就地解決。王鎮惡便親至弘農（今河南省陝縣），向當地人民募得若干糧食，才安定軍心。

劉裕不甘坐視大軍與前鋒主力長期脫離，於三月初溯河西進。北魏冀州刺史阿薄干派數千騎兵，沿黃河北岸隨晉軍西進，不斷襲奪被風浪漂到北岸的晉軍船隻，以牽制晉軍行動。四月，劉裕為排除魏軍干擾，派將軍丁旿和朱超石率精兵數千、戰車百乘，在北岸登陸，驅逐魏軍。北魏方面立即調來三萬騎兵，企圖消滅這些晉軍。雙方經過一場激戰，晉軍獲勝，將魏軍擊往畔城（今山東省聊城縣），以使大軍順利西進。

這時，潼關前線仍處於對峙狀態。姚紹為斷絕王鎮惡、檀道濟的糧援，命姚洽、安鸞、姚墨蠡、康小方等，率軍進趨黃河以北的九原（今山西省平陸縣境），控制該處河防。沈林子奉命往擊，將其消滅。姚紹聽說姚洽等敗死，發病嘔血，將兵權託付給東平公姚讚。姚讚恃兵力猶盛，主動出擊晉軍，亦遭沈林子重創。五月，劉裕大軍抵達洛陽。

五月二十四日，東晉齊郡（今山東省臨淄縣）太守王懿降於北魏，對拓跋嗣說：「劉裕已到洛陽，應當發兵絕其歸路，可不戰而克。」拓跋嗣認為言之有理，並企圖乘劉裕大軍在外，以精騎直搗彭城、壽春。崔浩勸道：「不可。如今西有赫連勃勃，北有柔然，時刻在窺伺我國。劉裕滅秦歸來，必然篡晉自立。關中自古華戎雜處，風俗勁悍，劉裕滅秦也休想控制住那裡。願陛下按兵息民，以觀其變，秦地終究為陛下所有。」拓跋嗣很贊賞崔浩的這番分析，不再考慮對東晉的後方用兵，而是派長孫嵩、叔孫建各率精兵，監視劉裕的行動。

七月，王鎮惡、檀道濟等，仍在潼關與秦軍對峙，而沈田子、傅弘部已進入武關，佔領青泥（今陝西省藍田縣）。秦主姚泓本想親自率軍，往潼關抵禦即將到來的劉裕大軍，但又怕沈田子等襲其後方，決定先消滅沈田子軍，遂折向青泥。沈田子乘後秦軍主力立足未穩，激勵士卒奮戰，終於擊敗後秦軍，迫使姚泓退回灞上（今陝西省西安市東）。這一勝利，有力地牽制了姚泓，策應了主力的西進。八月，劉裕來到潼關，命河東太守朱超石、振武將軍徐猗之共攻蒲阪，被後秦軍姚璞、姚成都部重創。王鎮惡因被久阻於潼關之外不得前進，感到臉上無光，向劉裕請求率水軍從黃河進入渭水，直逼長安。劉裕答應了這一要求。後秦恢武將軍姚難，自香城（今陝西省朝邑縣東）回救長安，遭到溯渭水西進的王鎮惡部的痛擊。秦主姚泓聞訊，自灞上引兵往石橋（長安城洛門東北）接應姚難，與姚難合兵涇上（今涇河入渭之口），企圖阻擊王鎮惡，王鎮惡派部將毛德祖將其擊破。在潼關的姚讚，得知晉軍由渭水迫近長安，放棄潼關，退守鄭城（今陝西省華縣）。劉裕遂揮師過潼關跟進。這時，後秦軍在長安尚有數萬人，姚泓急忙命姚丕守渭橋（長安城北），胡翼度守石積（長安城東北），姚讚守灞東（灞水以東），姚泓則自屯消遙園（長安城西），以求垂死掙扎。八月二十三日，王鎮惡軍抵達渭橋，棄舟上岸，擊破姚丕軍。姚泓和姚讚率軍來救，被姚丕的敗兵衝潰。王鎮惡部乘勢由平朔門（長安北門）攻入長安，迫使姚泓投降。後秦至此滅亡。

劉裕攻克長安後，本想繼續對大夏和西秦作戰，並遷都洛陽，後因其留守建康的親信劉穆之病故，深恐後方有變，廣大將士也久出思歸，故在長安僅停留了兩個多月，便率主力東歸，而命其子劉義真和部分將領留守長安。不久，大夏國主赫連勃勃乘機進攻長安，長安的晉軍將領之間又互相殘殺（沈田子殺王鎮惡，王修殺沈田子，劉義真殺王修），劉義真被迫於東晉義熙十四年（四一八年）十一月退出長安。

劉裕返回建康，認為篡晉的條件已經成熟，派人縊死晉安帝，暫立瑯琊王司馬德文為帝。一年後，又逼迫司馬德文禪位於己，改國號為宋，史稱劉宋。

拓跋燾統一北方之戰

拓跋燾統一北方之戰，起於北魏始光三年（四二六年）九月伐大夏，迄於北魏太延二年（四三六年）滅北燕，前後歷時十年。

北魏泰常八年（四二三年）十一月，北魏明元帝拓跋嗣病死，太子拓跋燾即位，改元始光，是為北魏太武帝。拓跋燾志在進取中原，統一中國，必須先擊滅北方的勁敵柔然和大夏，以及比較弱小的北燕。為此，北魏始光三年（四二六年）正月，拓跋燾曾詢問諸臣，是先伐大夏為宜，還是先伐柔然為宜。太尉長孫嵩、司徒長孫翰、司空奚斤皆說：「赫連氏的大夏，乃是一群土著，不能為患於我國。不如先伐柔然，若追而及之，可以大獲，追而不及，則獵於陰山，取其禽獸皮角，以充軍實。」太常崔浩則說：「柔然動輒如鳥集獸逃，舉大軍追之很難捕捉，舉輕兵追之又不足制敵。赫連氏土地不過千里，政刑殘虐，民心動盪，宜先伐之。」尚書劉絜、武京侯安原，則主張先伐北燕。於是，北魏究竟應當舉兵何向，拓跋燾一時拿不定主意。

這年九月，拓跋燾聽說夏主赫連勃勃死後，他的幾個兒子赫連倫、赫連璝、赫連昌等互相殘殺，關中大亂，因此決定先攻大夏。其進軍部署是：司空奚斤率四萬五千人襲擊蒲阪，宋兵將軍周幾率萬人襲擊陝城，二軍共同指向大夏控制下的長安，拓跋燾自率主力由君子津（今內蒙古自治區清水河縣西北）進襲夏都統萬（今陝西省橫山縣西）。十月，拓跋燾兵發平城。這時，夏主赫連昌所派遣的討伐西秦乞伏熾磐的軍隊，正與西秦軍戰於浪山（今甘肅省蘭州市北），企圖一舉滅亡西秦。拓跋燾見夏軍主力盡在西方，渡過君子津後，命大軍在後跟進，自率輕騎一萬八千疾襲統萬。十一月，拓跋燾已抵達黑水（即今無定河上游），距統萬城僅有三十餘里。夏主赫連昌迎戰受挫，敗歸城內固守。拓跋燾命魏軍四下殺掠，俘獲夏人數萬，得牛馬十餘萬。然後，拓跋燾因統萬一時很難攻克，又怕夏軍從伐秦前線東還而內外受敵，徙當地民眾一萬餘戶回國。

與此同時，大夏弘農太守曹達，得知魏將周幾將至，不戰而逃，周幾長驅進入潼關。大夏蒲阪守將乙鬥，得知魏奚斤之軍將至，派人向統萬告急。當使者趕到統萬，正好見到拓跋燾指揮魏軍圍城，回報乙鬥「統萬已失」。乙鬥大驚，立即棄城西奔長安，奚斤亦未戰即得蒲阪。鎮守長安的夏主赫連昌之弟赫連助興，聽乙鬥說統萬已失，無心再守長安，與乙鬥一起逃往安定（今甘肅省固原縣）。十二月，奚斤進入長安，附近氐羌勢力紛紛歸降。

北魏始光四年（四二七年）正月，赫連昌企圖收復關中，命平原公赫連定率軍二萬反攻長安。拓跋燾立即派高涼王拓跋禮，率軍加強長安守禦，同時派龍驤將軍陸俟鎮守大磧（今內蒙古自治區陰山北），以備柔然來襲，派散騎常侍步堆出使劉宋，以求和好，自己則親率大軍再次前往統萬。五月，拓跋燾渡過君子津，進至拔鄰山（今無定河上游東北），在此留其輜重，以輕騎三萬先行。北魏群臣，都勸拓跋燾：「統萬城池堅固，非朝夕之間可拔。陛下以輕軍討之，進不可克，退無所據，不如與攜帶攻城器械的步兵一同前往。」拓跋燾說：「用兵之術，攻城最下，必須到了不得已的時候，才可以強攻。若與攜帶攻城器械的步兵同往，夏軍必因恐懼而堅守，我軍不能很快拔城，則會食盡兵疲，進退無地，還是以輕騎直抵統萬為好，即使攻城未克，誘敵出戰，則可決勝。」拓跋燾於是率輕騎立即出發。

六月初，拓跋燾已接近統萬，分兵埋伏在附近深谷中，只以少量兵力，前往統萬城下誘敵。這時，夏將狄子玉降魏，說夏主赫連昌已有防備，並正與反攻長安的赫連定密謀，夾擊拓跋燾。拓跋燾深感憂慮，派將軍娥清和永昌王拓跋健，率騎兵五千向西掠地，以便在遭到不測時有迴旋的餘地。拓跋燾又讓一些軍士佯逃夏軍，聲稱魏軍糧盡，輜重遠在後方，步兵又未趕至，應當予以急襲。赫連昌果然相信，率步騎三萬出城列陣，準備迎擊魏軍。拓跋燾收兵後撤，夏軍分兩翼發動追擊。這時，突然風雨大作，拓跋燾認為決戰時機已到，分兵繞到夏軍背後，亦分左右兩翼夾擊夏軍。正當雙方混戰之際，拓跋燾從馬上墜地，夏軍逼近欲將其活捉，魏將拓跋齊決死力戰，將拓跋燾重新扶上戰馬，終於將夏軍擊潰。拓跋燾乘勝追擊赫連昌，斬殺夏將赫連滿和赫連蒙遜，殲滅夏軍一萬餘人。赫連昌來不及逃回統萬，僅率麾下數百騎兵，奔往上邽（今甘肅省天水市西南）。拓跋燾進入統萬，俘獲夏公卿將校及后妃宮人萬人，馬三十萬匹，牛羊數百萬頭，然後留常山王拓跋素、執金吾桓貸鎮守統萬，並派娥清，丘堆率騎兵五千增援長安，自率主力班師。當北魏此次擊夏時，柔然曾乘機進犯北魏的雲中，及聞拓跋燾已克統萬回國，急忙離去。

長安方面，赫連定得知統萬已破，亦率軍奔上邽。奚斤追擊赫連定，至雍城（今陝西省寶雞市），未及而還。這時，拓跋燾命令奚斤等班師，奚斤認為赫連昌已經沒有多少力量了，應當乘勝追殲。拓跋燾於是同意奚斤等留在關中，並派將軍劉拔率萬人往援。奚斤等自長安繼續西進，攻拔貳城（今寧夏自治區中寧縣附近）、安定（今甘肅省涇川縣北）等地。

大夏承光四年（四二八年）二月，奚斤、娥清、丘堆與北魏平北將軍尉眷，合攻赫連昌於上邽，迫其退走平涼（今甘肅省平涼縣西北）。然而，時隔不久，魏軍的軍馬多患疫病而死，糧儲亦竭，赫連昌乘機襲之，重創魏軍。魏軍監軍安頡與尉眷，請求出城死戰，奚斤未允。安頡與尉眷秘密選騎兵埋伏在安定城下，等赫連昌再來攻時，突然發起反擊，將赫連昌生擒。赫連定收容赫連昌餘眾數萬，退回平涼，即大夏皇帝位。三月，奚斤因自己身為統帥，而夏主赫連昌卻為部將安頡與尉眷所擒，深以為恥，留丘堆扼守安定，率軍赴平涼追殲赫連定。娥清建議循涇水西上，奚斤未從，自北路晝夜兼程。赫連定聽說奚斤來追，分兵在奚斤行進途中設伏，前後夾擊，生擒奚斤、娥清、劉拔等人，斬殺魏軍六、七千人。丘堆在安定聞此敗訊，放棄輜重，奔往長安，又與拓跋禮一道撤離長安，奔往蒲阪。拓跋燾得知上述情況後大怒，命安頡殺死丘堆，代領其軍，在蒲阪抵禦夏軍。至此，由於奚斤貪功，丘堆庸劣，致使長安棄守，拓跋燾第二次伐夏的戰果，幾乎全部告失。但赫連定雖然獲勝，仍畏懼北魏的兵勢，於這年四月遣使向北魏請和。魏、夏之間遂成暫時休戰狀態，十月，赫連定在平涼附近的苛藍山上狩獵，曾遙望統萬城哭道：「先帝（赫連勃勃）若讓我繼承大業，豈會有今日之事！」

此後，拓跋燾將主要力量用於北伐柔然，並防禦劉宋的進攻。大夏勝光三年、劉宋元嘉七年（四三〇年）九月，赫連定乘劉宋大舉進攻北魏之際，命其弟赫連謂以代率軍伐魏，同時遣使與宋聯繫，相約合力滅魏，共分其地。拓跋燾命冠軍將軍安頡，率軍沿黃河佈陣，阻擊宋軍，自率主力再次伐夏。北魏群臣，皆認為劉宋大軍已逼近黃河，此時主力西行，未必能殲滅赫連定，劉宋大軍則可能乘虛渡河，奪佔山東。拓跋燾征詢崔浩的意見。崔浩說：「劉義隆（劉裕之子，已嗣位為劉宋皇帝）與赫連定遙相呼應，共窺我國，不過是虛聲唱和，劉義隆在等待赫連定先發動進攻，赫連定在等待劉義隆先採取行動。這就好像兩隻雞連在一起，不得同飛，沒甚麼了不起的。如今宋軍沿黃河列兵，戰線東西長達二千里，每處不過數千兵，形分勢弱，其目的顯然是想固河自守，未必有北渡之意。赫連定殘根易摧，攻之必克，然後東出潼關，席捲前進，江淮以北，將全部為我國所有。陛下親自率軍伐夏的決定是正確的，請不要遲疑。」這時，赫連謂以代進攻北魏鄜城（今陝西省洛川縣東南）受挫，赫連定已親率重兵趕往鄜城增援，更使拓跋燾下定伐夏的決心。十月。拓跋燾一面派衛兵將軍王斤增援蒲阪，一面揮師經統萬直襲平涼。十一月三日，北魏大軍抵達平涼，夏平涼守將固守不戰，拓跋燾讓被俘獲的大夏故主赫連昌招降，亦毫無結果。拓跋燾於是使安西將軍古弼等，前往安定設防，以阻止赫連定回救。不久，赫連定果然率步騎二萬回救平涼，在安定與古弼軍遭遇。古弼偽退誘敵，赫連定窮追不捨，遭到北魏援軍的掩襲，損兵數千人，被迫退據鶉觚原（今甘肅省靈台縣東北）。魏軍將鶉觚原重重包圍，斷絕水源，夏軍人馬飢渴，赫連定被迫引兵突圍。北魏武衛將軍丘眷率軍追擊，夏軍大潰，死者萬餘人，赫連定負傷奔往上邽，其弟赫連烏視拔、赫連禿骨及公侯以下百餘人降魏。魏軍乘勝進攻安定，夏將乙鬥棄城西奔上邽。十二月，夏平涼守將出降，拓跋燾進入平涼。夏長安、臨晉、武功等地守將聞訊，皆棄城逃走，整個關中完全為北魏所有。十二月二十日，拓跋燾留巴東公拓跋延普守安定，鎮西將軍王斤守長安，自率大軍凱旋東還。次年正月，赫連定自上邽出兵擊降西秦，五月為吐谷渾王慕璝的騎兵擒獲，送往北魏被處死，大夏從此滅亡。吐谷渾王慕璝、河西王蒙遜，皆主動降附北魏，拓跋燾封蒙遜為涼王、慕　為西秦王（後改封隴西王），北魏遂囊括整個秦涼。

北魏滅夏後，拓跋燾於北魏延和元年（四三二年）五月，又謀討伐北燕。這時，北燕國主馮跋已死，其弟馮弘即位。這年十月，拓跋燾派安東將軍奚斤（被夏軍生擒後獲救）從幽州（今北京市大興縣西南）運送攻城器械，至北燕國都和龍（今遼寧省朝陽市），與自己親率的大軍會師。馮弘閉城固守，北燕石城（今河北省承德市西北）等十多個郡降魏。拓跋燾在當地徵集民工，挖深塹以困和龍。八月，馮弘命數萬人出戰，被魏軍擊破。從此，魏軍對和龍暫取「圍而不攻」的方針，分兵掠取北燕的土地，一個月內，便攻佔帶方（今朝鮮民主主義人民共和國平壤市西南）、建德（今遼寧省錦縣）、冀陽（平壤以南）等地。九月，北燕尚書郭淵勸馮弘，獻財寶、美女給北魏，以求永為北魏附庸。馮弘說：「我們與拓跋魏結怨已深，降附無異取死，不如堅守和龍，另想對策。」這時，北魏將領朱修之企圖襲殺拓跋燾，事洩奔逃和龍，馮弘便派他去建康，向劉宋求救。拓跋燾因和龍久圍不下，於九月十四日引軍西還，並將北燕營丘、成周、遼東、樂浪、帶方、玄菟六萬郡民，徙往幽州。

十一月，北燕長樂公馮崇在肥如（今河北省盧龍縣北）降魏，馮弘發兵前去討伐。拓跋燾派永昌王拓跋健，率遼西諸軍援救馮崇，將北燕軍擊潰。北魏延和二年（四三三年）六月，拓跋健與北魏左僕射安原，在擊降北燕凡城（今河北省平泉縣境）守將封羽後，督諸軍再攻和龍。次年（四三四年）二月，馮弘向拓跋燾請罪稱藩，將自己的小女送給拓跋燾為妃，拓跋燾終於允降，並命馮弘再送其太子馮仁，來北魏做人質。馮弘不願送太子為質，拓跋燾於是又發兵討伐北燕。北魏太延元年（四三五年）正月，馮弘因北燕屢次為北魏所侵，派人去建康向劉宋稱藩，並乞求劉宋出兵救援。宋文帝劉義隆封馮弘為燕王，表示無力救援。三月，馮弘又派大將軍湯燭入貢於北魏，以緩北魏來攻。六月，高句麗國主亦遣使入貢於北魏，拓跋燾一面封高句麗國主為征東將軍和遼東公，一面派驃騎大將軍拓跋丕、鎮東大將軍徒河屈垣等，率騎兵四萬大舉攻燕。這年十一月，北燕國勢岌岌可危，馮弘派人去見高句麗國主，想逃到他那裡去。北魏太延二年（四三六年）二月，馮弘再次向北魏入貢，答應讓太子去做人質。然而，拓跋燾此時已決心擊滅北燕，沒有接受馮弘的請求，並遣使警告高句麗國主，不得收容馮弘，命平東將軍娥清、安西將軍古弼率精騎一萬攻燕，又命平州（今遼寧省遼陽市）刺史拓跋嬰率遼西諸軍助攻。五月，馮弘率和龍城民東徙高句麗，北燕從此滅亡。北魏在東方的勢力範圍，遂達今吉林省東部及朝鮮民主主義人民共和國境內。

北魏自道武帝拓跋珪建國（登國元年，三八六年）開始，就與北方的柔然相戰不已。柔然如同漢代的匈奴，游居於大漠之北，時向陰山以南地區進犯，完全靠擄掠為生。拓跋燾即位後，曾於始光二年（四二五年）十月，發五路大軍討伐柔然。後因夏主赫連勃勃死去，宋文帝劉義隆初登帝位，南北形勢為之大變，拓跋燾採納崔浩之策，暫置柔然於不顧，首先舉兵擊夏。始光四年（四二七年），北魏已克夏都統萬，擒夏主赫連昌。兩年後，拓跋燾遂決定大舉北伐柔然。

當時，北魏國內有胡人（南匈奴種落）在并州騷亂，丁零部羌人也在定州謀叛，而夏國新主赫連定在繼續抗戰。因此，北魏群臣皆不贊成北伐柔然，太后亦出面阻止，唯獨崔浩主張出兵。尚書令劉絜等，共推太史令張淵、徐辯，以天象不利於北伐為辭，堅持反對的態度，拓跋燾讓崔浩與他們辯論。張淵、徐辯等，見說天象被崔浩駁倒，又說：「柔然為化外蠻荒之國，得其地不可耕作，得其民不可統治，有甚麼必要勞師遠征？」崔浩反駁道：「你們談天道，倒是做太史令的職分，至於人事方面的形勢，不是你們所能知道的。你們的這番言論，乃是漢朝人的常談，施之於今，很不適宜。為甚麼這麼說？柔然本是我國北邊的屬國，後來背叛（柔然於三九四年叛魏），如今誅其元兇，收其良民，命令他們仍如過去那樣貢奉我國，並非沒有益處。漠北之地高曠涼爽，不生蚊蚋，水草豐美，其土地也並非不可耕作。我國軍隊習慣於大漠作戰，與之周旋，將穩操勝算。況且，柔然數次侵犯我國，弄得人心惶惶，不及早破滅其國，我們很難安臥。你們自詡懂得天數、人術，可以預卜勝敗，那麼請問，在未取統萬之前，統萬有無一定要敗亡徵兆？如果你們不知道有沒有，說明你們無術；如果知道而不講出，說明你們對陛下不忠。」當時，夏故主赫連昌也在坐，張淵等因為自己在攻取統萬之前未嘗有言，慚愧得無法回答崔浩的質問。拓跋燾大悅，北伐柔然之舉遂決。

此次會商後，有些大臣仍不放心，問崔浩：「劉宋正在窺伺我國，若出兵北伐，柔然遠遁，前無所獲，後有強敵，將如何對付？」崔浩回答：「不然！今不先破柔然，則無以專心對付劉宋。劉宋聽說我軍攻克統萬之後，十分恐懼，故調兵保衛淮北。我們此次北伐柔然，可以暫時減輕對他們的壓力，他們必不肯再有所動作。況且，劉宋多是步兵，我軍多是騎兵，他們能北來，我們能南下，他們北來很困難，我們南下卻很容易。加以南北異俗，水陸形勢大不一樣，即使我國把黃河以南全給了劉宋，他們也守不住。試看，像劉裕那樣的英雄豪傑，吞併關中後，留其愛子和許多良將，領精兵數萬鎮守長安，都未能守住。現在的劉義隆君臣，遠非劉裕時可比，如果他們真敢來襲，簡直就像用馬駒來鬥虎狼，有甚麼值得擔憂的呢？柔然恃其所居之地僻遠，以為我國制服不了他們，防備鬆懈由來已久，今掩其不備，可一舉而滅，怕就怕陛下無此決心。今陛下既然決心已定，你們怎麼還想阻止他呢？」

這年四月，拓跋燾留北平王長孫嵩、廣陵公樓伏連守衛京師平城，自率大軍，出東道向黑山

（今內蒙古自治區和林格爾縣境）進發，命平陽王長孫翰，自西道向大娥山（今內蒙古自治區烏拉山）進發，兩路成鉗形攻勢，會師於柔然王庭所在地（今內蒙古自治區烏蘭察布盟烏拉特後旗北方）。五月十六日，拓跋燾所率之軍抵達漠南，遂捨棄輜重，率輕騎襲擊柔然，進至栗水（今烏拉特後旗北方）。柔然紇升蓋可汗，事先未曾防備，見魏軍猝至，燒掉廬幕後西竄。他的弟弟匹黎先，亦率眾逃跑，被長孫翰追擊，予以全殲。柔然失去統帥，部落四散，牲畜佈野，無人收拾。拓跋燾乃循栗水西行，至菟園水（今蒙古人民共和國雅台附近），分軍掃蕩柔然部落，先後擊降柔然三十餘萬人，獲戰馬三十餘萬匹，畜產數百萬。附近的高車國，亦乘機搶掠柔然。拓跋燾見預期的作戰目的達到，於七月引兵回國。柔然紇升蓋可汗，經過此次打擊，抑鬱而終。八月，拓跋燾回到漠南，聽說高車主力屯駐今內蒙古自治區多倫縣西北，於是派左僕射安原率萬餘騎兵將其擊降，獲牲畜百餘萬。十月，拓跋燾返抵平城，將柔然，高車降附之民，安置在東至濡源、西至五原的漠南地區，命其耕牧而收其貢賦。

拓跋燾在十年的時間裡，先後滅亡大夏和北燕，重創柔然，迫使沮渠遜和吐谷渾臣服，使中國北方統一於北魏。此後數年間，拓跋燾又擊滅北涼，西征西域，國勢益強。與此同時，劉宋方面的實力，也有增強，於是戰爭又開始在北魏與劉宋之間展開。

劉宋北魏相互攻伐之戰

劉宋北魏相互攻伐戰，起於劉宋元嘉七年（四三〇年）宋文帝遣到彥之大舉伐魏，迄於劉宋元嘉二十八年、北魏太平真君十二年（四五一年）宋魏媾和，前後歷時二十年。

劉宋永初三年、北魏泰常七年（四二二年），宋武帝劉裕死去，太子劉義符即位，不久為劉義隆所取代，是為宋文帝。同年十月，北魏即大舉侵宋，奪取宋滑台、虎牢、洛陽、許昌等河南要地。次年十一月，北魏太宗拓跋嗣亦死去，新君北魏太武帝拓跋燾，聽從崔浩之計，決定先統一北方，而後圖宋，乃與宋言歸於好。然而，正當拓跋燾移伐柔然之兵攻夏之際，一直企圖恢復河南的宋文帝劉義隆，與夏主赫連定聯兵伐魏，進而揭開宋魏長期相互攻伐戰的序幕。

劉宋元嘉七年（四三〇年）三月，劉義隆下詔北伐。其進軍部署是：右將軍到彥之率安北將軍王仲德、兗州刺史竺靈秀等部水軍五萬，經淮、泗二水北入黃河，爾後沿河西進，收復黃河南岸要點；驍騎將軍段宏率精騎八千直指虎牢，豫州刺史劉德武率軍一萬為其後繼；後將軍長沙王劉義欣率軍三萬坐鎮彭城，負責監督並援助攻魏諸軍；南廣平太守尹沖準備接收洛陽，遊擊將軍胡藩戍守廣陵。劉義隆在完成上述部署之後，遣使通報拓跋燾說：「黃河以南本是宋的故土，為你們侵佔。

我今天只是收復故土，不關心黃河以北之事。」拓跋燾大怒說：「我生下來頭髮還沒乾燥，就知道河南是我國領土，怎麼能讓你得到？」這時，北魏南境守將，紛紛向拓跋燾請求援軍，企圖先發制敵，挫傷劉宋的銳氣。拓跋燾於是集兵南部邊防，阻止宋軍深入，但又不想此時便與宋軍交戰，而是想等到秋涼馬肥、河冰堅合之後再戰，以避宋軍所長（水戰），而揚魏軍所長（步騎作戰）。

可是，宋軍方面，則想盡快與魏軍交戰。這年七月，宋軍前鋒主將到彥之，率水師抵達須昌（今山東省東平縣西北）、然後溯河西上。拓跋燾因碻磝、滑台、虎牢、金墉四鎮兵少，命四鎮之兵全部北渡黃河，在黃河北岸重新佈防。因此，到彥之未戰，即進佔以上四鎮，並進屯靈昌津（今河南省延津縣北），列守黃河南岸，西至潼關。宋軍上下一片喜悅，唯獨王仲德深感憂慮，說：「諸位不熟悉魏軍的特點，必中其計。魏軍雖然不懂得甚麼是仁義，卻凶狡得很，今棄城北歸，必然是在集中兵力，待黃河結冰後再南下。」

正當魏宋大軍隔河對峙、魏軍準備待秋涼馬肥再大舉南下之時，夏主赫連定於九月進攻北魏控制下的鄜城（今陝西省洛川縣東南），並遣使約宋合兵滅魏。拓跋燾親率大軍擊夏，而使冠軍將軍安頡等攻宋。十月，安頡自委粟津（今河南省洛陽市東北）渡河進攻金墉。宋金墉守將杜驥，欲棄城逃走，但恐獲罪，遂拉攏駐守洛水一線的宋將姚聳夫來助守。姚聳夫來到金墉後，見該城毫無禦敵準備，感到難以扼守，引兵退走。杜驥隨之南逃。十月二十三日，安頡攻拔洛陽，殺宋軍五千餘人。杜驥回報宋文帝說：「我本想誓死固守金墉，姚聳夫來後扭頭便走，致使軍心沮喪。」劉義隆大怒，斬姚聳夫於壽陽。

這時，山東方面的魏軍集中在七女津（今山東省東平縣黃河北岸），準備渡河。到彥之派裨將王蟠龍，溯河搶奪魏軍的船隻，被魏將杜超擊斬。安頡與龍驤將軍陸俟，則進攻虎牢，於十月二十八日克之，宋將尹沖，崔模皆降於北魏，宋軍河南防線瓦解。十一月，宋文帝因戰局危急，命征南大將軍檀道濟率軍馳援。但這時，魏將叔孫建、長孫道生等已陸續渡河南下，到彥之見洛陽、虎牢先後陷落，各路宋軍相繼敗散，欲引兵南歸。他的部下垣護之勸阻道：「應使竺靈秀協助朱修之扼守滑台，將軍自率大軍進據黃河以北。不戰而退，怎麼向朝廷交待？」到彥之仍決定逃跑，並欲焚毀舟船，從陸路回南。王仲德又勸道：洛陽、虎牢失陷，是由於那裡兵力單薄。今魏軍距離我們尚有千里之遙，我們在滑台仍有強兵，若棄船南走，士卒必散，應當乘船入濟水至馬耳谷口（今山東省歷城縣境），這樣更安全些。到彥之未從，下令焚舟，全軍步行返回彭城。竺靈秀聞訊，亦放棄須昌，南奔湖陸。

到彥之軍已退，魏軍攻擊濟南未克，轉兵進攻竺靈秀於湖陸，殲滅宋軍五千餘人，迫使竺靈秀放棄湖陸繼續南走。與此同時，魏將安頡亦自滎陽進攻滑台。宋文帝急命長沙王劉義欣自彭城移屯壽陽，以固淮南，並治到彥之、竺靈秀等人敗軍之罪。次年正月，奉宋文帝之命馳援到彥之的檀道濟，自清水趕赴滑台，遭到魏將叔孫建、長孫道生的迎擊。正月十六月，檀道濟軍至壽張（今山東省東平縣西南），又遭遇魏將乙旃眷之軍，檀道濟揮師奮擊，大破該部魏軍，並追至高梁亭（今山東省壽張縣境）。魏寧南將軍悉煩庫結，分軍夾擊檀道濟軍，檀道濟亦分軍迎擊，斬悉煩庫結，於二月初進至濟水。此後，檀道濟又與魏軍連續作戰三十餘次，多獲勝利，但在馳往歷城途中，被叔孫建燒其輜重，不能再繼續前進。於是，魏將安頡、司馬楚之等，得以專力進攻滑台，拓跋燾又發來援兵助攻，使滑台情勢日益危急。二月十日，堅守滑台已經數月的宋將朱修之，因糧盡無援，被魏軍破城。檀道濟在歷城境內，亦因糧盡，被迫引兵南歸。至此，劉宋收復河南之戰，以徹底失敗而告終。

此次戰後，北魏又將主要力量用於統一北方，幾年之內相繼擊滅大夏、北燕、北涼，佔有今河北、山西、內蒙、陝西、甘肅及豫南、魯北、遼西廣大地區。東方高句麗、西方西域諸國，亦相繼降服北魏。拓跋燾見北方統一已大致完成，於北魏太平真君三年、劉宋元嘉十九年（四四二年）七月，開始大舉南伐。其進軍部署是：安西將軍古弼率隴右諸軍，與武都王楊保宗之軍，自祁山（今甘肅省西和縣西北）南下；征西將軍皮豹子與琅陝王司馬楚之，率關中諸軍，自散關（今陝西省寶雞市西南）西入，與古弼等會師於仇池（今甘肅省成縣西）；譙王司馬文思率洛、豫諸軍，南趨襄陽；征南將軍刁雍之軍，自外黃（今河南省杞縣）南下廣陵（今江省揚州市）。魏軍此次全線大舉南伐，名義上是為被宋軍驅逐出仇池的氐王楊難當報仇，實際上是企圖奪取宋江淮地區。

宋文帝對於北魏此次入侵，事先似乎缺乏周詳計畫，故未及時動員抵抗，特別是在西線。次年正月，魏將皮豹子攻擊樂鄉（今甘肅省徽縣），擊敗宋將王興之，進至下辨（今甘肅省成縣西），又擊斬宋將強玄明。二月，鎮守仇池的宋北秦州刺史胡崇之與魏軍戰於濁水（今甘肅省成縣西南），兵敗被擒，魏軍遂克仇池。三月，武都王楊保宗叛魏，被北魏河間公拓跋齊擒獲，送往平城處死。楊保宗的部將苻達、任朏等，擁楊文德為主，進圍仇池。五月，魏將古弼發上邽、高平、研城諸軍進擊楊文德，楊文德敗走，遣使向劉宋求援。七月，宋文帝任命楊文德為征西大將軍、武都王、北秦州刺史，屯於葭蘆（今甘肅省武都縣東南）。這時，魏宋雙方皆有舉兵相攻之志，但北魏方面因柔然再次侵邊，吐谷渾王慕利延等起兵叛亂，暫罷伐宋之兵，北逐柔然，西擊吐谷渾，並降伏鄯善。劉宋方面，則乘機自彭城進鎮須昌、歷下，平定荊蠻之亂。此後，由於北魏進擊柔然大獲全勝，劉宋亦已作好戰守的準備，魏宋之戰再次展開。

北魏太平真君十一年、劉宋元嘉二十七年（四五〇年）正月，拓跋燾轉其伐柔然之軍南下。宋文帝立即給淮、泗諸郡，下達戰守命令：「若魏軍小至、則各加堅守，大至，則率領百姓向壽陽（今安徽省壽縣）集合。」二月，拓跋燾親率步騎十萬逼近淮、泗，宋南頓（今河南省項城縣北）太守鄭琨，壽川（今河南省郾城縣東）太守鄭道隱，皆棄城而走。鎮守壽陽的宋豫州刺史劉鑠，急遣陳憲據守懸瓠（今河南省汝南縣），以防魏軍成破竹之勢。陳憲在懸瓠頑強抵抗，使拓跋燾連攻四十二天，未能破城。拓跋燾一面攻懸瓠，一面派永昌王拓跋仁驅所掠宋民，北屯汝陽（今河南省商水縣西北）。宋文帝聞訊，命徐州刺史劉駿，自彭城（今江蘇省銅山縣）直趨汝陽。拓跋仁只警惕宋軍自壽陽方向來襲，對彭城方向並不戒備，突遭劉駿襲擊，輜重被燒，所掠宋民紛紛逃走。但是，拓跋仁很快就偵知來襲宋軍並無後繼，集兵反擊，殲滅大量宋軍。宋文帝派南平內史臧質來到壽陽，與宋將劉康祖等共同馳援懸瓠。拓跋燾迎戰失利，引兵北歸。

這年六月，拓跋燾因聽信讒言，殺其智囊人物崔浩，北魏內部人心浮動。宋文帝企圖乘機北伐，丹楊尹徐湛之、吏部尚書江湛及彭城太守王玄謨等均贊同，左軍將軍劉康祖卻建議等到明年，太子劉義慶也認為北伐時機未到。宋文帝說：「以前檀道濟、到彥之兵敗辱國，不能因此就不再北伐。魏軍恃其善於馬上作戰，如今正值夏季江河水漲，泛舟北上，碻磝、滑台、虎牢、洛陽等地可一舉拔下。等到冬初，我軍已然城守相接，魏軍再乘馬過河，就不怕他們了。」這時，吐谷渾王慕利延為北魏所逼，上表向宋文帝請求歸附，柔然亦願與劉宋南北夾擊北魏，宋文帝遂決心大舉進軍。其進軍部署是：太尉劉義恭進駐彭城，負責節度前線全部軍事；寧朔將軍王玄謨，步兵校尉沈慶之，參軍申垣等，率水軍六萬進入黃河，歸青、冀二州刺史蕭斌指揮；南平內史臧質、驍騎將軍雙方回進軍許昌、洛陽；徐、兗二州刺史劉駿進向須昌、滑台；雍州刺史劉誕率軍進攻弘農（今河南省陝縣），然後指向長安；梁州兼南、北秦州刺史劉秀之進攻汧隴，也指向長安。

七月中旬，宋軍開始行動。東線方面，宋將申元吉進攻碻磝，北魏濟州刺史王買德棄城北走。宋將崔猛攻樂安（今山東省廣饒縣），北魏青州刺史張淮之亦棄城北走。沈慶之與蕭斌遂進駐碻磝。但當王玄謨派垣護之進圍滑台時，拓跋燾急命枋頭（今河南省濬縣西南）守將杜道　往援，致使宋軍連攻二月未克。這年閏十月，拓跋燾命太子拓跋晃屯兵漠南防備柔然，命拓跋余守平城，親率大軍南救滑台。拓跋燾行至枋頭，一面派殿中尚書長孫真，率騎兵五千自石濟（今河南省延津縣東北）渡河，以切斷王玄謨軍後退之路，一面派關內侯陸真潛入滑台，慰撫人心，然後，拓跋燾即揮師渡河，大張旗鼓地向滑台進軍。王玄謨聞訊，倉皇撤兵，被魏軍追及，損失一萬餘人，所棄軍資器械如山。拓跋燾利用所獲戰船，又擊退垣護之部，遂進駐東平（今河南省范縣東南）。王玄謨敗至碻磝，蕭斌欲將其問斬，被沈慶之勸阻。蕭斌便留王玄謨守碻磝，命申垣、垣護之守清口（今山東省東平縣西），自率諸軍還屯歷城。

西線方面，在王玄謨進圍滑台的同時，宋雍州刺史劉誕派中兵參軍柳元景、振威將軍尹顯祖、奮武將軍魯方平、建武將軍薛安都、洛陽太守龐法起等，自襄陽北進，攻奪北魏控制下的弘農。外兵參軍龐季明出身關中豪族，向劉誕請求派他去盧氏（今河南省盧氏縣）招聚遺民，響應宋軍。劉誕批准他前去。龐季明到盧氏後，果然招募了不少兵力，而且使薛安都、柳元景部得以從熊耳山

（今盧氏縣東）出擊。這時，宋豫州刺史劉鑠，亦遣中兵參軍胡盛之出汝南，梁坦出上蔡，向長社（今河南省長葛縣西）進擊。北魏長社守將魯爽棄城北走，宋將王陽兒乘勝進擊魏將僕蘭，迫其退守虎牢。劉鑠又派劉康祖率兵，協助梁坦圍攻虎牢。龐法起等，則在攻陷弘農後，向潼關進擊，於十一月攻佔陜城（今河南省陜縣）。北魏潼關守將婁須逃跑，宋軍進據潼關，關中各地紛紛起兵響應宋軍。但是，宋文帝見東線王玄謨等失利，魏軍已深入懸瓠、項城等地，認為西線不宜再繼續前進，命柳元景等回師。

拓跋燾在攻克滑台之後，立即命諸將分道並進，以征西大將軍拓跋仁自洛陽進趨壽陽，尚書長孫真進向馬頭（今安徽省懷遠縣東南），楚王拓跋建往鍾離（今安徽省鳳陽縣東北），高涼王拓跋那自青州（今山東省廣饒縣）往下邳（今江蘇省邳縣東），拓跋燾自己則由東平向鄒山（今山東省鄒縣東南）進發。這年十一月，拓跋燾攻陷鄒山，拓跋建所率之軍自清水以西進屯蕭城（今江蘇省蕭縣），步尼公所率之軍從清水以東進屯留城（今江蘇省沛縣東南）。宋武陵王劉駿，命參軍馬文恭率軍往蕭城，江夏王劉義恭命部將嵇玄敬，率軍向留城，遂與魏軍在彭城外圍展開激戰。馬文恭軍為拓跋建擊敗，嵇玄敬則在當地人的配合下，擊破步尼公於苞水（今沛縣西），但也未能阻遏魏軍的攻勢。這時，拓跋仁所率的八萬騎兵，已自洛陽疾趨壽陽，劉康祖、梁坦等在虎牢迎戰失利，魏軍連拔懸瓠、項城。宋文帝認為壽陽難以守住，召劉康祖南撤。十一月中旬，劉康祖在尉武（今安徽省壽縣西）被魏軍騎兵追及，掉頭反擊，消滅魏軍萬餘人，但所部也傷亡殆盡。這時，魏軍一面進逼壽陽，一面分兵焚掠馬頭、鍾離等要點，以包圍宋彭城守軍。鎮守彭城的劉義恭和劉駿，見彭城兵多糧少，擬棄城出走，中兵參軍沈慶之建議撤往歷城，太尉長史何勗建議撤往鬱洲（今江蘇省連雲港市），自海道返回建康。沛郡太守張暢則說：「今城中乏食，百姓都有逃走之心，一旦出城，則各自逃散，不可收拾。我軍雖然糧少，尚未到斷食的地步，怎能隨便就放棄彭城，而踏上危亡之道呢？如果決心要撤，下官願以頸血先汙你們的馬蹄。」劉駿也對劉義恭說：「叔父為前方統帥，棄城奔逃，實在無顏再見朝廷，張太守的話值得考慮，還是與彭城共存亡為好。」劉義恭於是決定死守。十一月二十六日，拓跋燾親至彭城督戰，劉義恭命斷絕護城河橋，不與魏軍交戰。拓跋燾無奈，揮兵繼續南下，向廣陵（今江蘇省揚州市）、山陽（今江蘇省淮陰縣）、橫江（今安徽省和縣東南）進擊。

十二月初，魏軍已迫近淮水。宋文帝一面命廣陵太守劉懷之焚毀廣陵城，率民渡江，命山陽太守蕭僧珍斂民入城，並在附近的陂中蓄水，準備等魏軍到後決而淹之，一面派輔國將軍臧質率二萬人往救。臧質部遭魏軍重創，臧質僅率殘餘的七百人，奔往盱眙。拓跋燾轉攻盱眙未克，留數千人監視盱眙，繼續揮軍南下，於十二月中旬進至瓜步（今江蘇省六合縣東南），尋船結筏，準備渡江。

這時，建康城內一片混亂，百姓紛紛出逃。宋文帝為保衛京都，下令內外戒嚴，王公以下人家的子弟全部從軍，並肅清城內不逞之徒，同時命領軍將軍劉考遵等分守沿江津要，命劉邵出鎮石頭城統領水軍，又派人在各地放置毒酒，以毒殺魏軍。即使這樣，宋文帝仍擔心建康不守，後悔以前誤殺檀道濟，對眾臣說：「檀道濟若在，豈使胡馬至此！」

北魏諸路大軍，雖已雲集長江北岸，但因船隻不夠，又缺乏水戰經驗，並未立即渡江。拓跋燾審時度勢，決定就此罷兵，派使者向宋文帝言和請婚。宋文帝正求之不得，立即獻上大量禮品，但卻拒絕許婚。北魏太平真君十二年、劉宋元嘉二十八年（四五一年）正月，拓跋燾在瓜步山上封爵行賞後，班師北歸。魏軍途經盱眙，拓跋燾企圖將其攻拔，由於臧質等堅決抵抗，未能得逞。

劉宋王朝經過此次慘敗，元嘉年間積蓄的國力已耗盡。次年三月，宋文帝得知拓跋燾被宦官宗愛謀害，北魏新帝拓跋濬（已故太子拓跋晃之子，時年五歲）年幼，派兵再次北伐，無功而還。劉宋元嘉三十年（四五三年）三月，太子劉劭弒父自立，武陵王劉駿率沈慶之、柳元景、宗愨、朱修之等揮軍東下，於五月平定劉劭之亂，由自己即皇帝位，是為宋孝武帝。

劉宋內亂之戰

劉宋內亂之戰，起於劉宋泰始元年（四六五年）十一月討晉安王劉子勛之戰，迄於劉宋元徽四年（四七六年）七月平定建平王劉景素，前後歷時十年零八個月。

劉宋大明八年（四六四年）閏五月，宋孝武帝劉駿死去，皇太子劉子業嗣位，史稱前廢帝。劉子業淫虐異常，當了不到半年的皇帝，即被人弒死。湘王劉彧即位，是為宋明帝。劉子業生前，因宋文帝劉義隆和宋孝武帝劉駿在兄弟行中皆為第三，江州刺史晉安王劉子勛亦排行第三，而且駐在重鎮江州，遂派人送毒藥賜劉子勛自盡。劉子勛被迫起兵江州，進屯大雷（今安徽省望江縣），準備消滅劉子業。十二月，宋明帝即位後，拜劉子勛為車騎將軍，請其退兵。然而，劉子勛在其長史鄧琬和咨議參軍陶亮等人的慫恿下，繼續進軍建康，轉與劉彧爭奪帝位。

次年正月，劉子勛在尋陽自稱皇帝。徐州刺史薛安都、冀州刺史崔道固、郢州刺史劉子綏、豫州刺史殷琰、益州刺史蕭惠開、湘州行事何慧文、廣州刺史袁曇遠，梁州刺史柳元祜、山陽太守程天祚等，皆舉兵嚮應。此時朝廷所保有的土地，只剩下丹楊、淮南等數郡。宋明帝見形勢孤危，召集群臣商議對策。吏部尚書蔡興宗認為：「今普天同叛，必須格外鎮靜，以至信待人。叛軍首領的親戚多在京都，若對他們繩之以法，只會加劇混亂，應當宣佈罪不株連，穩定人心，然後以朝廷精勇的六軍迎戰。」宋明帝同意這個建議，一面安定社會人心，一面爭取各州郡支持。

青州刺史沈文秀，首先響應勤王號召，派其部將劉彌之等率軍赴建康，但後來卻又為徐州刺史薛安都說動，命劉彌之等向薛安都靠攏。濟陰太守申闡，也據睢陵（今江蘇省睢寧縣）響應建康，薛安都命部將薛索兒和傅靈越率兵攻之。劉彌之軍行至下邳，忽又反戈響應建康，襲敗下邳守將裴祖隆（薛安都的女婿）。薛索兒聞訊，立即解除對睢陵的圍攻，進擊劉彌之，迫其退保北海（今江蘇省東海縣東北）。這時，宋明帝新任命的徐州刺史申令孫進據淮陽（今江蘇省淮陰縣西南）後，投降薛索兒，宋明帝派往兗州募兵的畢眾敬途經彭城，也為薛安都說降。於是，淮北各地，已皆為尋陽方面所控制。

宋明帝因淮北形勢不利，轉而將主力軍先用於平定東南，以求確保建康後方的安全。因為就在淮北吃緊的同時，吳郡（今江蘇省吳縣）太守顧琛、吳興（今江蘇省吳興縣）太守王曇生、義興（今江蘇省宜興縣南）太守劉延熙、晉陵（今江蘇省武進縣）太守袁標等，在太子詹事孔覬的唆使下，亦皆據郡響應尋陽。正月十八日，宋明帝決定主動出擊，命巴陵王劉休若率建威將軍沈懷明、尚書張永、輔國將軍蕭道成等，東討盤據會稽的孔覬。劉休若等出兵後，連克義興、晉陵、吳興、吳郡、會稽，殺降庾業、張綏、孔璟、孔覬、顧琛、王曇生、袁標等叛臣，很快平定了東南。

二月，劉子勛派孫沖之、薛常寶、陳紹宗、焦度等率軍一萬為前鋒，進據赭圻城（今安徽省繁昌縣西赭圻嶺下），同時命咨議參軍陶亮率軍二萬順流而下，又命張淹屯軍上饒，企圖直取建康。陶亮聽說宋明帝已派建安王劉休仁溯江西上，兗州刺史殷孝祖亦將增援而至，長驅疾進，屯軍鵲洲（今繁昌縣西江中），並通知孫沖之在江北岸築城呼應。三月，殷孝祖進攻孫沖之於赭圻，陶亮引兵援救，殷孝祖中箭身亡，尋陽太守沈攸之等，共推積射將軍江方興為統帥，繼續與陶亮和孫沖之交戰。幾天後，劉休仁派部將郭季之、杜幼文，垣恭祖、濟地頓生、段佛榮等，率軍三萬前來助戰，江方興遂向陶亮進攻，擊破其在江南的守軍，孫沖之控制下的江北二城，亦被攻克。陶亮急召孫沖之向他所在的鵲尾靠攏，而留薛常寶守衛赭圻及其他要塞。劉子勛又從尋陽，派劉胡率步卒三萬、騎兵二千增援鵲尾，與陶亮部會合，兵力達十餘萬人。

這時，建康方面因糧餉困難，只好靠賣官鬻爵來籌措。三月二十五日，沈攸之率前軍開始進擊赭圻。薛常寶向劉胡求援，劉胡率步卒一萬增援，被沈攸之擊潰，薛常寶只好從赭圻突圍。劉子勛得知赭圻失陷，命雍州刺史袁顗率雍州之兵東下。六月十八日，袁顗率樓船千艘、將士二萬抵達鵲尾。然而，自赭圻戰後，各個戰場的形勢發展，對劉子勛日趨不利，建康方面在淮北及青、冀戰場連獲勝利，田益之在弋陽（今河南省潢川縣西）響應建康，率軍萬餘人圍攻義陽（今河南省信陽市南），雖然不久即為劉子勛所派遣的司州刺史龐孟虯逐退，但尋陽的後方已開始受到威脅。安成（今江西省安福縣東南）太守劉襲、始安（今湖北省黃陂縣東）內史王識之，建安（今湖北省境內）內史趙道生、贛令蕭頤等，皆舉郡效忠建康。廣州刺史袁曇遠的部將，殺死袁曇遠，亦投降建康。

七月中旬，當沈攸之與袁顗對峙於濃湖（今安徽省繁昌縣西）之際，劉胡則乘機襲破合肥，以分散劉休仁的軍勢。這時，龍驤將軍張興世對沈攸之說：「敵人控制著上游，兵強地勝，我軍僅能與之對峙，很難將他們制服。如果派奇兵數千潛出其上，佔據險要地形，等待時機順流而下，將使他們首尾受擊、進退兩難。錢溪江岸（今安徽省貴池縣東）最為狹窄，而且離大軍不遠，乃是衝要之地，請讓我帶兵佔領那裡。」沈攸之立即向劉休仁建議，派張興世前往。就在張興世將要出發的前夕，龐孟虯自義陽馳援殷琰至壽陽，輔國將軍劉勔向劉休仁求救，劉休仁欲派張興世救之。沈攸之勸道：「龐孟虯這個人沒甚麼作為，派別的將領率步騎數千足以對付。而張興世所要去的地方，關係到全軍的安危，切不可耽誤。」劉休仁於是命段佛榮率軍援救劉勔，同時選精兵七千、輕舟二百交給張興世。張興世率軍溯江西上，忽進忽退，以迷惑和懈怠劉胡。劉胡果然笑道：「我尚不敢越過濃湖長驅東下，張興世是個甚麼東西，想輕易地佔據我的上游？」遂未加戒備。張興世卻於某日黎明乘東風舉帆直上，衝過鵲尾。及劉胡發現，派部將胡靈秀在東岸尾隨張興世，張興世已疾趨錢溪，築壘為守。劉胡於是親率水步軍萬人來攻，張興世督軍力戰，將其擊退。劉休仁乘機命沈攸之、吳喜猛攻濃湖，以減輕錢溪方面的壓力。劉胡又率步卒二萬、騎兵一千爭奪錢溪。袁嵦在濃湖抵擋不住沈攸之、吳喜的攻勢，催促劉胡回師。劉胡回到濃湖，聲稱錢溪已平，沈攸之軍聞知大懼。沈攸之說：「不然。若錢溪真的敗了，萬人當中總應有一人逃回，劉胡是在造謠惑眾。」幾天後，錢溪捷報傳來，張興世軍已截斷袁嵦、劉胡軍來自上游的補給，並使敵因此乏食。八月，袁嵦請劉胡率戰船四百艘再攻錢溪，又遭到張興世軍頑強阻擊，毫無所得。劉胡欲對張興世軍遂行反包圍，派部將陳慶率軍控扼錢溪上游，自率諸軍斷其下游。與此同時，袁嵦派司馬沈仲玉往南陵（今繁昌縣西北），迎接尋陽自陸路發來的軍糧。此事被張興世得悉，急遣壽寂之、任農夫率兵三千截擊，沈仲玉被迫棄糧逃回濃湖。沈攸之見袁嵦、劉胡軍飢困已久，發動攻擊，劉胡拔營西走，袁嵦在敗退中，為部下所殺。劉休仁揮軍由濃湖溯江疾進，直趨尋陽。尋陽城內一片混亂，鄧琬被殺，將領紛紛引兵出逃。劉休仁等未戰即進入尋陽，殺死劉子勛，將其首級送往建康。然後，劉休仁分遣諸軍向各地進擊，吳喜、張興世向荊州，沈懷明向郢州，劉亮及張敬兒向雍州，孫超之向湘州，沈思仁、任農夫向豫章，相繼平定上述州郡。

在江淮及青冀戰場，宋明帝的軍隊也連連告捷。輔國將軍劉勔進軍小峴（今安徽省合肥市東），殷琰所署的南汝陰太守裴季之，在合肥請降，劉勔接著又攻克壽陽。蕭道成派龍驤將軍劉道符攻克山陽（今江蘇省淮陰縣），向彭城進逼。薛索兒連克睢陵、廣陵、樂平（今安徽省鳳陽縣東）等地。散騎侍郎明僧嵩攻沈文秀，響應建康，清河（今山東省淄川縣）、廣川（今山東省長山縣）二郡太守王玄邈，高陽（今山東省淄博市西北）、渤海（今山東省高苑縣北）二郡太守劉乘民，亦起兵響應建康。及劉子勛在尋陽兵敗被殺，徐州刺史薛安都，益州刺史蕭惠開，梁州刺史柳元祐，兗州刺史畢敬眾，豫章太守殷孚，汝南太守常珍奇等，皆派人向宋明帝請降。

當此內亂即將平靖之際，宋明帝卻頭腦發昏，拒不接受薛安都等人請降，決心以武力將其逐個討滅。薛安都、常珍奇等無奈，只好降於北魏。北魏立即派鎮東大將軍尉元，率騎兵一萬前往彭城，鎮西大將軍拓跋石前往懸瓠，擊敗沈攸之和張永來討薛安都之軍。不久，殷琰亦降於北魏，致使淮北、淮西之地，皆為北魏所有。宋明帝見疆土日蹙，深恐皇威下降，瘋狂殺戮功臣，致使劉休仁、吳喜等先後慘死，僅蕭道成倖免於難。劉宋泰豫元年（四七二年）四月，宋明帝病死，太子劉昱即位，史稱後廢帝。後廢帝劉昱年僅十歲，由尚書令袁粲、尚書右僕射褚淵輔政。桂陽王劉休范，因未能參與顧命，心懷怨憤，起兵進向建康，內亂於是又起。

劉宋元徽二年（四七四年）五月，劉休范在尋陽一面發兵二萬，晝夜趕赴建康，一面派人對朝中執政的袁粲、褚淵等人說：「散騎侍郎楊運長、中書通事舍人王道隆蠱惑先帝，使建安（劉休仁）、巴陵（劉休若）二王無罪受誅，請將這個傢伙抓起來，以謝冤魂。」劉宋朝廷為之惶恐。蕭道成認為：「以前在建康上流謀逆之人，皆因延緩時機致敗。劉休范必然汲取教訓，乘建康不備以輕兵急下。如今應變之策，不宜遠出，應屯兵新亭（今江蘇省江寧縣南山上）、白下（今江寧縣西北），堅守宮城和石頭城，以待賊至。賊孤軍深入，後無繼續，求戰不得，自然瓦解。請讓我屯新亭，以當其鋒，讓張永守白下，劉勔守宮城，諸位安坐殿中，看我們怎樣破賊。」大家都同意這麼辦。唯獨孫千齡與劉休范暗中勾結，故意提出進兵梁山（今安徽省當塗縣及和縣夾江對峙的東西二山）的建議。蕭道成駁斥道：「賊今已接近建康，我們到梁山幹甚麼去？新亭乃是兵衝所在，我願在這裡以死報國。」

蕭道成來到新亭，加築城壘未畢，劉休范前軍已然猝至。蕭道成率將士奮力抵禦，劉休范軍卻越來越多。劉休范身著白服，在城南臨滄觀（江寧縣南勞山上）督戰，蕭道成愈發感到力不能支，便命屯騎校尉黃回與越騎校尉張敬兒前去詐降。劉休范大喜，不顧眾將的反對，將黃回與張敬兒置於左右。黃回與張敬兒乘劉休范酒醉，將其殺死，然後持首級回報蕭道成。蕭道成派部將陳靈寶攜劉休范首級去見宋後廢帝，途中遭遇劉休范軍截擊，將劉休范首級拋棄逃走。劉休范諸軍，尚不知道劉休范已死，杜黑騾、蕭惠朗部仍攻新亭甚急，並突入建康東門，斬劉勔、王道隆等。白下、石頭城諸軍，聽說宮城已陷，相繼崩潰。蕭道成在此危急時刻，登上建康北城高呼：「劉休范父子昨已就戮，屍體在新亭南岡之下。我是蕭道成，請大家不要憂懼！」蕭道成並派陳顯達、張敬兒及任農夫、周盤龍等，率兵自石頭城渡秦淮河，從承明門入衛宮城，大破杜黑騾於杜姥宅（建康南掖門外）。兩天後，張敬兒等又破杜黑騾於宜陽門，徹底殲滅叛軍。

劉休范之亂被平定後，為時不過一年多，在京口的南徐州刺史建平王劉景素，欲取代後廢帝劉昱之位，又密謀反叛。劉宋元徽三年（四七五年）十二月，防闔將軍王季符得罪劉景素，單騎亡命建康，報告劉景素將要謀反。楊運長等欲發兵討之，袁粲、蕭道成認為不可。劉景素亦因準備尚不充分，派他的兒子去建康，表明無謀反之意，但被朝廷剝奪其征北將軍的爵位。楊運長和給事中阮佃夫等，並不以此為滿足，反而畏忌劉景素愈甚。劉景素為了自保，派人來建康結納朝中大臣。冠軍將軍黃回，遊擊將軍高道慶，輔國將軍曹欣之，前將軍韓道清，長水校尉郭蘭之，羽林監桓祗祖等，暗中皆與其私通。

劉宋元徽四年（四七六年）六月，曹欣之、韓道清、郭蘭之欲乘劉昱出遊郊野時，佔據石頭城，這個陰謀為人告發，曹欣之等人皆被處死。七月初，桓祗祖自建康出逃京口，聲稱京師已經潰亂，催促劉景素立即起兵。劉景素於當日便起兵，進襲建康。此時建康方面，楊運長、阮佃夫等得悉桓祗祖叛走，宣布內外戒嚴。蕭道成派驍騎將軍任農夫、左將軍李安民、冠軍將軍黃回（蕭道成知道黃回亦有異志，故遣任農夫、李安民等與之偕行，並監視他）率步兵，配合右將軍張保的水軍，進討劉景素。劉景素欲阻絕竹里之道（今江蘇省句容縣北自鎮江至南京的陸路），以拒建康方面來伐，其部將垣慶延、沈顒和桓祗祖，則欲乘建康之軍遠來疲困，引兵逆擊。但當任農夫等軍已至，並發動攻勢，垣慶延等卻各自觀望，毫無鬥志。劉景素又素乏威略，驚慌失措，遂退據京口。這時，黃回迫於任農夫等人的嚴密防範，又見京口方面兵力很弱，不敢再謀反。張保的水軍，亦已進至京口城西，與任農夫等軍合攻京口，迅速粉碎了叛軍的抵抗。沈顒、桓祗祖等人逃走，劉景素被斬，京口之亂至此平定。

蕭道成因在兩次平亂中功績卓著，威望日崇，一躍而居朝廷之首。宋後廢帝對其心存畏忌，必欲除之而後快。蕭道成決定先發制人，於劉宋升明元年（四七七年）七月，將宋後廢帝殺死，擁立安成王劉淮為帝，是為宋順帝。十二月，荊州刺史沈攸之指責蕭道成弒逆，圖謀篡宋，起兵討伐蕭道成。蕭道成對沈攸之早就有所防備，迅速出兵將沈攸之擊滅。這時，袁粲等人已除，阮佃夫、楊遠長皆調遷外郡，朝廷大權完全集於蕭道成之手。蕭道成見篡宋的條件成熟，於劉宋升明二年（四七九年）四月，逼迫宋順帝禪位，改國號為齊，自立為齊高帝，史稱南齊。

北魏伐南齊之戰

北魏伐南齊之戰共三次：第一次發生在北魏太和三年，南齊建元元年（四七九年）十一月至北魏太元五年、南齊建元三年（四八一年）正月，第二次發生在北魏太元十八年、南齊建武元年（四九四年）十二月至次年三月，第三次發生在北魏太元二十一年、南齊建武四年（四九七年）八月至次年七月。

蕭道成篡宋建立南齊後，對內廢除劉宋時代的苛政陋習，裁汰濫官，力行節儉，以固國基，對外則防北魏乘機南侵。這時，北魏歷經道武帝拓跋珪、明元帝拓跋嗣、太武帝拓跋燾、文成帝拓跋濬、獻文帝拓跋弘五世，尤其經太武帝之擴張，又經文成、獻文二世之休養生息，國勢已相當強盛。北魏孝文帝元宏（自元宏起改拓跋氏為元姓）更是一個雄才大略的君主，積極謀求統一整個中國，在蕭道成篡宋之初，便發動對南齊的戰爭。

北魏太和三年、南齊建元元年（四七九年）六月，蕭道成對兗州刺史桓崇祖說：「我新得天下，北方的元魏必然以送劉宋宗室劉昶（宋文帝劉義隆第九子）南還為辭，侵犯邊境。壽陽正當兵衝，只有派你去鎮守，我才放心。」遂改任桓崇祖為豫州刺史，在壽陽加強守備。這年十一月，北魏果然以送劉昶克復舊業和稱藩於北魏為藉口，派大將元嘉出淮陰，隴西公元琛出廣陵，河東公薛虎子出壽陽，向南齊大舉進攻。南齊南兗州刺史王敬則，眼見魏軍要渡過淮水，棄州奔逃建康。次年正月，元琛攻拔馬頭戍（今安徽省壽縣東北），然後轉攻鍾離（今安徽省鳳陽縣東北淮河南岸），在此遭到南齊徐州刺史崔文仲的迎擊，兵敗退保茌眉戍（今鳳陽縣淮河北）。這時，遍佈荊、湘、雍、郢、司五州各山谷裡的蠻族，見魏軍入犯，蜂起響應，乘虛攻陷潼陽（今湖北省保康縣）、平昌（今河南省信陽市）、北上黃（今湖北省南漳縣）、汶陽（今湖北省房縣）等地。南齊豫章王蕭嶷，在當陽迎戰群蠻，才將其擊破。二月，劉昶引魏軍攻壽陽，垣崇祖決淝水淹之。崔文仲則乘擊破元琛之勢，繼續北攻，迭克魏軍控制下的竹邑戍（今安徽省宿縣符離集）、睢陵（今江蘇省宿遷縣）二城。三月，魏軍因江南雨季已到，不敢再與齊軍作戰，班師北退。七月，由於南齊角城（今江蘇淮陰縣）守將降魏，魏軍遂又向角城、漣口（今江蘇省漣水縣）、下蔡（今安徽省鳳台縣）南進。閏九月，其指向漣口之軍進攻朐山（今江蘇省東海縣），被南齊守將玄元度擊退。北魏太和五年、南齊建元三年（四八一年）正月，北魏攻角城之軍，亦為齊將李安民擊破，齊軍進克北魏的樊諧城（今江蘇省宿遷縣境），桓崇祖則渡淮，大破魏軍於下蔡。

南齊建元四年（四八二年）三月，齊高帝蕭道成病故，太子蕭賾即位，是為齊武帝。齊武帝即位後的最初幾年，魏齊之間暫保和平共處局面。但自北魏太元十二年、南齊永明六年（四八八年）春天開始，雙方又在角城及隔城（今河南省桐柏縣西北）等邊境上發生衝突。北魏太和十七年、南齊永明十一年（四九三年）春天，齊武帝造露車（一種戰車）三千乘，欲自水陸兩路進取彭城，以求收復這一戰略重鎮。寄寓在北魏的劉昶聞知，向元宏哭訴欲雪滅宗之恥，請求允許他去邊境招集遺民。元宏遂下令在淮泗間養馬備戰。齊武帝見北魏又將大舉入犯，亦急忙作迎戰準備，但他恰在這時死去。皇太孫蕭昭業即位，史稱南齊鬱林王。

這年八月，北魏孝文帝元宏留太尉元羽守平城，親率步騎三十餘萬，自平城經肆州（今山西省忻縣西）、并州（今山西省太原市）南下，於九月二十日渡過黃河，二十二日進抵洛陽。魏軍一路在連綿淫雨中行軍，已經疲憊不堪，但元宏仍揮軍急進，要乘齊武帝之喪平定江南。群臣紛紛勸阻，認為這簡直是胡鬧。元宏於是對群臣說：「我已下令繼續前進，怎能輕易改變？我們世世代代居住在幽朔地區，我早就想南遷中土。若不南伐，也應遷都洛陽。」北魏群臣和將士，皆不願遷都洛陽，但又不願南伐，只好贊同。

北魏南伐之師留屯洛陽之後，南齊卻發生內亂。南齊建武元年（四九四年）正月，尚書令蕭鸞與蕭衍、蕭諶、蕭坦之、陳顯達、王晏、徐孝嗣、沈文季等串通一氣，於七月弒殺鬱林王蕭昭業，迎立新安王蕭昭文為帝，十月又罷黜蕭昭文，由蕭鸞為帝，是為齊明帝。這時，北魏孝文帝元宏遷都洛陽的全部計劃，已經完成，適逢南齊雍州刺史曹虎降魏，元宏便以討伐齊明帝蕭鸞篡位為名，於十二月大舉南伐。

北魏太和十九年、南齊建武二年（四九五年）二月十一日，元宏親率大軍自洛陽出發，二十八日至懸瓠（今河南省汝南縣）。元宏分遣向淮水方面進軍的諸軍，已分別抵達壽陽（今安徽省壽縣）、鍾離（今安徽省鳳陽縣）、馬頭（今安徽省懷遠東南）等地，擄掠大量南齊人口。元宏下詔，將所掠人口全部釋放，藉以撫慰齊民，使其有北向之心。然後，元宏便循淮水向東，至鍾離督諸將攻城。齊明帝命左衛將軍崔慧景、寧朔將軍裴叔業救鍾離，又派張沖進攻魏軍控制下的建陵、厚丘、驛馬（約在今江蘇省沭陽縣）、虎阬、馮時（均在今山東省郯城縣）、即丘（今山東省臨沂縣南），以分魏軍之勢。元宏未被齊明帝的部署所迷惑，率諸軍越鍾離南臨大江。齊明帝聞訊，急遣蕭穎胄固守廣陵。三月，元宏下令在邵陽洲（今安徽省鳳陽縣北淮水中）築壘，以木柵截斷水路。齊將裴叔業率軍來攻，將其攻拔。元宏見鍾離久圍不下，又見雨水方降，採納相州刺史高閭「經營洛邑，蓄力觀釁」的建議，引軍北退。

元宏既決定退軍，便一面秘密準備，一面又在邵陽洲築城，留軍守之，以掩護大軍北撤。齊將崔慧景，則乘魏軍將渡淮水之際，派水軍阻絕魏軍的歸路。元宏命魏將奚康生和楊播，率軍擊破齊軍，使魏軍得以安全撤退。此時義陽方面，劉和、王肅所率魏軍，擊敗南齊司州刺史蕭誕，但卻在義陽外圍遭到齊軍夾擊，大敗而還。劉昶到彭城向元宏請罪。元宏說：「此次發兵本無攻守之意，不過是想伐罪吊民，宣威佈德而已，我也未得到甚麼便宜。」南陽方面，魏將盧淵等攻赭陽（今河南省方城縣）未克，後因齊明帝派太子蕭祐率軍來援，急忙撤退。北魏大將元英在梁州進擊漢中，斬殺齊軍甚眾，亦因南鄭城堅，圍城數十日而不能拔，於四月奉命撤軍。

北魏太和二十一年、南齊建武四年（四九七年）八月，元宏西巡關中返回洛陽後，立即又率二十萬大軍再次南伐。但就在這時候，元宏任命的南梁州刺史氐帥楊靈珍降齊，並派步騎萬餘襲奪武興（今陝西省略陽縣），元宏遂命河南尹李崇進討。李崇迭克赤土（今甘肅省武都縣境）、龍門（今甘肅省成縣西北）等地，收回武興。南齊梁州刺史陰廣宗與參軍鄭猷等，出兵援救楊靈珍，被李崇大破，楊靈珍只好南逃漢中。

這年九月，北魏荊州刺史薛真度自魯陽（今河南省魯山縣）進攻南陽，遭到南齊南陽太守房伯玉的阻擊。元宏於是留一部軍攻赭陽，自率十餘萬兵南下，攻克宛城外城。房伯玉退據宛城內城，元宏派人去威脅利誘，房伯玉未為所動。元守不想在宛城久滯，留咸陽王元禧繼續圍攻，又率大軍南下。十月，元宏進攻南齊新野太守劉思忌，劉思忌據城固守，元宏遂轉兵進攻襄樊。這時，齊明帝見襄樊危急，命徐州刺史裴叔業前去援救。裴叔業獻計：「北人一味南下，若出兵侵其後方，圍襄樊之敵，必然回師。」齊明帝遂命裴叔業引兵進攻虹城（今安徽省五河縣西），以牽制魏軍。十月二十日，齊明帝又派太子中庶子蕭衍、右軍司馬張稷救襄樊。十一月，齊將韓秀方等降魏，魏軍並於沔水之北，擒獲齊將王伏保等，同時攻克宛城內城。十二月，齊明帝再遣崔慧景率軍二萬救襄樊，然而魏軍已逼臨沔水，襄樊愈發危急。齊明帝為了擴大在東方的牽制攻勢，命將軍王曇紛率萬人攻擊北魏的黃郭戍（今江蘇省贛榆縣西北）。裴叔業亦遣魯康祚、趙公政等率萬人，攻北魏的太倉口（今河南省息縣東南淮水北岸）。然而，王曇紛為魏將崔僧淵所破，全軍覆沒，魯康祚等亦為魏豫州長史傅永計取，大潰而還。裴叔業又親自率兵進攻楚王戍（今河南省新蔡縣北），魏將王肅命傅永擊之，繳獲齊軍大量甲仗。至此，南齊的牽制攻勢宣告失敗，襄樊危急絲毫未減。次年正月，魏將李佐攻陷新野，擒斬太守劉思忌，致使沔北為之大震，南齊湖陽（今河南省濟源縣南）守將蔡道福、赭陽守將成公期、舞陰（今河南省沁陽縣西北）守將黃瑤起、南鄉（今河南省淅川縣）太守席謙等，皆棄城南逃。此時，齊明帝深感外有強敵壓境，內部亦不穩固，於是一面派太尉陳顯達赴救襄樊，一面將河東王蕭鉉、臨賀王蕭子岳、西陽王蕭子文、永陽王蕭子峻、南康王蕭子琳、衡陽王蕭子珉、湘東王蕭子建、南郡王蕭子夏、桂陽王蕭昭粲、巴陵王蕭昭秀等，相繼處死。

北魏太和二十二年、南齊永泰元年（四九八年）二月，齊明帝派左衛將軍蕭惠休增援壽陽，以掩護裴叔業自鍾離大規模進攻渦陽（今安徽省蒙城縣），從而緩解了襄樊之急。不久，崔慧景、蕭衍、劉山陽、傅法害等，率援軍趕至襄陽，北魏數萬騎兵尾隨而至。元宏親自督軍圍攻襄陽對面的樊城，樊城守將齊虎閉城據守。元宏見襄陽和樊城仍難拔下，又聞裴叔業將率五萬大軍進攻渦陽，於三月底馳往懸瓠。這時，魏軍王肅部正向義陽發動攻勢，而北魏南兗州刺史孟表堅守渦陽，抗拒裴叔業，形勢危殆。元宏在懸瓠，派安遠將軍傅永、征虜將軍劉藻、輔國將軍高聰等赴救渦陽，於是展開渦陽會戰。裴叔業首先迎擊傅永，並將其擊破，迫使高聰等敗還懸瓠。王肅向元宏請求赴救渦陽。元宏說：「我現在不能再分散兵力。義陽能夠攻下就進攻，不能攻下就停止進攻，渦陽絕不許丟掉！」王肅遂解除義陽之圍，率步騎十餘萬去救渦陽。裴叔業見魏軍來勢浩大，夜間引兵撤退，遭到魏軍追擊、傷亡甚眾，退保渦口（今渦河入淮之口）。四月中旬，南齊會稽太守王敬則，因恐被齊明帝翦除，自會稽舉兵北進建康。元宏乘南齊發生內亂，在懸瓠下詔徵集後方二十萬兵力，準備在八月中旬再次發動攻勢。後因高車在北方反叛北魏，魏軍征討失利，齊明帝又於這時死去，元宏遂聲稱「禮不伐喪」，於七月北還，迎擊高車。

齊明帝死後，其子蕭寶卷即位，史稱東昏侯。南齊永元元年、北魏太和二十三年（四九九年）正月，南齊太尉陳顯達率軍四萬擊魏，在鄧縣西南屢破魏將元英。三月，元宏帶病出征，一舉粉碎齊軍抵抗，追至漢水。四月初，元宏在回師經過谷塘原（今河南省淅川縣北）時病死，太子元恪即位，是為北魏宣武帝。南齊雖然抵禦住了北魏的三次南伐，但新主東昏侯昏闇懦弱，致使南齊從此陷入極度混亂的境地。雍州刺史蕭衍佔據襄陽，以觀時勢，陳顯達、裴叔業、崔慧景等相繼反叛，許多大臣無辜被戮。南齊內亂的結果，則導致魏軍再次來爭淮水，以及此後蕭衍篡齊。

北魏伐梁之戰

北魏伐梁之戰，起於北魏景明四年、梁天監二年（五〇三年）六月，迄於魏熙平元年、梁天監十五年（五一六年）五月，前後歷時十三年。

南齊永元二年（五〇〇年）十一月，齊帝東昏侯受嬖臣茹法珍、王咺之唆使，殺死尚書令蕭懿，又派刺客謀殺蕭懿之弟雍州刺史蕭衍。蕭衍遂聯合西中郎將蕭穎胄起兵反叛，於永元三年（五〇一年）正月擁南康王蕭寶融為帝，是為齊和帝，並向建康發動進攻。十二月，蕭衍等攻破建康，殺死東昏侯。次年四月，蕭衍逼迫齊和帝禪位於己，改國號為梁。建康王蕭寶寅憤於蕭衍篡齊，逃往洛陽投降北魏，請求北魏宣武帝元恪出兵伐梁。不久，南齊江州刺史陳伯之亦降北魏，北魏景明四年、梁天監二年（五〇三年）三月，元恪以幫助蕭寶寅討伐蕭衍為名，準備南下。六月，北魏揚州刺史元澄上表說：「蕭衍在東關（今安徽省巢縣東南）蓄水，欲令巢湖泛濫淹沒我淮南諸戍，淮南之地將非國有。」元恪立即發兵二萬集中淮南，與原在壽陽三萬魏軍會合，統交元澄指揮。

這年十月，魏軍在淮南和義陽兩個方向，同時發動攻勢。淮南方向，元澄派黨法宗、傅豎眼、王神念等，自小峴分兵攻梁穎川（今安徽省霍山縣）、東關、大峴、淮陵（今江蘇省盱眙縣西）、九山（今盱眙縣西北淮河北岸），並派高祖珍率三千騎兵為游軍，策應各方行動，對梁淮南地區作扇形攻勢。魏軍迅速告捷，連拔關要（今安徽省六安縣境）、穎川、大峴三戍，梁白塔（今江蘇省揚州市西）、牽城（今安徽省滁縣、來安縣間）、清溪（今安徽省含山縣西）諸戍皆潰。梁徐州刺史司馬明素救九山，徐州長史潘伯鄰救淮陵，寧朔將軍王奕保焦城（今盱眙縣附近），均被魏將黨法宗等擊破。十一月，黨法宗等率兵二萬繼續南進，攻梁南梁太守馮道根於阜陵（今安徽省全椒縣東），後因糧運不繼受挫。次年正月，魏軍將主要作戰目標，放在奪取鍾離（今安徽省鳳陽縣淮河南岸），梁軍則轉取攻勢。梁征虜將軍趙祖悅，攻魏江州刺史陳伯之於東關，兵敗而潰。二月，梁將姜慶真進襲屯駐壽陽的元澄，克其外城，元澄未料到梁軍來襲，倉皇失措，幸賴蕭寶寅及時赴救，才將姜慶真擊走。元澄於是調集各路兵馬，進圍鍾離。梁武帝蕭衍，派冠軍將軍張惠紹等率援軍往救，被魏將劉思祖等截擊於邵陽洲（今鳳陽縣東北），將其全殲。但元澄圍攻鍾離至三月下旬，仍未破城，又逢大雨，淮水暴漲，梁水軍前來助戰，只好撤回壽陽。

義陽方面，魏鎮南將軍元英與元澄，幾乎在同時發動攻勢。北魏景明四年、梁天監二年（五〇三年）八月，梁司州刺史蔡道恭聽說魏軍來伐，鑑於義陽城中兵不滿五千，糧食僅支半年，派驍騎將軍楊由率城外居民三千餘家，據守賢首山（今河南省信陽市西南），與義陽呈犄角之勢。然而，及元英來攻，首先攻賢首山，叛民斬楊由降魏。元英集中兵力對義陽晝夜圍攻，蔡道恭率眾殊死抵抗，使魏軍未能破城。元英於是一面留軍圍城，一面繼續南攻，欲佔領西陽和夏口。十二月，梁將吳子陽迎擊元英於白沙關（今河南省光山縣西南接湖北省黃縣界），被魏軍殲滅。次年二月，梁武帝蕭衍派平西將軍曹景宗、後將軍王僧炳等，率步騎二萬救義陽，在樊城（今信陽武勝關附近）遭到魏軍阻擊。雙方對峙至三月二十五日，魏軍大破梁軍，俘斬四千餘人。但魏軍圍攻義陽至這年五月，仍未能拔城，而且屢為蔡道恭所敗，士卒傷亡甚眾。七月，蔡道恭病死，其從弟驍騎將軍蔡靈恩代為指揮，魏軍攻城益急。曹景宗、王僧炳屯軍鑿峴口（今信陽武勝關南），不敢前進，梁武帝又派寧朔將軍馬仙琕來救義陽。馬仙琕兵勢甚銳，直抵魏軍長圍，元英縱兵迎擊，將其擊卻。繼而，馬仙　又率兵萬餘進攻，再次遭到魏軍重創。馬仙琕為解救義陽之急，盡其精銳發動第三次進攻，終於全部被魏軍殲滅。蔡靈恩待援無望，於八月十一日降魏。梁三關（今信陽以南的武陽關、黃峴關、平靖關）守將聞訊，皆棄關逃走。

魏梁義陽之戰結束後，雙方隨即轉入全面的長期戰爭。梁天監四年、北魏正始二年（五〇五年）二月，元恪命尚書邢巒佔領漢中，並進軍劍閣（今四川省劍閣縣東北），企圖奪取益州。梁巴西（今四川省閬中縣）太守龐景民為叛民所殺，邢巒遂派李仲遷進駐巴西，與直攻刺閣的王足部相呼應。據守石亭（今四川省廣元縣北）的梁晉壽太守王景胤，向益州刺史鄧元起求救，梁武帝蕭衍亦命鄧元起赴救漢中。四月，鄧元起派冠軍將軍孔陵，率兵二萬戍深坑（今廣元縣境），魯方達戍南安（今四川省昭化縣），任僧褒戍石同（同上），以拒魏軍。王足將其逐個擊破，遂入劍閣，孔陵等退保梓潼（今四川省梓潼縣），王足又將其擊破。於是，梁州十四郡皆為北魏所有，益州亦岌岌可危。七月，王足進逼涪城（今四川省綿陽縣）。八月，梁將魯方達、王景胤等先後與王足交戰，均告慘敗。邢巒因此上表元恪，請求乘勝取蜀。元恪此時無意取蜀，命其還師，並取消原來以王足為益州刺史的詔命，改委羊祉為益州刺史。王足心中不悅，將圍攻涪城的兵力撤下，後竟降梁。不久，駐守巴西的魏將李仲遷亦告反叛，巴西又回到梁軍手中。

當西線的王足正在進逼涪城之際，北魏中山王元英，在東線亦發動攻勢。這時，蕭衍篡齊已歷四年，國內局勢漸趨穩定，乃欲對北魏轉取攻勢，以收復淮南之地。梁天監四年、北魏正始二年（五〇五年）八月，梁衛尉卿楊公則進至洛口（今安徽省壽縣東洛河入淮之口），擊斬魏豫州長史石榮，後在羊石（今安徽省霍邱縣東）作戰失利，又退回馬頭（今安徽省懷遠縣東南）。九月，魏揚州刺史元嵩進攻楊公則，予其重創。十月，梁武帝蕭衍決心大舉反攻，命臨川王蕭宏，率諸軍進向洛口。次年二月，梁徐州刺史昌義之進擊梁城（今安徽省壽縣東北），為魏平南將軍陳伯之所敗。梁將蕭昺進圍淮陽（今江蘇省淮陰縣西北），魏荊州刺史趙怡、平南將軍奚康生率軍救之。三月，梁軍在膠東發動牽制作戰，輔國將軍劉思效進擊魏青州刺史元系於膠水（今山東省東部）。蕭宏並派人送信給陳伯之，告訴他家人安好，勸他回歸故土。陳伯之為此信所動，自梁城率兵八千降梁。這時，梁武帝蕭衍又派江州刺史王茂攻魏荊州（今湖北省襄樊市北），繼續發動牽制性作戰。五月，梁軍攻破宿預（今江蘇省宿遷縣東南）、梁城、小峴等地，進逼合肥。梁徐州刺史韋叡在淝水築堰，擊破魏將楊靈胤所率的五萬援軍，攻拔合肥。接著，梁軍進逼東陵（今合肥市西），佔領霍丘（今安徽省霍邱縣），遂對魏壽陽形成圍攻之勢。六月，梁軍又在徐州以東發起進攻，以分離魏軍在淮南的兵勢，進圍魏軍控制下的高塚戍（今江蘇省銅山縣西）、朐山城（今江蘇省東海縣）。魏武衛將軍奚康生引兵逆擊，才使徐州的危急形勢得以扭轉。七月，梁青、冀二州刺史桓和進擊兗州，攻拔固城（今山東省嶧縣抱犢崮）。

元恪見正當淮南戰事不利之際，兗、徐二州亦告緊急，命元英率兵十萬反攻淮南。七月二十五日，元英軍至陰陵（今安徽省定遠縣西北），重創梁將王伯敖部。元英還征發定、冀、瀛、相、并、肆六州之兵十萬，以增援兗、徐、揚三州方面的作戰。梁軍則繼續在兗州加緊攻勢，進取蒙山

（今山東省蒙陰縣）、孤山（今山東省滕縣）等地。魏將邢巒遣軍迎擊，將奪據這些地區的梁軍擊走。八月，魏軍在宿預發動反擊，擊破梁將藺懷恭部，迫使梁將張惠紹逃往下邳（今江蘇省邳縣東），蕭炳棄淮陽南走。然後，元恪命邢巒分遣兵力渡淮，策應元英在洛口與梁軍會戰。元英首先向梁城發動攻擊，梁軍主將蕭宏深感恐懼，指揮失措，損兵五萬餘人。扼守梁城的梁將昌義之，在下邳的梁將張惠紹，在東陵的梁將韋叡，聽說洛口軍潰，紛紛棄城撤退。元恪決心乘勝平蕩東南，命元英圍攻鍾離，並命邢巒再次與元英協同。邢巒上表說：「梁軍雖然野戰不是我軍的對手，但他們守城卻很有辦法。如今竭盡全力進攻鍾離，得到它利益不大，得不到則虧損甚大。我軍南征將近兩年，將士死傷疲憊的情況，陛下一定清楚。依臣愚見，莫如經營好已奪取的地方，日後再舉兵南伐。」元恪未從，仍命迅速進襲。邢巒又上表說：「敵堅城自守，不與我戰，鍾離城塹水深，難以填塞，曠日持久，我軍糧絕兵疲，到了冬天怎麼辦？臣寧受怯懦不進之責，也不願明知失敗而去鍾離。陛下若相信臣的話，希望就別逼臣去鍾離，若不相信，請將臣所領之兵盡付元英，任其指揮。」元恪於是將邢巒召還，而命鎮東將軍蕭寶寅與元英合攻鍾離。

這年十一月初，梁武帝蕭衍命右衛將軍曹景宗，率軍二十萬救鍾離。次年（梁天監六年，北魏正始四年，五〇七年）正月，元英率數十萬魏軍攻鍾離，並親自在淮水南岸攻城，命蕭寶寅在邵陽洲築橋置柵，以防梁軍水師，命平東將軍楊大眼在北岸立城，以利糧運。魏軍不分晝夜地向鍾離城發動攻擊，梁鍾離守將昌義之堅決抵抗，殲滅魏軍萬餘。二月，天降霖雨，魏軍仍冒雨攻城。元恪見鍾離實在難以拔下，只好命元英退軍。元英卻聲稱等三月雨霽之後，必能攻克鍾離。元恪派步兵校尉范紹趕赴鍾離，實地考察攻取形勢。范紹認為，鍾離城堅，敦促元英退軍，元英仍固執己見。

這時，梁武帝蕭衍又增派韋叡，自合肥率軍急救鍾離，韋叡軍器甲精新，士氣高漲，魏軍望之恐懼。韋叡到鍾離外圍後，派軍士攜梁武帝的詔書潛入城中，城中才知道外援已至，守志更堅。魏將楊大眼見韋叡初立營壘，率領萬餘騎兵來攻，被梁軍用強弩擊退。次日，元英親自來攻，亦未勝而退。到了三月，淮水水位暴漲六、七尺，韋叡一面使馮道根、裴邃、李文釗等乘戰船急進，擊滅邵陽洲上的魏軍，一面用小船滿載灌有油膏的柴草，焚毀蕭寶寅所守之橋，魏軍因而大潰。元英單騎西走梁城，楊大眼在北岸亦燒營撤退，魏軍二萬將士被梁軍殺死，或跳入淮水淹死，損失資糧器械如山。

魏永平元年、梁天監七年（五〇八年）九月，魏郢州司馬彭珍叛魏，引梁軍圍攻義陽，魏義陽三關守將，以關城降梁。魏郢州刺史婁悅堅守義陽，求救於元英，元英率步騎三萬西出汝南（今河南省潢川縣）救之。十月，魏懸瓠守將白早生亦叛魏，自號平北將軍，求救於梁司州刺史馬仙琕。馬仙琕遂進軍楚王戍（今河南省新蔡縣東北），派副將齊苟兒領兵二千助守懸瓠。元恪命邢巒和元英合擊白早生，邢巒乘白早生初叛軍心混亂，當時水路不通，梁軍增援困難，自洛陽率騎兵倍道兼行，在鮑口（今河南省西平縣）擊破白早生派來阻擊的胡孝智部七千人，乘勝長驅而至懸瓠。白早生出城迎戰，又被邢巒擊破。十二月，齊苟兒等開城投降，邢巒和元英進據懸瓠，斬白早生及其同黨數十人。元英引兵救義陽，屯駐楚王戍的馬仙　見懸瓠已陷，棄戍退守平靖關。元英還未到義陽，堅守義陽的婁悅和義陽太守辛祥，夜間出城襲擊梁軍，擒斬其主將，義陽之圍已解。次年（北魏永平二年，梁天監八年，五〇九年）正月，元英謀復義陽三關。部將馬廣、胡文超獻策：「三關緊密相聯，若克一關，其他兩關，不攻自破。攻難不如攻易，應先取武陽關。為防敵併力東救武陽關，可派一部軍攻平靖關，以分其勢。」元英依計行事，果然連奪三關，總算稍雪邵陽洲大敗之恥。

戰後，梁武帝蕭衍欲罷兵與北魏媾和，並表示將宿預歸還北魏，同時要求北魏歸還漢中。魏宣帝元恪拒絕了這一要求。於是，梁攻壽陽、魏攻益州之戰再起。

北魏永平二年、梁天監八年（五〇九年）三月，元恪派荊川刺史元志率軍七萬，攻梁潺溝（今湖北省襄樊市北），遭到梁荊州刺史蕭炳的迎擊，損兵萬餘。四月，魏楚王戍守將李國興，以城降梁。梁天監十年、北魏永平四年（五一一年）二月，瑯琊人王萬壽殺死梁東莞、瑯琊二郡太守劉晣，據朐山（今江蘇省東海縣）響應北魏。魏徐州刺史盧和派張天惠、傅文驥等，相繼赴朐山入援，梁青、冀二州刺史張稷發兵截擊，受到魏軍重創。四月，傅文驥等進至朐山，梁武帝又遣振遠將軍馬仙　擊之，北魏則派安南將軍蕭寶寅、平東將軍趙遐，率軍入援朐山，雙方遂展開朐山攻守戰。十一月，元恪命揚州刺史李崇出兵壽陽，以分朐山梁軍之勢。但這時朐山城中的魏軍，因糧食已絕，傅文驥被迫降梁。魏將盧昶，在朐山降梁後，仍與馬仙　對峙至十二月中旬，後退往郯城（今山東省郯城縣）。

梁天監十二年、北魏延昌二年（五一三年）五月，壽陽久雨，大水入城。魏揚州刺史李崇，殺死企圖作亂的治中裴絢、別駕鄭祖起等，堅守壽陽。次年十月，北魏降將王足向梁武帝獻計，提出在淮水築堰以灌壽陽。蕭衍採納了他的建議，命水工陳承伯，材官將軍祖暅視察地形。陳承伯、祖暅認為，淮水內沙土漂輕，很難築堰。蕭衍不以為然，仍發兵民二十萬，在南起浮山（今江蘇省盱眙縣）、北抵巉石（今安徽省泗縣）的淮水築堰。梁天監十四年、北魏延昌四年（五一五年）正月，元恪死去，年方七歲的太子元詡即位，是為北魏孝明帝，其母胡太后臨朝稱制。這年三月，魏左僕射郭祚上表，認為梁正築堰謀取壽陽，應立即出師，乘其尚未築就，擊滅梁軍。胡太后乃召還伐蜀的魏軍，並命平南將軍楊大眼率諸軍出鎮荊山（今安徽省懷遠縣西南，與涂山夾淮水相對）。四月，梁築堰成而復潰，以樹木、山石、鐵器沉之，亦不能合，兵民卻勞苦不堪。九月，梁左遊擊將軍趙祖悅襲佔西硤石（今安徽省鳳台縣西南），進逼壽陽，梁將田道龍等分攻魏軍其他諸戍，魏揚州刺史李崇遣將拒之。九月二十三日，胡太后命鎮南將軍崔亮攻西硤石，又命蕭寶寅破壞梁軍所築的淮堰，以救壽陽。次年（梁天監十五年，北魏熙平元年，五一六年）正月，崔亮攻西硤石未克，並與李崇發生衝突。胡太后遂命吏部尚書李平，率步騎二千馳赴壽陽，統一指揮作戰。二月，蕭寶寅渡過淮水，擊敗梁將垣孟孫等於淮北，破壞淮堰，李平督李崇、崔亮部合攻西硤石，迫使趙祖悅投降。三月，梁武帝因蕭寶寅仍在淮堰與梁軍對峙，派人去誘降，遭到蕭寶寅拒絕。四月至九月，淮水驟漲，淮堰崩壞，梁沿淮諸戍皆成澤國，梁魏壽陽之戰遂告結束。

在壽陽攻防戰期間，元恪於北魏延昌三年、梁天監十三年（五一四年）十月，曾發兵十五萬進攻益州。次年二月，魏軍至晉壽（今四川省廣元縣），開始進擊巴北。梁武帝命寧州刺史任太洪，自陰平出擊魏軍之後，切斷魏軍的後方補給。這時，由於壽陽方面形勢危急，胡太后將伐蜀之兵調往淮北，北魏在益州方面的戰事於是停止。

北魏末年內亂之戰

北魏末年內亂之戰，起於北魏正光四年（五二三年）六鎮叛亂，迄於北魏太平元年（五三四年）東、西魏分立，前後歷時將近十二年。

北魏自宣武帝元恪以後，大興土木興建佛寺，以奢侈相尚，府庫日見枯竭，政治亦漸趨混亂。元恪死後，外戚高肇擅權，與其妹高皇后內外把持北魏朝政。高陽王元雍等殺死高肇，廢除高皇后，尊孝明帝元詡生母胡貴嬪為皇太后，臨朝稱制。後來，侍中領軍將軍元義和衛將軍劉騰又共專朝政，權傾內外，貶胡太后，並殺其黨羽。

北魏正光四年（五二三年）夏天，武衛將軍于景因對元義不滿，被元義貶為懷荒（今內蒙古自治區集寧市東）鎮將。這時，適逢柔然入寇，當地鎮民向于景請求發放糧食，于景未允，鎮民便殺死于景叛魏。不久，沃野鎮（今寧夏自治區銀川市北）人破六韓拔陵，亦聚眾謀反，殺死鎮將，引兵北侵武川（今內蒙古自治區武川縣西南）、懷朔（今內蒙古自治區五原縣）二鎮。懷朔鎮將楊鈞，命部將賀拔度及其三子賀拔允、賀拔勝、賀拔岳迎擊。次年三月，元義又派臨淮王元彧進討破六韓拔陵，屯軍雲中（今內蒙古自治區托克托縣）。四月，高平（今甘肅省固原縣）敕勒部酋長胡琛，自稱高平王，響應破六韓拔陵，被魏將盧祖遷擊破，北走與破六韓拔陵會合。懷朔、武川二鎮，則因元彧未及時進救，皆為破六韓拔陵所陷。五月，元彧至懷朔與破六韓拔陵接戰，兵敗而還，安北將軍李叔仁進救武川，亦敗於白道（今內蒙古自治區呼和浩特市北）。元義派李崇率撫軍將軍崔暹、鎮軍將軍元深等，再次進討，被破六韓拔陵趕回雲中。元深於是上奏朝廷，認為北魏自遷都洛陽後，在國防上採取重南輕北的政策，使原來北邊六鎮的精兵猛將漸漸減少，應當及早調整國防部署。這一極為重要的邊防建議，並未引起朝廷重視。不久，禦夷（今河北省豐寧縣西北）、柔玄（今山西省天鎮縣北）二鎮亦叛。至此，北魏太武帝拓跋燾大破柔然後，沿陰山山脈設置的六鎮，皆已反叛。

北魏孝昌元年（五二五年）春天，柔然阿那壞部協助北魏進討破六韓拔陵，發兵十萬，向武川和沃野進軍，屢破破六韓拔陵軍。元深亦自平城出擊，進向懷朔。六月，破六韓拔陵圍元深於懷朔，別遣一軍圍雲中。雲州刺史費穆，因雲中孤立無援，棄城南奔今山西省忻縣，與鮮卑秀容部酋長爾朱榮會合，元深亦率賀拔勝等，棄懷朔東走。後來，元深聽從參軍于謹之計，分化破六韓拔陵內部，使其部下三萬餘人來降。元深並乘破六韓拔陵截擊其叛軍之際，以伏兵發動襲擊，重創破六韓拔陵軍。破六韓拔陵退還沃野後，向朝廷請降，六鎮之亂始告平息。

在破六韓拔陵起兵叛魏的次年，北魏夏州（今陝西省橫山縣西）、東夏州（今陝西省膚施縣東南）、豳州（今陝西省彬縣）等地，也民變蜂起。叛民首領莫折大提，在上邽（今甘肅省天水下西南）自稱秦王，擊潰前來鎮壓的魏將元志、赫連略、高元榮等，引兵攻佔東益州（陝西省略陽縣），聲勢大振。北魏正光五年（五一四年）七月，北魏南秦州（今甘肅省成縣）刺史崔游、涼州刺史宋穎，先後被嚮應莫折大提的叛民擒殺。吐谷渾應北魏之請，出兵涼州，才將叛民剿平。不久，莫折大提死去，其子莫折念生自稱天子。莫折念生派其弟莫折天生率兵東進，與魏將元志交戰於隴口（今陝西省隴縣），迫其退守岐州（今陝西省鳳翔縣南）。十一月，莫折天生攻破岐州，擒斬元志及刺史裴芬之。莫折念生派遣的另一支部隊卜胡部，亦攻破涇川（今甘肅省涇川縣），重創魏將薛巒。此時在豳州方面，胡琛餘黨張映龍、姜神達等，西趨雍川（今陝西省長安縣），被魏將李叔仁擊殲。京兆尹王元繼奉命征討莫折念生，與雍州刺史元修義合兵。十二月，莫折念生遣兵攻涼州，叛民趙天安活捉涼州刺史歸附。次年（北魏孝昌元年，五二五年）正月，魏將蕭寶寅率軍五萬，與莫折天生戰於馬嵬（今陝西省興平縣西），殲敵十餘萬人，並一直追至小隴（今陝西省隴縣東南）。

這年四月，胡琛自高平遣其部將万俟醜奴、宿勤等進攻涇州，魏將盧祖遷、伊甕生在安定（今涇川縣北）迎戰失利。蕭寶寅與岐州刺史崔延伯，自宛川（今陝西省寶雞市）馳援，與盧祖遷等會師，共擁有甲士十二萬、鐵騎八千，軍威甚盛。万俟醜奴詐降，爾後與宿勤分兵夾擊魏軍，俘斬魏軍三萬餘人，迫使蕭寶寅退保安定。

北魏孝昌二年（五二六年）九月，莫折念生的部將呂伯度，據顯親（今甘肅省天水市西北）背叛莫折念生，被莫折念生擊破，往高平投奔胡琛。胡琛封呂伯度為秦王，並資助士馬，使其還擊莫折念生。呂伯度在奪回顯親後，又背叛胡琛響應魏軍。莫折念生在魏軍、胡琛、呂伯度三方面的窘逼之下，決定向蕭寶寅乞降，但不久又叛變，與胡琛聯合，共投已經降附朝廷的破六韓拔陵。破六韓拔陵嫌胡琛為人傲慢，將其誘斬。從此，胡琛的部眾，遂由万俟醜奴率領。

北魏孝昌三年（五二七年）正月，蕭寶寅軍因久戰疲憊，被万俟醜奴大敗於涇州。莫折念生乘勢東出，逼降據守汧城（今陝西省隴縣）的北魏東秦州刺史潘義淵，然後進佔岐州。北華州叛民首領胡引祖和豳州叛民首領叱干麒麟，皆起兵響應莫折念生。後來，莫折念生在進攻長安時受挫，其弟莫折天生戰死。二月，莫折念生進據潼關，企圖切斷蕭寶寅的後路，致使洛陽為之震動。三月，北魏孝明帝元詡，決定親自率軍西討，莫折念生聞訊，放棄潼關西走。九月，莫折念生部將杜粱殺死莫折念生，向蕭寶寅乞降。此時，元詡派中尉酈道元前來監視蕭寶寅，蕭寶寅早就深感朝廷對自己不予信任，於十月命部將郭子恢進據潼關，自稱齊帝。

蕭寶寅叛魏後，元詡立即派尚書僕射長孫雅往討。蕭寶寅乘長孫雅的大軍未到，急攻馬祗柵（今陝西省長安縣西），企圖奪取長安。魏將毛遐迎擊蕭寶寅軍，阻其入犯，蕭寶寅又轉兵圍攻馮翊（今陝西省大荔縣），當地守將亦殊死拒戰。次年（北魏武泰元年，五二八年）正月，長孫雅軍迫近弘農（今河南省陝縣），北渡黃河，進據石錐壁（今山西省虞鄉縣南石錐山上）。長孫雅揚言要在此等待援軍，並觀民心向背，將在此點燃三次烽火，各地若肯響應，亦請點火為號。其實，長孫雅知道各地不會響應，故而秘密派人潛往各地，屆時詐舉烽火。因此，當長孫雅下令在石錐壁點燃烽火時，潛往各地的魏軍亦紛紛點火，一夜之間，數百里都是火光。分據鹽池、安邑的蕭寶寅部將薛修義等，見狀大驚，各自逃散。長孫雅遂進入河東，並攻克潼關，迫使郭子恢自潼關向西敗退。蕭寶寅的部將侯終德，見大勢已去，掉戈回襲蕭寶寅。蕭寶寅猝不及防，僅率少量騎兵出奔高平，投靠万俟醜奴。然而，正當蕭寶寅兵敗之際，北魏朝內發生大變，胡太后弒殺孝明帝元詡，秀容部酋長爾朱榮乘機從晉陽（今山西省太原市）南下，控制了北魏政權。北魏永安三年（五三〇年）四月，爾朱榮派其從子爾朱天光，與賀拔岳、侯莫、陳悅等進討万俟醜奴，將万俟醜奴及蕭寶寅擒獲，並送往洛陽處死。歷時七年的關西之戰，始告平息。

北魏孝昌元年（五二五年）八月，即在破六韓拔陵敗還沃野之後兩個月，杜洛周亦聚眾叛於上谷（今河北省懷來縣南），攻掠附近郡縣。高歡、蔡儁、尉景、段景、彭樂等聞訊，皆歸附於他。杜洛周南下進攻燕州（今北京市昌平縣），刺史崔秉閉關拒之。九月，朝廷命尚書常景與幽州（今北京市大興縣西南）都督元譚，征討杜洛周，自盧龍塞（今河北省遷安縣西北）至軍都關（今北京市昌平縣居庸關），皆置兵守險。次年正月，石離、穴城、斛鹽（皆在今河北省豐寧縣）三戍守將叛應杜洛周，合兵二萬，隨杜洛周一道自松岍（今北京市密雲縣古北口外）進擊軍都關。常景的部將崔仲哲戰死，元譚潰逃。這時，五原人鮮于修禮等，率流民又反於定州左城（今河北省唐縣）。魏將楊津得知定州（今河北省定縣）告危，自靈丘（今山西省靈丘縣東）引兵入援定州，擊退鮮于修禮。二月，敕勒斛律與費也頭牧子反於桑乾河以西，爾朱榮奉命將其擊破。四月，杜洛周引兵入犯薊城（今北京市），擊斬魏將李璩，後被常景趕回上谷。五月，鮮于修禮邀擊魏將長孫雅於五鹿（今河北省束鹿縣），魏河間王元琛素與長孫雅有隙，不肯赴救，致使長孫雅軍大敗。魏孝明帝元詡，遂以廣陽王元深為大都督，領兵平叛，同時派章武王元融、散騎常侍裴衍，隨軍監視他的行動。元深因此恐懼，大小事均不敢自決。六月，杜洛周命曹紇真率軍攻掠薊南，在范陽（今河北省涿縣）、粟園（今河北省固安縣）再次遭到常景重創。七月，另一股叛亂勢力鮮于阿胡攻陷平城，魏平城守將元纂奔往冀州（今河北省冀縣）。八月，鮮于修禮的部下元洪業，殺死鮮于修禮，企圖向朝廷請降，被鮮于修禮另一部將葛榮殺死。九月，葛榮北趨瀛州（今河北省河間縣），與元深軍遭遇，擊斬元融，然後自稱天子，建國號為齊。元深在元融敗死後，停軍不敢再進，胡太后懷疑元深另有所謀。元深派人回洛陽，向胡太后陳述自己的忠心及因何停軍，才解除了胡太后的懷疑。而當元深引軍前往定州時，定州刺史楊津，亦懷疑元深懷有異志，不但拒不接納元深入城，而且與元深的部將毛謚等人，合謀除掉元深。元深僅率數人出走，至博陵（今河北省蠡縣）為葛榮的遊騎所擒，送至葛榮處被斬。十一月，杜洛周又攻范陽，叛民擒獲常景和幽州刺史王延年，開城投降。北魏孝昌三年（五二七年）正月，葛榮攻陷殷州（今河北省隆堯縣），乘勝進攻冀州。三月，胡太后派光祿大夫源子邕，率軍救冀州。七月，胡太后又派樂安王元鑑與北道都督裴衍，共救冀州。元鑑對北魏內亂幸災樂禍，早就懷有異志，乘機據鄴城投降葛榮。八月，源子邕與李神軌、裴衍攻破鄴城，斬殺元鑑。然後，胡太后又命裴衍與源子邕共救冀州，但二人不相協同，久而未進。十一月，冀州因糧儲已竭，外無救援，終於淪陷。十二月，葛榮進軍陽平（今河北省永年縣），擊斬源子邕和裴衍，乘勝攻鄴，相州刺史李神軌閉城拒之。北魏武泰元年（五二八年）正月，北海王元顥奉命討伐葛榮。與此同時，杜洛周攻陷定州，亦和葛榮的勢力發生衝突。二月，葛榮擊斬杜洛周，將其部眾吞併。直至這年九月，葛榮才被爾朱榮討平。

在北魏已陷入崩潰局勢之際，秀容部酋長爾朱榮在晉陽（今山西省太原市）擁兵自恣。孝明帝元詡，見其母胡太后淫亂奢縱，致使政局敗壞，曾密詔爾朱榮舉兵前來洛陽，企圖脅迫胡太后退出朝政。胡太后於是酖殺元詡，而立自己的女兒為帝，繼而改立孝文帝元宏之孫元釗（時年三歲）為帝。爾朱榮聞訊，立即舉兵南下，聲稱要「內誅嬖佞，外清群盜」。胡太后知道爾朱榮其實是衝著自己來的，以「念生梟戮，寶寅就擒，醜奴請降，關隴已定……，又北海王顥，率眾二萬，出鎮相州，不須出兵」為辭，命其退師，並派人分化離間爾朱榮內部。爾朱榮大怒，命高歡為前鋒，疾趨上黨（今山西省壺關縣）。胡太后畏懼爾朱榮的兵勢，派直閣爾朱世隆（爾朱榮從弟）前去晉陽，勸說爾朱榮退兵。爾朱榮欲留爾朱世隆共舉大事，爾朱世隆說：「朝廷正是因為懷疑兄長，所以才派我來。如果把我留下，使朝廷有所防備，倒不好了。」爾朱榮於是讓爾朱世隆，暫回洛陽。三月，爾朱榮從晉陽發兵，胡太后聞知甚懼，召集諸臣商議對策。諸臣因不滿胡太后平日所為，誰也不肯開口。胡太后便依親信徐紇之計，命李神軌、鄭先護和費穆三將，據險抵禦。

四月，爾朱榮迎接長樂王元子攸於河陽（今河南省孟縣西南），並扶其即北魏皇帝位，是為北魏孝莊帝。駐守河橋（今河南省孟津縣）的鄭先護和駐守小平津（今孟津縣北）的費穆知道後，相繼投降爾朱榮。爾朱榮護送孝莊帝進入洛陽，將胡太后及其所立幼主沉入黃河淹死，並盡誅百官，以樹立自己的威勢。孝莊帝元子攸，見自己形同傀儡，憂憤無計，對爾朱榮說：「帝王迭興，盛衰無常。今四方瓦解，將軍奮袂而起，所向無前，此乃天意，非人力可為。我來投靠你，本想留條活命，豈敢妄希天位？只是由於將軍見逼，才勉強應允。若天命有歸，將軍應自立為帝。若將軍推而不居，還要保存元魏社稷，亦當更擇親賢而輔之。」這時，高歡等人都勸爾朱榮稱帝，爾朱榮猶豫不決。賀拔岳則認為：「將軍首舉義兵，志除奸逆，大勛未立，便有此謀，只能招來災禍。」爾朱榮於是決定仍奉元子攸為帝，但朝廷要官，則悉用其心腹為之。汝南王元悅、臨淮王元彧、北海王元顥等人，不願作元子攸的臣子，皆率軍投奔梁朝。

爾朱榮扶孝莊帝即位後，立即開始東平葛榮，西定万俟醜奴。北魏武泰元年（五二八年）九月，葛榮引兵包圍鄴城，爾朱榮東出滏口（今河北省涉縣）迎戰，將其俘獲，收其降眾數十萬。次年（五二九年）九月，爾朱榮又派大都督侯淵，殲滅葛榮餘黨韓樓於薊城，進而徹底平定了東方。這時，西方的万俟醜奴攻破東秦州（今陝西省黃陵縣），爾朱榮命其從子爾朱天光和武衛將軍賀拔岳討之。爾朱天光兵至潼關，見蜀中流民在此作亂，命賀拔岳進擊，大破於渭北。三月，万俟醜奴圍攻岐州（今陝西省鳳翔縣南），並派其部將尉遲菩薩自武功渡過渭水，圍攻趣柵（今陝西省郿縣北渭水南岸）。爾朱天光向岐州迎擊万俟醜奴，派賀拔岳迎擊尉遲菩薩。賀拔岳與尉遲菩薩隔渭水對峙，賀拔岳佯向東退，尉遲菩薩率輕騎南渡追擊，賀拔岳待其半渡還擊，擒獲尉遲菩薩，俘敵一萬餘人。万俟醜奴聞知，放棄對岐州的圍攻，北還安定（今甘肅省固原縣）。四月，爾朱天光率軍行至汧、渭二水之間（今陝西省鳳翔縣西南），揚言要在此休整，待秋涼之後再圖進取。万俟醜奴信以為真，命其部眾散耕於細川（今甘肅省靈台、涇川、華亭等縣間），僅留數千兵力據險立柵，以掩護耕作。爾朱天光見其軍勢已分，舉兵晝夜疾進，直抵安定城下，而另遣賀拔岳進向涇州。万俟醜奴出逃平涼，賀拔岳攻克涇州後，追至平涼，將其擒獲。爾朱天光乘戰勝之威，兵臨高平（今固原縣），奉万俟醜奴之命扼守高平的蕭寶寅，亦被擒獲。七月，爾朱天光又率軍入隴，擊滅在水洛城（今甘肅省莊浪縣東南）稱帝的王慶雲。附近叛魏的各州郡聞訊，紛紛投降。至此，整個西方也完全平定。

此時，爾朱榮雖然遠在晉陽，繼續當他的北魏大丞相兼太師，但由於在孝莊帝左右遍佈親黨，伺察動靜，故雖居外藩，仍可遙制朝政。他聽說孝莊帝勤於政事，朝夕不倦，心中不悅，命他的女兒（孝莊帝皇后）加以監視。孝莊帝不勝忿懣，遂與親信城陽王元徽、侍中李彧、尚書右僕射元羅、膠東侯李侃晞、濟陰王元暉等謀誅爾朱榮。爾朱榮聞知，自以為力量強盛，未加警惕。北魏永安三年（五三〇年）九月，爾朱榮與太宰元天穆入朝，孝莊帝伏兵於殿中，將爾朱榮與元天穆殺死，隨行的爾朱榮的兒子爾朱菩提及車騎將軍爾朱陽覩等人，亦為伏兵所殺。

孝莊帝殺死爾朱榮等之後，立即命武衛將軍奚毅、前燕州刺史崔淵鎮守孟津河橋（今河南省孟縣南），以防爾朱榮的部下前來報復。爾朱世隆唯恐自己亦被孝莊帝殺死，引兵欲逃往晉陽。光祿大夫司馬子如為爾朱榮的親信，隨同爾朱世隆一起離開洛陽，並對爾朱世隆說：「如今天下混亂，就看誰的實力強盛，絕不可示弱於人。若北往晉陽，恐怕將肘腋生變，不如分兵在孟津控禦河橋，然後回攻京師，出其不意，或可成功。即使達不到預期目的，也可以表明我們還有充足的力量，使天下人畏懼，不敢叛散。」爾朱世隆聽從了這個建議，率軍攻奪孟津河橋，擒斬奚毅等人。孝莊帝為穩定內外形勢，急忙調兵遣將，加強各地守備，並命河西紇豆陵步蕃，率軍襲擊晉陽及孟津河橋。十月，爾朱世隆南下，孝莊帝遣使招撫爾朱世隆，爾朱世隆決心為爾朱榮報仇，態度強硬。孝莊帝於是招募敢死之士萬人，命車騎大將軍李叔仁率領，前去討伐爾朱世隆。李叔仁密遣散騎常侍李苗，從馬渚（今山西省平陸縣）乘船東下，焚毀孟津河橋。爾朱世隆軍爭橋北渡，溺死者甚眾。

爾朱世隆北走，孝莊帝又命源子恭率步騎一萬，前往太行丹谷（今山西省晉城縣東南），築壘以拒。爾朱世隆攻陷建州（今山西省晉城縣東北），至長子（今山西省長子縣），與汾州刺史爾朱兆合兵，共推太原太守長廣王元曄（中山王元英之子）即皇帝位。這時，徐州刺史爾朱仲遠、平州刺史侯淵等，皆響應爾朱世隆，舉兵進向洛陽。十一月，孝莊帝命車騎將軍鄭先護與楊昱共討爾朱仲遠，並將雍州刺史爾朱天光進爵為王，以羈縻其不致反叛。長廣王元曄，亦封爾朱天光進隴為王。鄭先護迎戰爾朱仲遠失利，奉命前去增援的東征都督賀拔勝，投降爾朱仲遠。晉州（今山西省臨汾市）刺史高歡，則不肯依附爾朱兆，而是採取坐觀成敗的態度。十二月，爾朱兆攻拔丹谷，南下追擊源子恭。孝莊帝以為黃河水深且廣，爾朱兆軍不可能渡過。其實，當時黃河水深不及馬腹，爾朱兆以輕騎借道兼行，順利地涉渡成功。及孝莊帝察覺，爾朱兆已進叩洛陽城門。洛陽守軍潰散，爾朱兆揮軍入城，擒獲孝莊帝及城陽王元徽、臨淮王元彧等。這時，爾朱仲遠和爾朱天光的軍隊，也抵達洛陽，而紇豆陵步蕃則乘晉陽空虛，從河西舉兵進襲，兵勢甚盛。爾朱兆聞知，留爾朱世隆、爾朱度律等鎮守洛陽，自率大軍回救晉陽，並挾孝莊帝與其同行。高歡企圖在中途截擊爾朱兆，未能得逞，便寫信給爾朱兆，勸其不要加害於孝莊帝。爾朱兆大怒，立刻縊死孝莊帝。幾天後，紇豆陵步蕃大破爾朱兆於秀容（今山西省忻縣西北），南逼晉陽。爾朱兆請高歡前來援救，高歡有意緩行，直至爾朱兆屢次兵敗，放棄晉陽南走，才突然加速前進，擊斬紇豆陵步蕃於平樂（今山西省昔陽縣西南）。爾朱兆感激高歡終於來救，與高歡結為兄弟，並將招撫并、肆二州十餘萬葛榮舊部的任務，也交給他。高歡的勢力，因此劇增。

北魏普泰元年（五三一年）正月，鎮守洛陽的爾朱世隆與爾朱天光，因感到元曄缺乏人望，改立廣陵王元恭為帝，是為節閔帝。二月，督領幽、安、營、并四州軍事的劉靈助起兵，自稱燕王，聲言要為孝莊帝復仇。冀州刺史高幹與河內太守封隆之，亦為孝莊帝舉哀，傳檄共討爾朱氏。屯兵壺關的高歡，以迎戰高幹為名，引兵東出，實際上卻是去與高幹等聯合。節閔帝元恭，封高歡為渤海王，召其來洛陽，高歡辭不就召。這時，爾朱世隆已專制朝政，爾朱天光控制關右，爾朱兆佔據并、汾二州，爾朱仲遠佔據徐、兗二州，節閔帝元恭完全是個傀儡。爾朱世隆派大都督侯淵、驃騎大將軍叱列延慶討伐劉靈助，在固城（今河北省定縣東）將劉靈助擊斬。四月，爾朱世隆任命高歡為大都督兼冀州刺史，企圖拉攏他。六月，高歡殺牛饗士，在信都（今河北省冀縣）起兵，並上表節閔帝，陳述爾朱氏罪狀。八月，爾朱世隆命爾朱兆、爾朱仲遠、爾朱度律，率軍討伐高歡。高歡為在政治上取得擁戴，採納謀士孫騰之策，立渤海太守元朗為帝，即位於信都城西。十月，高歡鑑於爾朱氏大軍逼近信都的嚴峻形勢，在爾朱氏內部進行離間，散佈爾朱世隆欲殺爾朱兆、爾朱兆與高歡欲殺爾朱仲遠的謠言，使爾朱氏互相猜疑，爾朱仲遠與爾朱度律相繼引兵南去。高歡乘機進攻爾朱兆於廣阿（今河北省隆堯縣東），大破之，進而攻擊鄴城。高歡在此遭到相州刺史劉誕的抵抗，一直攻至次年（北魏普泰二年，五三二年）正月，才挖通地道破城。三月，爾朱世隆為平息爾朱氏之間的相互猜嫌，以卑辭厚禮勸爾朱兆前來洛陽，又請節閔帝納爾朱兆女為皇后，爾朱兆這才大悅，與爾朱天光、爾朱度律訂立誓約，又相親睦。

這年閏三月，爾朱天光自長安，爾朱兆自晉陽，爾朱度律自洛陽，爾朱仲遠自東郡（今河南省滑縣），四路兵馬在鄴城會台，夾洹水列陣，準備進攻高歡。爾朱世隆又命尚書房謨前往四瀆（今山東省禹城縣），命青州刺史房弼前往亂城（今山東省德州），二人成犄角之勢，揚言將北渡黃河進攻信都，以牽制高歡。高歡見爾朱氏大軍又來，率軍出屯紫陌（今河北省臨漳縣西）。爾朱兆率輕騎三千夜襲鄴城未克，高歡已率騎兵二千、步卒三萬，渡漳水進至韓陵山（今河南省安陽市東北），與爾朱兆對陣。雙方一經交戰，爾朱兆失利，部將賀拔勝與杜德投降高歡。爾朱仲遠、爾朱天光、爾朱度律以及大都督斛斯椿等人，相繼引兵後撤。斛斯椿退至北中城，入據河橋，宣佈與爾朱氏絕裂。爾朱天光、爾朱度律欲攻斛斯椿，因大雨晝夜不止，遂折向西去，至灅陂津（今河南省孟縣西南）為人所擒，被押往斛斯椿處。斛斯椿一面派人赴洛陽向節閔帝報告，一面命賈顯智、張歡率輕騎，又襲獲爾朱世隆。節閔帝殺死爾朱世隆，將其首級和爾朱天光、爾朱度律二人，均送交高歡。至此，爾朱氏的顯要人物，除爾朱兆、爾朱仲遠逃逸在外，其餘全部被殺。高歡一入洛陽，立即將節閔帝幽禁起來。斛斯椿知道高歡心懷異志，對賀拔勝說：「如今天下之事如何，就在你我二人的態度。若不先發制人，必將為人所制。高歡剛到洛陽，圖之不難。」賀拔勝卻不願背叛高歡。不久，高歡將隱匿在民間的平陽王元修找來，立為孝武帝，自任大丞相、太師、天柱大將軍。這年七月，高歡在斬殺爾朱天光和爾朱度律之後，進攻爾朱兆於晉陽。爾朱兆抵擋不住高歡的攻勢，退據秀容。次年（北魏永熙二年，五三三年）正月，高歡以精騎掩襲爾朱兆，爾朱兆軍大敗，爾朱兆逃至赤谼嶺（今山西省離石縣）自縊。

高歡擊滅爾朱兆之後，駐軍晉陽，更加不可一世。斛斯椿密勸孝武帝除掉高歡。孝武帝亦因高歡對自己不敬，派人與在關中的賀拔岳勾結，並命侍中賀拔勝督領七州（荊、東荊，北荊、襄、南襄、郢、南郢）軍事，企圖依靠賀拔勝兄弟的力量，對抗高歡。高歡欲自晉陽南下廢除孝武帝，但顧忌賀拔岳阻撓，便設計離間賀拔岳與其部將陳悅的關係。北魏永熙三年（五三四年）二月，陳悅將賀拔岳殺死。賀拔岳的另一部將宇文泰，擊滅陳悅，率軍進屯弘農，與前出襄城的賀拔勝相呼應，合力討伐高歡。七月，高歡決心先發制人，以誅斛斯椿構讒為名，進向洛陽。孝武帝西逃關中，被宇文泰迎於東陽驛（今陝西省臨潼縣境），然後入據長安。九月，高歡攻破潼關、華陰、龍門，後見宇文泰有備，又唯恐賀拔勝自南陽襲其後方，對宇文泰暫取守勢，兵還洛陽。十月，高歡立清河王世子元善見為帝，與宇文泰控制下的孝武帝分庭抗禮。自道武帝拓跋珪以來延續了一百四十八年的北魏，至此分立為高歡控制下的東魏和宇文泰控制下的西魏。

東西魏之戰

東西魏之戰，起於西魏大統三年、東魏天平四年（五三七年）正月潼關之戰，迄於西魏大統九年、東魏武定元年（五四三年）三月邙山之戰，前後歷時六年零二個月。

自北魏分裂為東、西魏之後，控制東魏的高歡與控制西魏的宇文泰，都在積極準備吞併對方。西魏大統元年、東魏天平二年（五三五年），宇文泰酖殺孝武帝元修，擁太宰南陽王元寶炬為帝，是為西魏文帝。西魏文帝一即位，便下詔列舉高歡二十條大罪，並聲稱將出兵討伐高歡。高歡亦以東魏孝靜帝元善見的名義，傳檄於西魏，稱宇文泰、斛斯椿為逆賊。次年二月，高歡命高車降將阿至羅進逼西魏秦州刺史万俟普，自率大軍後繼。五月，万俟普與豳州刺史叱干寶樂、右衛將軍破六韓常投降東魏，宇文泰派兵追之未及。高歡此次出兵的目的，是在交戰前夕擾亂宇文泰的後方。這年十二月，高歡已做好進攻的準備，並與南朝梁武帝蕭衍達成諒解，遂親自率軍討伐西魏。其進攻部署是：司徒高敖曹率軍由武關進入上洛（今陝西省商縣），大都督竇泰率軍趨潼關，高歡自率主力由蒲阪渡河向渭北。三路軍共約十餘萬人，均以長安為最後攻擊目標。

西魏大統三年、東魏天平四年（五三七年）正月，高歡在蒲阪建造三座浮橋，以示欲渡河之勢。這時，宇文泰率西魏軍屯於廣陽（今陝西省臨潼縣北），得悉高歡將分三路來攻，對諸將說：

「高歡攻我三面，卻在蒲阪作浮橋以示將渡，是企圖牽制誘惑於我，使竇泰得以從潼關西入。高歡自起兵以來，竇泰常為其前鋒，該部多銳卒，屢勝而驕，今襲之必克。而一旦擊敗竇泰，高歡將不戰而退。」諸將都說：「高歡就在眼前，捨近襲遠，倘有蹉跌，將後悔不及，不如分兵抵禦。」宇文泰認為很快即可擊破竇泰，聲言將退保隴右，潛軍疾出潼關。竇泰未料到宇文泰軍猝至，欲自風陵渡北渡，向高歡靠攏。宇文泰分兵截擊，盡殲竇泰軍。當竇泰被擊時，高歡欲自風陵渡赴救，但因黃河冰薄不得渡過，及聞竇泰軍被殲，祇好撤退。這時，高敖曹不知道高歡已撤，仍在猛攻上洛。西魏洛州刺史泉企堅守城池，終因寡不敵眾，被高敖曹襲陷。高敖曹欲乘勝進據藍田關，高歡命其班師，上洛又被西魏奪回。

此次戰後，宇文泰拔取恆農（今河南省陝縣），並分兵攻克河北邵郡（今山西省垣曲縣）、正平（今山西省新絳縣西南）二郡，有準備進攻洛陽之勢。柔然亦乘機出兵，侵襲東魏三堆（今山西省崞縣），被高歡擊卻。

這年九月，高歡聽說關中飢饉，命高敖曹與司空侯景、御史中尉劉貴、豫州刺史堯雄、冀州刺史万俟洛、行台任祥陳兵虎牢，準備再次西伐。閏九月，高歡又率軍二十萬，自壺口（今山西省吉縣西）前往蒲阪，命高敖曹率軍三萬攻取恆農，然後進奪潼關。宇文泰決定與高歡在渭北決戰，一面命華州刺史王羆在馮翊（今陝西省大荔縣）固守，以切斷高歡歸路，一面向各州郡征發兵員。高歡渡河至馮翊城下，因感到該城難以拔下，揮軍涉洛水抵達許原（今陝西省富平縣東）以西。宇文泰欲自渭南進擊，諸將認為眾寡不敵，請待高歡再往西進時出擊。宇文泰說：「高歡若至長安，人心必然大亂。今乘其遠來剛到，應立即迎擊。」於是，宇文泰命將士只帶三日軍糧，渡過渭水，前往沙苑（今陝西省高陵縣），距高歡軍僅有六十里。高歡見宇文泰親自率軍前來，列陣準備決戰。宇文泰採納部下李弼之策，背靠渭水東西佈陣。高歡軍見西魏軍兵少，爭相進擊，行列大亂。宇文泰下令迎擊，同時派李弼率騎兵橫擊高歡軍，斬殺無數。高歡鳴金收兵，準備明日再戰，但見眾心離散，不可再戰，連夜渡河東撤。此役，高歡損失甲士八萬人，而且皆為精銳。高敖曹得知高歡兵敗，亦解恆農之圍，返回洛陽。

宇文泰在渭水會戰獲得大勝之後，立即兵分三路自東進擊，命行台宮景壽等直趨洛陽，洛州刺史李顯前往三荊，賀拔勝、李弼進攻蒲阪。宮景壽軍在進向洛陽途中，被東魏大都督韓賢擊潰。宇文泰又遣行台元季海與獨孤信，率步騎二萬前往洛陽。獨孤信行至新安，高敖曹渡河北遁，東魏洛州刺史元湛逃往鄴城，獨孤信遂佔領金墉。此時，東魏潁川（今河南省長葛縣）長史賀若統投降西魏，賀拔勝派部將梁回入據潁川。東魏陳留守將鄭偉、大司馬從事中郎崔彥穆，亦皆叛歸西魏，使宇文泰不戰即獲滎陽、魯山、開封等地。

賀拔勝與李弼兵圍蒲阪，東魏蒲阪守將薛崇禮為其族弟薛善所殺，致使蒲阪落入西魏之手。宇文泰聞訊，親自趕至蒲阪，乘勢進略汾、絳諸郡。十一月，高歡開始在河南發動反擊，命行台任祥率堯雄、趙育部進攻穎川。宇文泰派大都宇文貴、樂陵公元怡峰率騎兵往救，在穎川背城為陣，擊敗堯雄部，擊降趙育部。宇文貴與元怡峰乘勝進逼任祥，重創任祥於宛陵（今河南省新鄭縣），並擊降其另一部於陽州（今河南省宜陽縣）。至此，高歡的第一次反擊失敗，西魏幾乎盡奪東魏河南之地。

十二月，高歡派陽州刺史段粲襲擊潼關，欲斷西魏軍之後，西魏行台楊白駒，在潼關以北的蓼塢迎擊段粲失利，退守潼關。西魏派往三荊方向的郭鸞軍，與東魏東荊州刺史慕容儼對峙二百餘日，終於被慕容儼襲敗。次年（西魏大統四年，東魏天象元年，五三八年）春天，高歡再度大舉反擊，派大都督賀拔仁擊降西魏南汾州（今山西省吉縣）刺史韋子粲，派大行台侯景進屯虎牢，以求恢復河南諸州。當侯景出虎牢向東南展開攻擊時，西魏將領梁回、韋孝寬、趙繼宗等，相繼放棄潁川、汝南西走。侯景攻廣州（今河南省襄城縣）未拔，西魏將領程華、王征蠻等進救廣州，侯景擒程華，斬王征蠻，進陷廣州。至此，高歡已克復南汾、穎、豫、廣四州之地。三月，宇文泰因河南戰局不利，自河東返回長安，欲傾關中之軍東出，與高歡決戰。七月，侯景自廣州北進，高敖曹亦自河內渡河南下，會攻洛陽，圍獨孤信於金墉（今洛陽市西北），高歡自晉陽率大軍繼後。獨孤信告急於宇文泰，宇文泰留尚書左僕射周惠達輔佐太子元欽守長安，與西魏文帝傾關中之兵東救洛陽，以李弼和達奚武為前鋒急進。八月，宇文泰至谷城（今洛陽市西北），侯景在此嚴陣以待。侯景部將莫多婁貸文，請率所部迎擊西魏軍前鋒，侯景未允。莫多婁貸文擅自出戰，在孝水（今洛陽市西）被殲。宇文泰軍進至瀍東（今洛陽市東），繞出侯景之後，侯景急忙撤軍。次日，宇文泰捨大軍在後，率輕騎追擊侯景至河上。侯景北據河橋，南依邙山迎戰，宇文泰身中流矢，軍遂大潰。次日，宇文泰命獨孤信、李遠居右，趙貴、元怡峰居左，自率王思政、蔡祐、長孫子彥等，與西魏文帝居中，以李虎、念賢為後軍，向侯景大舉進擊。雙方鏖戰一日，西魏左、右兩軍均告失利，獨孤信、趙貴與後軍李虎等，各棄軍逃回長安，只有中軍大破東魏中軍，並迫使整個東魏軍北退。宇文泰窮追不捨，又擊滅高敖曹部。宇文泰雖獲大勝，因其左、右、後三軍已去，而高歡又自晉陽率七千騎兵抵達黃河北岸，便留長孫子彥守金墉，與西魏文帝返回關中。高歡渡河追擊，王思政與蔡祐拒戰於崤山（今河南省洛寧縣北），幾乎全軍覆沒。高歡見宇文泰遠去，轉攻金墉城，長孫子彥焚城西走。高歡留兵扼守金墉，自率主力返回晉陽。

李虎等先期退至長安，見關中留守的兵少，以前所俘的東魏士卒得知西魏兵敗，皆謀作戰，便奉太子元欽出屯渭北。東魏降將趙青雀和于伏德，果然反叛，趙青雀並與西魏太保梁景睿通謀，佔據長安子城，于伏德佔據咸陽，阻遏宇文泰和西魏文帝西還。宇文泰和西魏文帝至閿鄉，聽說關中大亂，入潼關至華州（今陝西省華縣），命華州刺史宇文導率軍，向咸陽進擊，自率大軍向長安進擊。宇文導攻破咸陽，擒斬于伏德等，又南渡渭水，與宇文泰會攻趙青雀，將其擒斬。九月，西魏文帝回到長安，宇文泰屯華州。十二月，宇文泰再遣部將是雲寶進襲洛陽，東魏洛州刺史王元軌棄城逃走。西魏將領趙剛，亦乘機襲拔廣州。於是此後，自襄城以西的大片土地，又為西魏所有。

西魏大統八年、東魏興和四年（五四二年）八月，高歡自晉陽南下汾絳，欲自河東入關。宇文泰命王思政在玉壁（今山西省稷山縣西南）斷其後路，又使太子元欽鎮守蒲阪，自率大軍出蒲阪至皂莢（今山西省永濟縣境）拒敵。十月，高歡圍攻玉壁，後因大風雪撤圍。次年二月，東魏虎牢守將高仲密投降西魏，宇文泰親率諸軍東出接應。三月，西魏前鋒李遠進抵洛陽，王謹攻拔柏谷（今河南省偃師縣東南）。但當宇文泰圍攻河橋南城時，高歡已率軍十萬，來到黃河北岸，宇文泰一面退軍，一面縱火焚燒河橋。高歡搶先渡河，據邙山設陣。宇文泰乃留其輜重於瀍西，夜登邙山襲擊高歡，不料被東魏驍將彭樂率數千騎兵衝其側翼，而且攻入宇文泰所在的營地，西魏軍只好敗走。高歡乘勝追擊，殲滅西魏軍三萬餘人。次日，宇文泰整軍再戰，大破高歡，迫使高歡逃遁。然後，宇文泰亦率軍退回關中。

此次戰後，高歡著重整治東魏內政，國力漸復。後來，高歡又曾於東魏武定四年、西魏大統十二年（五四六年）討伐西魏，無功而還。次年，高歡病死，其子高澄統攝東魏朝政。宇文泰在西魏，亦謀求富國強兵。

侯景亂梁之戰

侯景亂梁之戰，發生在梁太清二年（五四八年）八月至梁承聖元年（五五二年）正月，前後歷時三年零七個月。

東魏武定五年（五四七年）正月，高歡死後，部將侯景不願接受高歡的兒子高澄的轄制，據穎川（今河南省長葛縣西）反叛，投降梁朝。梁武帝蕭衍封侯景為大將軍、河南王，派兵北上前去接應。五月，高澄率數萬東魏軍討伐侯景，侯景見遠水解不了近渴，以割東豫（今河南省息縣）、北荊州（今河南省嵩縣）、魯陽（今河南省魯山縣）、長社（今河南省長葛縣西）四城作為條件，請西魏出兵援救。宇文泰命荊州刺史王思政，自恆農率步騎萬餘前去穎川，並加封侯景為大將軍兼尚書令。侯景求救於西魏後，深恐見責於梁，向梁武帝上表訴說苦衷。蕭衍表示諒解。在東魏軍撤退之後，侯景遂與宇文泰決裂，又宣佈歸附梁朝，被梁武帝派駐壽陽（今安徽省壽縣）。

梁太清二年（五四八年）八月，梁臨賀王蕭正德因貪暴不法，屢次遭到梁武帝申斥，蕭正德於是心懷憤恨，等待國家有變。侯景聞知，派人與其勾結，而且舉兵自壽陽進攻馬頭（今安徽省懷遠縣東南）。梁武帝聞訊大怒，立即派兵前去討伐。九月，侯景見梁軍來討，留部將王顯貴守壽陽，揚言要進攻合肥，實際上卻襲擊譙州（今安徽省全椒縣）。十月，侯景又攻破歷陽。歷陽太守莊鐵，對侯景說：「國家承平歲久，人不習戰，聽說將軍舉兵內向，必然震駭，應乘機速往建康，可成大功。若使朝廷做好準備，遣弱兵千人控扼采石，將軍雖有精甲百萬，也將無可奈何。」侯景於是留部將田英、郭駱守歷陽，以莊鐵為前導，引兵臨江。梁武帝向尚書羊侃詢問討侯景之策，羊侃請率二千人急據采石，請另派一軍襲取歷陽，進而使侯景前進受阻，退失巢穴。梁武帝認為侯景未必真有渡江之志，沒有採納羊侃的建議。十月二十一日，梁武帝命蕭正德為平北將軍，屯守丹楊郡。蕭正德派大船數十艘，詐稱載運蘆荻，秘密接濟侯景軍輜重。侯景將要渡江，因顧慮寧遠將軍王質的水軍予以阻擊，派間諜打探消息。這時，臨川太守陳昕，亦認為采石須重兵鎮守，王質的水軍力量輕弱，恐不濟事，主動向梁武帝請求前往采石。梁武帝同意，命王質與陳昕換防。侯景派出的間諜，打探到這個消息，回報侯景。侯景遂於二十二日率軍八千，自横江（今安徽省和縣西南）渡江，搶佔采石，擒獲趕來換防的陳昕。然後，侯景分兵襲擊姑孰（今安徽省當塗縣），擒獲淮南太守蕭寧，致使建康為之震動。梁武帝倉皇部署建康的防禦，甚至赦免囚徒，以充軍需。

十月二十五日，侯景乘勝進至建康，攻城未克，因恐援軍四集，放縱士卒大肆掠奪。梁荊州刺史湘東王蕭繹，派人送信給湘州刺史河東王蕭譽、雍州刺史岳陽王蕭詧、江州刺史當陽公蕭大心、郢州刺史南平王蕭恪等，約定共同入援建康。十一月十三日，蕭繹兵發江陵。在他以前，邵陵王蕭綸已自京口（今江蘇省鎮江市），率步騎三萬西上。侯景遣軍至江乘（今江蘇省句容縣北）拒之，蕭綸繞至蔣山（即鍾山），侯景大懼，一面準備船隻企圖逃走，一面分兵三路迎戰蕭綸。蕭綸擊敗侯景，迫使其退往覆舟山北。但在玄武湖畔戰役中，蕭綸卻受挫，敗逃朱方（今江蘇省丹徒縣東南）。侯景於是繼續圍攻建康。十一月底，鄱陽王蕭範與西豫州（今安徽省懷寧縣）刺史裴之高、建安（今湖北省麻城縣）太守趙鳳舉率軍入援，駐於蔡洲（今江蘇省江寧縣西南江中），等待上游諸軍。北徐州刺史蕭正表則投降侯景，在歐陽（今江蘇省儀征縣）江中立柵，阻遏江陵方面的援軍。十二月，正當侯景攻城益急之際，湘東王蕭繹派其子蕭方率步騎一萬入援建康，又派竟陵太守王僧辯率舟師出漢川東下。侯景見建康久攻不下，發動火攻，並引玄武湖水灌城。

這時，前來入援的衡州刺史韋粲、江州刺史蕭大心、司州刺史柳仲禮、西豫州刺史裴之高及宣猛將軍李孝欽、前司州刺史羊鴉仁、南陵太守陳文徹等，會師於新林王游苑（今江寧縣西南），合兵十餘萬，共推柳仲禮為大都督。侯景派步騎萬人前來挑戰，柳仲禮因諸軍新到，堅壁不出。幾天後，柳仲禮聽說蕭繹已親率三萬銳卒自江陵出發，部署諸軍迎擊侯景。次年正月，侯景大破韋粲於青塘，柳仲禮往救，將侯景擊卻，雙方遂隔秦淮河對峙。正月二十七日，東揚州刺史蕭大連、新淦公蕭大成、永安侯蕭確、高州刺史李遷仕、天門太守樊文皎及王僧辯、羊鴉仁、柳敬禮（柳仲禮弟）之軍渡過秦淮河，迫使侯景軍後退。李遷仕與樊文皎率銳卒五千，獨進深入，被侯景部將宋子仙的伏兵擊破。這時，由於柳仲禮忘乎所以，淩侮來援諸將，致使來援諸將無有戰心，各自思歸。

二月，建康城在久困之下，已然糧盡，侯景軍亦感乏食。侯景聽從王偉之計，一面偽裝求和，一面派軍去各地運米。梁朝太子蕭綱，請梁武帝允許侯景求和。梁武帝大怒，認為「和不如死」。蕭綱又說：「侯景圍逼已久，援軍無奈其何，應當暫且許和，以後再說。」梁武帝終於應允求和。侯景要求割江右四州（南豫、西豫、合州、光州）之地給他，並要求將宣城王蕭大器送來作為人質，然後才肯渡江北去。梁武帝因正準備將帝位傳給蕭大器，派石城公蕭大款為質，又命來援諸軍不得再戰，委任侯景為大丞相都督江西四州軍事。侯景又奏請梁武帝說，請諸軍退往秦淮河南岸，不然妨臣渡江。梁武帝亦遂其願。五月，侯景已解決軍糧補充問題，立刻反悔，加緊攻城。梁武帝仍一心指望外援，但此刻援軍有的離去，尚未離去的，也不再出戰，建康遂陷。侯景進入建康後，逼死梁武帝，立太子蕭綱為帝，是為簡文帝。

這年六月，西江督護陳霸先起兵討伐侯景。侯景派人去拉攏廣州刺史元景仲，請其襲擊陳霸先。陳霸先知道後，與成州（今廣東省封川縣）刺史王懷明等集兵南海（今廣東省南海縣），主動出擊元景仲，將其殺死，而迎定州刺史蕭勃鎮廣州。同年十二月，陳霸先在奪取始興（今廣東省韶關西南）之後，不顧蕭勃的反對，率軍出大庾嶺，衝破當地守將蔡路養的阻遏，進入江西境內。

梁大寶元年（五五〇年）五月，益州刺史蕭紀（梁武帝第八子）派其子蕭圓照率兵三萬，受湘東王蕭繹節度，屯兵白帝（今四川省奉節縣東），準備討伐侯景。這時，侯景乘江州刺史蕭大心與鄱陽王蕭范正在相互攻伐，派部將任約、于慶等進攻江州豫章（今江西省南昌市）。任約、于慶在奪佔豫章後，分兵而進，于慶向新淦，任約向郢州。陳霸先聞訊，沿贛江順流而下，與巴山（今江西省崇仁縣）太守賀翔合兵，擊敗于慶。任約則進擊邵陵王蕭綸，予其重創。正當蕭綸重整兵力準備大舉反擊之際，其弟蕭繹竟派王僧辯率軍襲其後方，蕭綸不願骨肉相殘，前往齊昌（今湖北省蘄春縣）暫避，王僧辯遂佔據郢州。任約進擊西陽（今湖北省黃岡縣東）、武昌（今湖北省鄂城縣），蕭繹遣軍拒之，任約連破西陽、武昌，又襲破蕭綸於齊昌。侯景聞訊大喜，在建康自封為相國和漢王。十一月，益州刺史蕭紀，欲親自率軍東討侯景，蕭繹不願讓蕭紀插手與侯景的作戰，將其勸阻。這月下旬，蕭繹命秦州刺史徐文盛率軍數萬，與任約戰於貝磯（今黃岡縣西），大敗任約，並進軍大舉口（今黃岡縣東）。侯景見任約受挫，又派宋子仙等率兵二萬，西援任約。

梁大寶二年（五五一年）正月，新吳（今江西省奉新縣）太守余孝頃舉兵聲討侯景，侯景命于慶攻之。與此同時，蕭繹派護軍將軍尹悅、安東將軍杜幼安、巴州刺史王珣等率軍二萬，自江夏趨武昌，受徐文盛節度，進擊任約。二月，企圖渾水摸魚的高州刺史李遷仕，擊破陳霸先部將杜僧明，廣州刺史蕭勃派兵援助陳霸先，擊斬李遷仕。蕭繹遂以陳霸先為江州刺史，命其進兵取之，並策應徐文盛等，對任約的作戰。三月，徐文盛等攻克武昌，任約向侯景告急。侯景留尚書左僕射王偉守建康，親自率軍西上，並攜太子蕭大器同行，作為人質。這時，任約已分兵襲破定州（今湖北省麻城縣），斬定州刺史田龍祖於齊安（今黄岡縣西北）。這年閏三月，侯景至西陽，與徐文盛等夾江對峙。四月，侯景聽說江夏空虛，命宋子仙和任約率輕騎，由淮內（今黄岡縣）過江，襲陷郢州，接著又進兵江夏，迫使徐文盛諸軍奔潰，逼降王珣、杜幼安。蕭繹改派王僧辯為大都督，統率諸軍迎擊侯景，同時向西魏求援，許割漢中之地給西魏。侯景因為已克江夏，乘勝西進，分遣宋子仙前往巴陵（今湖南省岳陽市），任約前往江陵（今湖北省江陵縣），自率大軍繼宋子仙之後。侯景由隱磯（今湖北省通城縣江濱）抵達巴陵後，向王僧辯發動猛攻，未能破城。蕭繹派天門太守胡僧祐，率水軍入援巴陵，與信州刺史陸法和在赤沙亭（今湖南省華容縣南）會師，擒獲任約。侯景聞知，留宋子仙等分守郢州、魯山（今湖北省漢陽縣）、晉州（今安徽省懷寧縣）、江州（今江西省九江市），自率大軍順流東歸。當侯景撤至蕪湖附近時，曾遭到豫州刺史荀朗的截擊，好不容易才衝出重圍，返抵建康。與此同時，侯景部將于慶進攻鄱陽（今江西省波陽縣）受挫，亦被迫撤兵。

蕭繹在取得巴陵之戰的勝利後，繼續引兵東下，同時命陸法和扼守巫峽之口，以防蕭紀東出。

六月十八日，王僧辯進抵魯山、郢州，擒斬宋子仙等，陳霸先亦兵發南康（今江西省贛縣西南），進屯西昌（今江西省泰和縣）。七月，王僧辯進向湓城（今江西省九江市西），陳霸先率所部三萬人屯於巴丘（今江西省峽江縣北），準備與其會合。八月初，王僧辯的前鋒襲擊據守郭默城（今九江市東北）的于慶，于慶與尋陽（今九江市）守將范希榮棄城東走。蕭繹命王僧辯屯兵尋陽，等待援軍的到來。

侯景自巴陵敗還建康後，見自己的猛將大多戰死，深恐不能久存，急欲早登大位，於是廢黜簡文帝，暫迎豫章王蕭棟為帝，接著又酖殺簡文帝，逼蕭棟禪位於己，自稱漢帝。次年（梁承聖元年，五五二年）正月，蕭繹命王僧辯率諸軍從尋陽出發。陳霸先亦率甲士三萬、舟船二千，從南江（今贛江）北上，與王僧辯會師於白茅灣（今安徽省懷寧縣東）。王僧辯軍襲破南陵（今安徽省繁昌縣西）、鵲頭（今安徽省銅陵縣）二地，進至大雷（今安徽省望江縣）。侯景急命侯子鑑率水師拒之。侯子鑑在戰烏（今繁昌縣北）與王僧辯和陳霸先遭遇，敗奔淮南（今安徽省當塗縣）。王僧辯和陳霸先順利抵達蕪湖，逼迫該城守將張黑棄城而走。侯子鑑據姑孰南洲（今當塗縣江中），組織抵抗，侯景派兵二千前去助守。三月，侯景一面表示將親至姑孰，一面告誡侯子鑑：「西兵（王僧辯、陳霸先軍）善於水戰，勿與爭鋒，往年任約之敗，即由於此。你應當結營岸上，引船入浦。」侯子鑑於是捨舟登岸，閉營不出。王僧辯進至姑孰，一舉將侯子鑑部擊破，並進而攻陷歷陽（今安徽省和縣）。三月十三日，王僧辯督諸軍兵臨建康，侯景力不能敵，倉皇逃奔朱方。王僧辨命侯瑱追擊侯景。這時，侯景被其內兄羊侃鵾殺死，屍體送往建康。南兗州（今江蘇省揚州市）刺史郭元建、秦郡（今江蘇省六合縣）守將郭正買、陽平（今江蘇省淮安市）守將魯伯和、南徐州

（今江蘇省丹徒縣）守將郭子仲，皆據城投降王僧辯。侯景亂梁之戰，至此結束。

梁承聖元年（五五二年）四月，益州刺史蕭紀在成都稱帝，湘東王蕭繹也於十一月即帝位於江陵，是為孝元帝。這時，廣州刺史蕭勃、岳陽王蕭詧也據地稱雄。蕭繹遂以嶺南與蕭勃為界，以武寧（今湖北省荊門縣北）與蕭詧為界，以硤口（今四川省巫山縣東）與蕭紀為界，梁朝從此一分為四。梁太平二年（五五七年），陳霸先終於篡梁為陳。而北朝方面，繼高洋篡東魏建立北齊後，西魏也在陳霸先篡梁的同年，為宇文泰之子宇文覺所篡，改國號為北周。

北周滅北齊之戰

北周滅北齊之戰，起於北周保定三年，北齊河清二年（五六三年）九月，迄於北周建德六年、北齊承光元年（五七七年）正月，前後歷時十三年零四個月。

自梁太平二年、西魏恭帝四年（五七七年）宇文覺篡西魏為北周和陳霸先篡梁為陳，原來北齊、西魏、南梁三分的局面，一變而為北齊、北周、南陳鼎立之勢。其中，北周和北齊，早在東、西魏分立時期，宇文泰與高歡便屢相攻伐不已、雙方曾大戰於潼關、渭曲、邙山等地。後因梁朝有侯景之亂，雙方遂皆轉移目標，乘機侵掠梁地，企圖瓜分梁朝。及陳霸先篡梁為陳，先敗齊軍於建康，再敗周軍於巴陵，兩國南侵之勢受挫，又轉為彼此相攻。

北周保定三年、北齊河清二年（五六三年），北周武帝宇文邕與突厥木杆可汗聯姻，商定共同討伐北齊。北齊武成帝高湛聞知甚懼，亦遣使向突厥求婚，並送去大批財物。木杆可汗貪圖北齊的財物，暗中與北齊修好。宇文邕派人責其背信忘義，木杆可汗深感慚愧，終於答應與北周聯兵。宇文邕見爭取突厥之助已告成功，於同年九月下旬出兵討伐北齊，命上柱國楊忠率步騎一萬，與突厥自北道南下，又派大將軍達奚武率步騎三萬，自南道向平陽（今山西臨汾市）進擊，兩路約定在北齊的晉陽（今山西省太原市）會師。至十二月上旬，楊忠攻拔北齊二十餘城，並佔領北齊東陘（今山西省代縣南雁門關東口）、西陘（今代縣西北雁門關西口）兩處要隘。與此同時，突厥木杆可汗率騎兵十萬，自恒州（今山西省大同市東）分三股南下。高湛為抗禦北周和突厥聯軍的進擊，自鄴城（今河北省臨漳縣）兼程趕赴晉陽，命司空斛律光率步騎三萬屯守平陽，以防達奚武來攻。十二月二十九日，楊忠軍與突厥軍逼近晉陽，高湛畏其兵勢，卻東走避之。趙郡王高叡、河間王高孝琬叩馬而諫，高湛於是命六軍皆受高叡節度。次年正月初一，高湛登上晉陽北城，檢閱齊軍陣容。突厥木杆可汗見後，責備楊忠：「你說齊國內亂，所以我才來這裡。不料齊人如此威武，怎麼打得過呢？」楊忠見突厥戰志動搖，便命周軍步卒為前鋒，騎兵繼後，衝向晉陽城。齊軍以精銳迎擊，突厥軍倉皇撤退，楊忠亦大敗而還。這時，達奚武已至平陽，聽說楊忠兵敗，引兵撤退。斛律光乘勢追入北周境內，俘掠北周三千餘人。

同年六月，北周與突厥又來討伐北齊，侵入北齊的幽州，至九月大掠而還。高湛為改善與北周的關係，曾派人將住在晉陽的北周權臣宇文護的母親和姑姑，送往長安。不久，突厥在塞北集合兵力，遣使告訴北周，約定再次聯合出兵。宇文護感念高湛送母之恩，不想再討伐北齊，但恐得罪突厥，更生邊患，不得已才東出潼關。十月，北周上柱國尉遲迥率精兵十萬趨向洛陽，大將軍權景宣率荊襄之兵前往懸瓠（今河南省汝陽縣），少師楊檦出軹關（今河南省濟源縣西）。十一月，宇文護進屯弘農（今河南省陝縣），尉遲迥兵圍洛陽，雍州牧宇文憲與同州刺史達奚武、涇州總管王雄等，屯軍邙山。楊檦自恃以往北齊作戰未曾失利，出朝關後輕兵深入，結果被北齊太尉婁叡襲破，只好投降北齊。權景宣則逼降駐守懸瓠的北齊豫州刺史王瓌、永州刺史蕭世怡。尉遲迥圍攻洛陽未克，宇文護分兵切斷河陽（今河南省孟縣）的交通，以阻遏北齊救兵。高湛見洛陽危急，派大將軍斛律光、蘭陵王高長恭援救，二將畏懼周軍兵力強盛，行至洛陽外圍，就不敢再前進。高湛無奈，決定與并州都督段韶一起，自晉陽南下，親自去解救洛陽。段韶先趕到洛陽，登上北邙山觀察周軍形勢，然後以所部為左軍，以高長恭部為中軍，以斛律光部為右軍，向周軍發動攻擊。在齊軍的內外左右夾擊下，周軍自邙山至谷水（今洛陽市西南）三十里戰線，頓告崩潰，達奚武、宇文憲、王雄等被迫撤軍。權景宣聽說洛陽兵敗，亦放棄懸瓠北走。

北周天和四年、北齊天統五年（五六九年）九月，北周武帝宇文邕，命宇文憲與上柱國李穆進取宜陽（今河南省宜陽縣）。北齊太傅斛律光率步騎三萬往救，屢破周軍，但因怕北周勛州刺史韋孝寬自玉壁進圖平陽，在加強宜陽守禦後北歸。斛律光走後，周軍又來圍攻宜陽。韋孝寬聞知斛律光救宜陽而復還平陽，恐其自汾水以北發動攻勢，欲在華谷（今山西省稷山縣西北）、長秋（今山西省新絳縣西北）築城以備、宇文護未予批准。十二月，斛律光果然自平陽進抵汾北，築華谷、龍門（今山西省河津縣西）二城，與韋孝寬對陣相見，並進圍定陽（今山西省吉縣）。宇文憲聞訊，立即解宜陽之圍，馳救汾北，宇文護亦出屯同州，與之呼應。次年正月，斛律光已略取汾北之地五百里，築十三城於西境。韋孝寬自玉壁發動攻擊，為斛律光所敗。三月，宇文憲自龍門渡河，攻拔北齊新築的五座城寨，迫使斛律光退守華谷。北齊太宰段韶、蘭陵王高長恭從伊洛出兵，進攻柏谷城（今河南省宜陽縣南），以牽制汾北的周軍。四月，周將宇文純攻拔宜陽等九城，斛律光率步騎五萬救之。六月，宇文護命參軍郭榮增援宇文憲，被段韶襲破，齊軍遂包圍定陽城。北周汾州刺史楊敷固守相拒，段韶急攻未下，便讓高長恭選精兵千餘，埋伏在定陽城東南澗口，以防楊敷突圍出走。不久，楊敷因城中糧盡，宇文憲救兵又未至，於夜間突圍，被高長恭的伏兵擊擒，盡俘其眾。

此次戰後，北周太師、大塚宰宇文護，雖然在晉陽、洛陽、汾北一再辱師敗蹟，仍企圖專制軍權，北周武帝宇文邕將其殺死。北齊武成帝高湛和太宰段韶，此時相繼去世，後主高緯年幼，奸佞之徒乘機紊亂朝政，殺死左丞相斛律光。北周建德元年、北齊武平三年（五七二年）八月，宇文邕乘斛律光被殺後北齊內亂，與江南的陳宣帝合謀，共同討伐北齊。陳軍首先向淮水南北發動進攻，連奪大峴（今安徽省含山縣東北）、瓦梁（今江蘇省六合縣）、陽平（今江蘇省寶應縣）、廬江（今安徽省霍山縣），歷陽（今安徽省和縣）及合肥等地。北齊淮水南北各州郡守將聞訊，皆或降或走。次年七月，陳軍又攻克淮南重鎮壽陽。陳太建七年（五七五年）閏九月，陳軍佔領彭城（今江蘇省銅山縣東南），一舉殲滅齊軍數萬人。陳攻北齊之戰，方告結束。

北周建德四年、北齊武平六年（五七五年）二月，宇文邕見陳軍已取得北齊淮水南北之地，在邊境集結重兵，準備東出。北齊聞知，亦增築守禦。這年七月，宇文邕發兵十八萬人，分數路進攻北齊。宇文邕親自率兵六萬，直趨河陽（今河南省孟津縣東），一舉將其攻拔。宇文憲攻拔武濟（今孟津縣），進圍洛口（今河南省鞏縣東北洛水入黃河之口），與于翼、李穆又連拔北齊三十餘城。北齊洛州刺史獨孤永業扼守金墉，宇文邕攻之未克。九月，北齊右丞相高阿那肱，自晉陽率軍南援洛陽，兵臨河陽（今河南省孟縣）。這時，宇文邕忽然患病，乃盡棄所拔之城，僅留韓正控守王藥城（今河南省濟源縣境），以掩護其撤軍。宇文邕之所以如此匆忙撤軍，除了恐遭齊軍主力挫敗之外，亦顧慮到西方的吐谷渾襲其後方。

北周建德五年、北齊隆化元年（五七六年）十月，宇文邕採納部下所　之策，親率諸軍至汾曲（今山西省臨汾市南），然後命宇文憲進守雀鼠谷（今山西省介休縣西南），宇文純進守千里徑

（今山西省霍縣東），宇文盛進守汾水關（今山西省靈石縣西南），達奚震進守統軍川（今山西省石樓縣西），以阻遏晉陽的齊軍南下；命韓朝前往齊子關（今山西省垣曲縣東），尹升前往鼓鍾（今垣曲縣北），以阻遏河內的齊軍北上；另派辛韶扼守蒲津關（今山西省永濟縣西），以保證後方的完全；而命宇文招自華谷（今山西省稷山縣西北）攻北齊汾水以西諸城，王誼攻平陽（今山西省臨汾市）。北齊後主高緯聞訊，集兵晉陽，並親率諸軍，南下救援平陽。宇文邕趕赴平陽督戰攻城，乘高緯尚未抵達，一舉將其擊降。這時，宇文憲已攻拔洪洞（今山西省洪洞縣）、永安（今山西省霍縣）二城，本擬繼續進取，但由於齊軍焚橋守險，不得前進，只好暫屯永安，而使別將宇文椿進屯雞栖原（今霍縣東北）。高緯察覺宇文邕的意圖，分軍向千里徑、汾水關猛撲，自率主力前往雞栖原。宇文盛在汾水關告急，宇文憲往援，擊破來犯的齊軍。接著，宇文椿亦告齊軍來逼，宇文憲又趕赴雞栖原救援，後奉宇文邕之命引兵退去。高緯由雞栖原至平陽，宇文邕見齊軍兵勢甚盛，欲西還以避其鋒。北周諸將皆認為不可撤軍，宇文邕權衡利弊得失後，仍堅持撤軍。齊軍追擊西撤的周軍，負責後衛掩護的宇文憲發動反擊，將其擊退。宇文邕命宇文憲，率軍六萬屯於涑川（今山西省聞喜縣），遙為平陽聲援，並留諸軍於河東，自率主力返回長安。周軍退走後，齊軍包圍平陽，晝夜攻城。平陽守將梁士彥督軍奮力抵抗，給齊軍以重大殺傷。

宇文邕返回長安後，才深感不應撤軍，於是又出長安，於十二月初抵達涑川。宇文邕命宇文憲，率所部六萬人先向平陽，自率主力後繼。而當齊軍圍攻平陽時，因怕周軍猝至增援，在城南穿塹越嶺，經喬山（平陽城西）至於汾水，大軍皆在塹北列陣。宇文邕命宇文憲越塹攻擊，齊軍奮力抵抗，雙方對峙不下。北齊右丞相高阿那肱，向高緯建議退守高梁橋（今臨汾市東北），遭到諸將一致反對。高緯則不願守塹示弱，命填塹南進。宇文邕見齊軍填塹來戰，督軍迎擊。高緯因其東側翼之軍稍向後退，慌了手腳，揮師向高梁橋方向轉移。周軍乘勢猛攻，齊軍大潰，損兵一萬餘人。高緯退至高壁（今山西省靈石縣東南），留高阿那肱率一萬人在此堅守，自還晉陽。

十二月七日，宇文邕進入平陽城，見將士疲憊，又欲引兵西還。梁士彥叩馬諫道：「今齊軍遁散，乘其混亂而攻之，必成大功。」宇文邕拉著他的手說：「我得到平陽，便得到平齊的基地，若不固守，則大事難成，請你在此為我守禦。」然後，宇文邕親率諸軍追趕齊軍。高緯在晉陽不敢久駐，留安德王高延宗、廣寧王高孝珩守晉陽，自己向北朔州（今山西省朔縣）撤退。宇文憲猛攻高緯，高阿那肱望風而逃。十二月十二日，宇文邕與宇文憲在介休（今山西省介休縣）會師，逼降北齊守將韓建業，接著向晉陽和北朔州急進。高緯欲奔突厥，後逃歸鄴城。晉陽齊軍憤恨高緯誤國，一致擁戴安德王高延宗即皇帝位，同時向突厥請援。高緯聞知，對近臣說：「我寧使宇文邕得到晉陽，也不能使安德王得到。」高延宗統率晉陽齊軍，抗擊宇文邕的進攻，終因寡不敵眾城陷。北齊洛州刺史獨狐永業。聽說晉陽陷落，向宇文邕請降。

高緯退至鄴城，北齊上下，已然離心離德，皆無戰心。同月下旬，宇文邕率諸軍自晉陽疾趨鄴城，北齊朝臣紛紛奔降北周。高緯深感自己威令不行，禪位於皇太子高恆。次年正月，高緯與高恆從鄴城出逃濟州（今山東省茌平縣西南）。宇文邕圍攻鄴城，破城擒獲北齊武衛大將軍慕容三藏。然後，宇文泰派兵追擊高緯和高恒，終於在南鄧（今山東省臨朐縣西南）將其擒獲，北齊至此滅亡。

北周滅北齊後，其南部邊境，已與陳朝接界，遂於北周大成元年、陳太建十一年（五七九年）

九月出兵攻陳，迭克南兗、北兗、晉、譙、北徐等五州及盱眙、山陽、陽平、馬頭、秦、歷陽、沛、北譙、南梁等九郡，致使江北之地皆歸北周。與此同時，北周對突厥也在用兵，雙方互有勝負。

楊堅討尉遲迥之戰

楊堅討尉遲迥之戰，發生在北周大象二年（五八〇年）六月至八月。

北周宣政元年（五七八年）五月，北周武帝宇文邕在北征突厥途中病死，太子宇文贇即位，是為北周宣帝。宇文贇奢淫無度，致使人心思亂。北周大象元年（五七九年）二月，宇文贇年方二十二歲，便傳位給太子宇文衍（北周靜帝），自稱天元皇帝，愈發一味驕奢淫侈。不久，宇文贇賜楊皇后自盡，又欲殺楊皇后之父大司馬楊堅。楊堅甚感恐懼，適逢宇文贇欲發兵攻陳，楊堅便通過內史上大夫鄭譯，向宇文贇請求出征。但就在楊堅即將出征的前夕，宇文贇忽然病死，朝中大臣一致推舉楊堅統領北周軍事。相州總管尉遲迥，則認為楊堅心懷異志，將不利於北周帝室，決心舉兵討伐楊堅。

北周大象二年（五八〇年）六月，楊堅得知尉遲迥在鄴城密謀起事，一面使上柱國韋孝寬往洛陽部署軍事，以防尉遲迥來攻，一面派使臣破六韓裒，前往鄴城撫慰尉遲迥，並與相州總管府長史晉昶秘密取得聯繫，命其為內應。尉遲迥察覺後，殺死晉昶和破六韓裒，對諸將說：「楊堅憑藉其曾為皇后之父的勢力，挾幼主以作威福，遲早要篡弒。我乃是先帝（宇文泰）的外甥，奉先帝之命在此守險。我現在欲與諸位糾合義勇之士，匡國庇民，大家以為如何？」諸將聽後，無不從命。尉遲迥於是自稱大總管，公開聲討楊堅。

六月十日，楊堅以韋孝寬為行軍元帥，自關中發兵前往鄴城，同時命中大夫楊尚希鎮守潼關。七月，衛、黎、洛、貝、趙、冀、瀛、滄、青、齊、膠、光、莒等州，皆舉兵響應尉遲迥，滎州（今河南省滎陽縣）刺史宇文冑、申州（今河南省信陽市南）刺史李惠、東楚州（今江蘇省宿縣東南）刺史費也利進、潼州（今安徽省泗縣）刺史曹孝遠等，各據本州自立，兗州（今山東省滋陽縣西）守將席毗羅、蘭陵（今山東省嶧縣）守將畢義緒、懷縣（今河南省武陟縣西）守將紇陵惠，皆降尉遲迥。這時，整個東方，僅沂州（今山東省臨沂縣）未服尉遲迥。尉遲迥命莒州刺史烏丸尼等將其包圍，又命席毗罷攻陷昌慮（今山東省滕縣東南）、下邑（今江蘇省碭山縣東）等地。然後，尉遲迥面向陳朝請援，同時兵分三路，大舉進攻。其進軍部署是：北路遣紇豆陵惠進攻鉅鹿（今河北省寧晉縣），進圍恆州（今河北省正定縣），入井陘趨向晉陽（今山西省太原市）；中路遣大將軍石遜進攻建州（今山西省晉城縣東北），西道行台韓長業進攻潞州（今山西省長治市），上大將軍宇文威進攻汴州（今河南省開封市北），並與宇文冑合攻東郡（今河南省滑縣），大將軍檀讓進攻曹（今山東省曹縣西北）、亳（今安徽省亳縣）二州，然後由梁郡（今河南省商丘市南）西趨洛陽；南路遣李惠自申州進攻永州（今河南省泌陽縣南），然後西入武關。

楊堅見東方形勢嚴重，命韋孝寬儘快自洛陽進屯河陽（今河南省孟縣西）。這時，尉遲迥正遣薛公禮、李雋等圍攻懷州（今河南省泌陽縣），韋孝寬派宇文述將其擊破，並進奪懷州東南的軍事要衝永橋城。但因尉遲迥有重兵在此守禦，韋孝寬沒敢攻城，引軍前往沁水，與尉遲迥隔水對峙。形勢的發展，對楊堅越來越不利，鄖州（今湖北省安陸縣）總管司馬消難奔陳，北連尉遲迥，益州

（今四川省成都市）刺史王謙，亦舉兵反抗楊堅。楊堅甚感憂慮，命韋孝寬集中兵力，一舉擊破尉遲迥部將尉遲惇部，迫使尉遲惇向鄴城奔退。

尉遲迥見尉遲惇敗歸，在鄴城親率十三萬將士，列陣於城南。尉遲迥的弟弟尉遲勤率軍五萬，自青州入援鄴城，三千騎兵已經先至。由於尉遲迥素習軍旅，頗得人心，將韋孝寬擊卻。行軍總管宇文忻，向韋孝寬建議從別道出兵，韋孝寬採納其議，遂大破尉遲迥軍，攻克鄴城。尉遲迥退保鄴城北城，韋孝寬縱兵將其包圍，尉遲迥被迫自殺。尉遲勤、尉遲惇等東走青州，被韋孝寬派兵追擒。與此同時，楊素亦斬宇文胄等人。

正當韋孝寬進兵鄴城之際，楊堅命于仲文率軍，自洛陽東進，前去剿滅檀讓。于仲文羸師挑戰佯敗，然後乘檀讓懈怠，突然還擊，大破檀讓軍，迫使檀讓退屯成武（今山東省成武縣）。于仲文轉而進攻梁郡（今河南省商丘市南），尉遲迥部將劉子寬棄城逃走。于仲文又進擊曹州（今山東省曹縣西北），擒獲尉遲迥所署刺史李仲康。在接連取得上述勝利之後，于仲文進襲檀讓於成武，一舉將成武攻拔。這時，席毗羅率軍十萬屯於沛縣（今江蘇省沛縣東），準備進攻徐州總管源雄。于仲文選精兵偽裝成尉遲迥的軍隊，襲奪席毗羅妻子所在的金鄉城（今山東省金鄉縣）。席毗羅欲奪回金鄉，于仲文設伏掩擊，席毗羅軍大潰。

陳朝既與尉遲迥勾結，又接受司馬消難來降，曾出兵進向廣陵等地。楊堅在討平尉遲迥和檀讓之後，命亳州總管元景山、南徐州刺史宇文弼迎擊陳將樊毅，予其重創。進攻廣陵的陳將陳慧紀、蕭摩訶，亦為北周吳州總管于顗擊破。

同年十月，楊堅遣梁睿討伐益州刺史王謙。梁睿率步騎二十萬，首先進攻始州（今四川省劍閣縣），王謙部將達奚惎敗潰。達奚惎派人向梁睿請降，願為內應，王謙不知此情，命達奚惎退守成都，別遣李三王等守通谷（今四川省廣元縣南）。梁睿殲滅李三王等，在龍門（今廣元縣南）又擊破王謙部將趙儼、秦會所率的十萬守軍。劍閣、平林等地守將聞訊，皆向梁睿投降。然後，梁睿命拓拔宗趨向劍閣，宇文夐趨向巴西（今四川省閬中縣西），趙達率水軍入嘉陵江，自率主力長驅疾進成都。王謙留達奚惎、乙弗虔守成都，親領精兵五萬背城佈陣。梁睿發動攻擊，王謙迎戰失利，欲返回城中，達奚惎已舉城投降。王謙倉皇逃往新都（今四川省新都縣），被梁睿派人追斬。

楊堅在不到三個月的時間裡，便將異己勢力次第討平，鞏固了他在北周的地位。北周大象二年（五八〇年）十二月，楊堅自封為相國，並進爵為王，加九錫之禮。次年二月，楊堅逼北周靜帝宇文衍禪位於己，改國號為隋，是為隋文帝。

第三章 隋代

隋征突厥之戰

隋征突厥之戰，起於隋開皇三年（五八三年）四月，迄於隋仁壽二年（六〇二年）春天，前後歷時十九年。

北周時的強鄰，北有突厥，南有陳朝，西有吐谷渾。吐谷渾對北周侵害較少，僅偶而襲擾涼州（今甘肅省武威市）及臨洮。楊堅平定尉遲迥等人作亂後，與突厥通好，準備先南下伐陳。這時，突厥分化為四個部分，分別由四位可汗統治，即沙鉢略可汗、奄邏可汗、阿波可汗與達頭可汗，其中以沙鉢略可汗的勢力最大。沙鉢略可汗見楊堅篡周後對自己禮薄，心懷怨恨，加以其妻金金公主乃北周趙王宇文昭之女，極力慫恿其為北周復仇，遂決定入侵隋朝。

隋開皇元年（五八一年）十二月，突厥前鋒開始南下，與原北齊營州（今遼寧省朝陽市）刺史高寶寧合兵，攻陷隋臨榆鎮（今河北省山海關）。隋文帝楊堅新立不久，聞訊大驚，一面發兵屯守北境，一面派奉車都尉長孫晟出使突厥，以觀突厥情勢。長孫晟在突厥逗留期間，與沙鉢略可汗的弟弟突利設暗中結盟，探得突厥山川形勢，並瞭解到沙鉢略、達頭、阿波、奄邏叔侄兄弟四人各統強兵，俱稱可汗，分居四面，可以離間。長孫晟返國後，向楊堅詳細報告上述晴況，並建議以計攻之。楊堅大喜，立即派太僕元暉出伊吾道（今新疆自治區伊吾縣）拜見達頭可汗，派長孫晟出黃龍道（今遼寧省朝陽市）約見突利設。突厥內部，果然互生疑心。

隋開皇二年（五八二年）春天，突厥四可汗在沙鉢略可汗號召下，揮其控弦之士四十萬，向隋朝北部邊境全線入侵。其進軍部署為：突利設與高寶寧，自臨榆關向平州（今河北省盧龍縣）、幽州（今北京市大興縣西南）進擊；沙鉢略可汗與奄邏可汗，分別自都斤山（今蒙古人民共和國烏里雅蘇台東）、獨洛水（今蒙古人民共和國庫倫土拉河）進入長城，向馬邑（今山西省朔縣）南侵，然後與阿波可汗合兵，轉向甘陝地區，直撲長安；阿波可汗向上郡（今陝西省鄜縣）、延安、弘化（今甘肅省慶陽縣）進擊；達頭可汗兵分二路，一路向張掖、武威、蘭州進擊，一路向天水、安定（今甘肅省涇川縣北）進擊。四月下旬，沙鉢略可汗之軍進至河北山（今內蒙古自治區包頭市西北），擊破前來迎戰的隋上柱國李充。達頭可汗之軍，亦長驅疾進，擊破隋乙弗泊（今青海省西寧市）守將馮昱和臨洮（今甘肅省臨潭縣西南）守將叱李長叉，進至雞頭山（今甘肅省平涼縣西），向武威、蘭州進擊。五月中旬，高寶寧引突厥兵進攻平州。六月中旬，隋將李充在馬邑，擊敗突厥兵一部。同月，達頭可汗進攻蘭州，被隋涼州總管賀婁子干擊敗於可洛峐（今甘肅省武威縣）。十月，楊堅因關中情勢緊急，命太子楊勇屯兵咸陽，又命虞慶則屯兵弘化，以禦突厥。沙鉢略可汗，率大軍十餘萬進至周槃（今甘肅省慶陽縣），隋行軍總管達奚長儒與之遭遇，虞慶則按兵未敢往救，達奚長儒奮力抵抗，給突厥兵以重創，所部也傷亡殆盡。沙鉢略可汗在殲滅達奚長儒軍以後，欲自木硤（今甘肅省環縣）、石門（今甘肅省固原縣）分兩路南下，但達頭可汗由於被長孫晟離間，不願再繼續南下，而引兵北撤。長孫晟又買通沙鉢略可汗侄子染干，詐告沙鉢略可汗：「鐵勒（匈奴種落）在後方造反，欲襲王庭。」沙鉢略可汗聽後大驚，立即班師出塞。

沙鉢略可汗退軍不久，旋即復擾隋邊。隋開皇三年（五八二年）四月，楊堅下詔反擊突厥，分軍八道出塞，總兵力約十餘萬。隋衛王楊爽，於四月十二日與沙鉢略可汗在白道（今山西省右玉縣北）相遇。李充對楊爽說：「我軍軍力分散，由來已久。突厥每次犯邊，諸將只顧保全實力，未肯死戰，所以突厥總是勝多敗少，因此輕視我軍。如今，沙鉢略盡發國中之兵來犯，必然愈發輕忽無備，可引精兵襲之。」楊爽於是撥給李充精騎五千，命其發動掩襲，終於大敗沙鉢略可汗。與此同時，河間王楊弘，自平涼出靈州道迎擊突厥，亦殲敵數千。幽州總管陰壽，乘機進擊高寶寧，高寶寧向突厥求救，沙鉢略可汗正遭楊爽進擊，未能赴救，高寶寧只好敗奔。陰壽懸賞高寶寧首級，高寶寧為其部將趙修羅所殺。五月，隋秦州總管竇榮定進擊涼州，與阿波可汗相拒於高越原（今甘肅省張掖、武威兩縣間）。阿波可汗見隋軍兵勢強盛，欲引軍退去。長孫晟正在竇榮定軍中為偏將，派人對阿波可汗說：「沙鉢略可汗每次征戰，皆獲大勝，你卻一敗即遁，難道不感到慚愧麼？沙鉢略可汗與你的兵勢本來差不多，沙鉢略可汗因屢勝為人所敬，你卻兵敗為國招恥，沙鉢略可汗必然問罪於你，以達到早就想吞併你的願望。你認為自己能與沙鉢略可汗抗衡嗎？」阿波可汗派人回見竇榮定，長孫晟又對來人說：「如今，達頭可汗已經與隋言和，而沙鉢略可汗卻奈何不得他。阿波可汗，為何不也依附於隋，並連結達頭可汗以求自保？否則，阿波可汗喪兵負罪，回國後必然為沙鉢略可汗戮辱。」阿波可汗，於是表示歸順隋朝。沙鉢略可汗素來忌恨阿波可汗，聽說其暗通隋朝，立即發兵來討。阿波可汗的部下，幾乎全被沙鉢略可汗奪去，他本人只好往西投奔達頭可汗。達頭可汗聞訊大怒，讓阿波可汗率軍數萬，東擊沙鉢略可汗，收回其故地和舊部。這時，奄邏可汗和沙鉢略可汗的從弟地勤察，不滿沙鉢略可汗，引兵分別歸附達頭可汗和阿波可汗。

六月，沙鉢略可汗在騰出手來之後，再次入侵幽州。隋幽州總管李崇迎戰失利，退保砂城（今北京市大興縣北），後在突圍時，被突厥兵亂箭射死。八月，楊堅派尚書左僕射高穎出寧州道，內史監虞慶則出原州道（今甘肅省固原縣），以牽制突厥在幽州方面的侵擾。不久，沙鉢略可汗因西受達頭、阿波可汗的攻擊，東畏契丹的逼迫，不想再與隋軍作戰，遣使向楊堅請求和親。楊堅立即應允，並封沙鉢略可汗之妻千金公主為大義公主，賜姓楊。這時，阿波可汗所據之地，主要在今新疆自治區東北部，號稱西突厥。次年五月，楊堅亦遣上大將軍元契出使西突厥，予以安撫。後來，沙鉢略可汗日益被逼於阿波可汗和契丹，因此遣使向楊堅告急，並請求率所部往漠南寄居白道川（今內蒙古自治區昆都侖河），以求得隋朝庇護。楊堅接受了這一請求，命晉王楊廣自晉陽出兵接應。沙鉢略可汗深為感激，上表楊堅願「永為藩附」。

隋開皇七年（五八七年），沙鉢略可汗死去，其弟處羅侯即位，是為莫何可汗。莫何可汗勇而有謀，即位不久，即擊破阿波可汗，又西擊其他鄰國。莫何可汗後中流矢死去，沙鉢略可汗之子雍虞閭繼為可汗，稱都蘭可汗。楊堅滅陳之後，得到居住在北方的突利可汗（處羅侯之子染干）的報告，說都蘭可汗企圖進攻大同城（今內蒙古自治區烏拉山以西），遂於開皇十九年（五九九年）二月，再次討伐突厥。

都蘭可汗聽說隋軍來攻，與達頭可汗結盟，合兵掩襲突利可汗，一舉將其擊破。四月，隋尚書左僕射高穎，命部將趙仲卿為前鋒，前往族蠡山（今山西省右玉縣北），與突厥遭遇，將其擊破。都蘭可汗親率大軍趕至，與趙仲卿決戰，適逢高穎的大軍亦趕至，都蘭可汗敗走。同月，隋尚書右僕射楊素出靈州道，向賀蘭山進擊，與達頭可汗遭遇。楊素乘突厥軍佈陣未定，率精騎衝進，大破突厥軍，達頭可汗負重傷逃遁。十二月，都蘭可汗為其部下所殺。然而，正當長孫晟準備再次征討突厥之際，達頭可汗為挽救突厥頹勢，於隋開皇二十年（六〇〇年）四月，集兵進犯隋朝邊塞。楊堅命楊廣和楊素出靈州道，漢王楊諒出馬邑道，長孫晟率突厥降眾為前鋒，前去討伐。達頭可汗，聞訊北遁。

隋仁壽元年（六〇一年）正月，達頭可汗又來犯塞，擊敗隋代州總管韓弘。楊堅命楊素為行軍元帥，長孫晟為受降使者，挾突利可汗，北伐達頭可汗。次年春天，達頭可汗主力被殲。此後，突利可汗的東突厥，亦為隋朝的屬國。

隋滅陳之戰

隋滅陳之戰，發生在隋開皇八年（五八八年）十月至次年正月。

楊堅篡周統一中原後，進而謀求奪取江南。此時，隋朝國勢日益強大，而位於江南的陳朝，卻君昏臣奸，腐朽沒落。隋開皇七年（五八七年）八月，楊堅召其附庸後梁國主蕭琮入朝，準備伐陳，不料蕭琮的叔父蕭巖和弟弟蕭瓛奔陳告密，陳朝立即組織防禦。楊堅十分惱怒，對群臣說：「我乃是普天下人民的父母，豈可限於一衣帶水，不下江南？」於是加速南伐的準備，並以此事作為出兵的藉口。

隋開皇八年（五八八年）十月，陳後主陳叔寶派散騎常侍王琬、許善心出使至隋，企圖打探隋朝的動向。楊堅將二人羈留在客館，立即發兵八路，大舉伐陳。其進軍部署是：以晉王楊廣為伐陳諸軍統帥，率軍三十餘萬，自壽春（今安徽省壽縣）出六合（今江蘇省六合縣），指向石頭（今江蘇省江寧縣西石頭山後）；以盧州總管韓擒虎自盧州（今安徽省合肥市）出橫江（今安徽省和縣南），指向采石（今安徽省當塗縣北）；以吳州總管賀若弼出廣陵（今江蘇省揚州市），指向京口（今江蘇省鎮江市）；以青州總管燕榮率水軍，自朐山（今江蘇省東海縣）入太湖，取吳郡（今江蘇省吳縣），以躡建康之後，使陳後主兵敗後，不能逃入吳郡及東揚州（今浙江省紹興市）繼續抵抗；以秦王楊俊為行軍元帥，率水步軍十餘萬，自襄陽下漢水至漢口，進攻郢州（今湖北省鄂城縣）；以蘄州總管王世積策應楊俊作戰，然後指向九江、豫章（今江西省南昌市）、廬陵（今江西省吉安縣西）、巴山（今江西省崇仁縣西南）；以信州總管楊素率水軍，自永安（今四川省奉節縣東）下三峽，指向巴州（今湖南省岳陽市）；以荊州刺史劉仁恩自江陵，策應楊素作戰。以上八路隋軍，實際上分為東、西兩個戰區：自九江（不含）以東至海為東戰區，自永安以東至九江為西戰區。

十二月，隋諸軍首先在西戰區發起攻擊，以阻遏陳長江上流諸軍入援建康。秦王楊俊自襄陽進趨漢口，楊素亦率舟師下三峽，擊破陳宜昌守將戚昕的防線。次年正月，隋東戰區諸軍渡江，進逼建康。蘄州總管王世積，為策應東戰區作戰，率舟師擊破陳將紀瑱於蘄口，附近陳軍聞訊，相繼投降。陳散騎常侍周羅㬋率數萬精兵，屯駐鸚鵡州（今湖北省漢陽縣西南大江中），企圖阻遏楊俊繼續東下。隋將崔弘度請求進擊鸚鵡州，楊俊未允，雙方遂在此對峙。後來，由於陳軍流頭灘（今湖北省宜昌市西）、白沙（今宜昌市東）防線被楊素攻破，陳荊州刺史陳慧紀，命呂忠肅屯兵岐亭（今宜昌市西西陵峽口），以鐵索三條橫截江流，阻遏隋船東下。楊素與劉仁恩揮師夾擊陳軍，並登陸發動側擊，終於大敗陳軍，迫使呂忠肅退據荊門延州（今湖北省宜都縣北江中）。楊素下令拆除江中鐵索，引兵向東，擊殲呂忠肅殘部。陳信州刺史顧覺，屯兵安蜀城（今宜都縣西北長江南岸），得知呂忠肅兵敗，棄城逃走。陳慧紀則退屯公安（今湖北省公安縣東北），後見大勢已去，率將士三萬、樓船千餘艘，欲入援建康，但卻為楊俊所阻，不得前進。陳慧紀推舉巴州的晉熙王陳叔文為盟主，仍想抵禦隋軍，不料陳叔文已同巴州刺史畢寶投降楊俊，陳慧紀和周羅㬋等，亦向楊俊投降。楊素轉兵掠取湘州（今湖南省長沙市），陳湘州刺史陳叔慎誓死不降，兵敗被斬。王世積自蘄水趨九江，陳江州（今江西省九江市）司馬黃偲棄城逃走，陳豫章、盧陵、鄱陽、臨川、巴山等郡太守皆降。

隋軍在西戰區發動牽制作戰後，下游東戰區隨即展開主力攻勢，目標直指陳都建康。戰事一開始，賀若弼便自廣陵引兵渡江，進拔京口。陳驃騎將軍蕭摩訶請求迎戰，陳後主未許。與此同時，韓擒虎亦自橫江口渡江攻佔采石，楊廣則率大軍進屯六合，並派行軍總管宇文述領兵三萬，自桃葉山（今江蘇省六合縣東南長江之濱）渡江，指向石頭城。這樣，隋軍三路渡江皆告成功，共同向建康進擊。陳後主此刻才感到事態嚴重，命驃騎將軍蕭摩訶、護軍將軍樊毅、中領軍魯廣達並為都督，以司空司馬消難、湘州刺史施文慶並為監軍，迎擊當面的隋軍，另遣南豫州刺史樊猛率舟師出白下（今江蘇省江寧縣北）保衛建康，派散騎常侍皋文奏迎戰韓擒虎。

正月六日，賀若弼攻拔京口後，分兵奪佔曲阿（今江蘇省丹陽縣），以阻三吳的陳軍入援建康。次日，賀若弼揮師向鍾山進擊，韓擒虎攻陷姑孰（今安徽省當塗縣南），陳軍沿江諸戍，望風皆潰。楊廣聞訊，命總管杜彥馳援韓擒虎，然後合兵進據新林（今江寧縣西），與賀若弼共同對建康形成夾攻之勢。陳軍在建康尚有甲士十餘萬，大臣任忠向陳後主建議：「我軍食足兵精，應固守都城，勿與隋軍交戰。即使出戰，也是為截斷長江航道，使隋軍各部互不聯繫。請給臣精兵一萬、戰船三百艘，沿江而下，直撲六合，楊廣必然認為其渡江將士已被殲滅，淮南人民必然響應我軍。再揚言北上徐州，切斷隋軍歸路，楊廣諸軍將不擊自去。等到春天江水上漲，上游諸軍便能順江入援建康了。」陳後主深恐分兵後勢孤，猶豫未決。司馬消難亦獻策：「賀若弼如果在鍾山點燃烽火，與韓擒虎相呼應，鼓聲交震，我軍人心必亂。請立即發兵北據鍾山，南控秦淮河，陛下則守城莫出，不過十天，賀若弼與韓擒虎的頭顱，就可以拿到。」這時，陳後主已然亂了方寸，只是一味哭泣，仍不決策。次日，又忽然決定要與隋軍決戰，集中兵力於北掖門外。任忠苦請勿戰，陳後主執意不肯。

正月二十日，陳軍變更部署，使魯廣達陳兵白土崗（鍾山西南麓），居諸軍之南，與賀若弼旗鼓相對，任忠、樊毅、孔範各率一部軍，依次向北列陣，蕭摩訶部在最北邊。陳軍防線南北逶迤二十里，各部互不聯繫，而且沒有人統一指揮。賀若弼登鍾山觀察形勢，見陳軍如此列陣，亦下山佈陣。魯廣達首先率所部前來突陣，賀若弼有意退卻，引兵進攻孔範，從孔範和蕭摩訶的接合處，突破陳軍防線，直抵樂遊苑（覆舟山南）。當天夜裡，賀若弼進攻宮城，火燒北掖門，魯廣達回師苦戰，被賀若弼擒獲。同日，韓擒虎亦自新林進至石子崗（雨花臺）。任忠為賀若弼所敗，回報陳後主，請陳後主乘船溯江逃走，自己願為後衛，乘機奪得陳後主最後一點兵權。接著，任忠便派人向韓擒虎請降，並迎接韓擒虎入宮，將陳後主及陳朝宗室王侯百餘人，全部活捉。正月二十二日，楊廣進入建康，陳朝宣告滅亡。

隋軍雖然攻克建康，並俘獲陳後主，陳吳州刺史蕭　、東陽州刺史蕭巖等，仍據州未服。同年二月，楊廣派右衛大將軍宇文述，率元契、張默言、燕榮等往討，將其逐個擊斬。此後，陳嶺南數郡，共推高涼郡（今廣東省陽江縣西）冼氏為主，保境拒守，亦被隋將韋洸討平。四月，楊廣在平定陳朝全境之後，蕩平建康為耕墾之田，班師返回長安。但自楊廣走後，原陳朝各地，於次年（隋開皇十年，五九〇年）十一月，又開始動亂。隋文帝楊堅命內史令楊素再次進討，又復將其討平。從此，自西晉以來分裂已達三百年之久的中國，重新歸於統一。

隋煬帝對外擴張之戰

隋煬帝對外擴張之戰，起於隋大業元年（六〇五年）擊林邑之戰，迄於大業十年（六一四年）第三次征討高麗，前後歷時九年。

隋仁壽四年（六〇四年）七月，晉王楊廣弒其父楊堅，自立為帝，是為隋煬帝。同月，并州總管漢王楊諒謀反，隋煬帝命楊素進討，將其剿滅。隋煬帝在鞏固了帝位之後，一面著手國防建設，開運河，築馳道，修長城，一面積極對外擴張。

隋大業元年（六〇五年）正月，隋煬帝因聽說林邑（今越南人民共和國順化市以南、西貢市以北、湄公河以東）多奇寶，命驩州（今越南人民共和國宜安縣）道行軍總管劉方去征服。劉方遂派欽州（今廣東省欽縣北）刺史寧長貞，率步騎萬餘出越裳（今越南人民共和國順化市以北、宜安縣以南），自率舟師出比景（今越南人民共和國順化市北），於三月抵達海口（今紅河入海之口）。林邑王梵志遣兵守險，被劉方擊破，隋軍於是渡過闍黎江（今越南人民共和國歸仁縣西南）。林邑兵乘巨象迎戰，又被劉方以銳師擊破，並乘勢攻佔其國都，梵志入海逃遁。劉方在此留兵駐守，然後班師。

隋大業三年（六〇七年）六月，隋煬帝北巡至榆林，東突厥啟民可汗（即突利可汗）率所部酋長數十人前來朝拜，吐谷渾、高昌等國亦來入貢。隋煬帝欲出塞外炫耀兵威，於八月率甲士五十餘萬、騎兵十萬，自榆林出發，歷雲中（今內蒙古自治區托克托縣），往金河（今內蒙古自治區錫拉木倫河），然後入樓煩關（今山西省靜樂縣境），至太原，經太行返回東都洛陽。次年三月，隋煬帝又巡幸五原（今內蒙古自治區黃河後套以東、陰山以南、包頭市以西和達拉特、準格爾等旗地）。

隋大業三年（六〇七年）十月，隋煬帝命吏部侍郎裴矩，去張掖掌管西域來華商人的貿易。裴矩知道隋煬帝有擴張之志，去那裡後，向胡商誘訪西域諸國山川風俗及軍事和經濟情報，繪成《西域圖記》三卷，呈報隋煬帝，並且建議：「以國家的威德，將士的驍勇，過濛汜（今新疆自治區塔里木河）而越昆侖，易如反掌。但是，西突厥、吐谷渾分領羌、胡之國，從中作梗，故朝貢不通。若遣使輯撫諸國，則吐谷渾和西突厥不難消滅。」隋煬帝羨慕秦皇漢武之功，委任裴矩負責整個西域事務。這時，居住在陰山以北的突厥鐵勒部犯邊，隋煬帝命將軍馮孝慈，出敦煌迎擊，結果失利。然而，時隔不久，鐵勒卻遣使謝罪請降，隋煬帝命裴矩予以慰撫。隋大業四年（六〇八年）二月，西突厥處羅可汗，在隋朝和鐵勒的雙重威脅之下，被迫與隋朝通好，並答應與隋軍夾攻吐谷渾。這年七月，裴矩又說動鐵勒首領，使其襲擊吐谷渾，迫使吐谷渾伏允可汗東逃西平（今青海省西寧市）。伏允可汗向隋朝請降，隋煬帝命安德王楊雄出澆河（今青海省貴德縣境），許國公宇文述往西平，迎接伏允可汗。宇文述將至臨羌城（今青海省湟水北岸），伏允可汗畏懼隋軍兵盛，又不敢投降，率眾西遁。宇文述引兵追擊，殲敵三千餘人，伏允可汗南奔雪山（今青海省鄂陵湖南）。於是，吐谷渾東西四千里、南北二千里的土地，皆為隋朝所有。次年，隋煬帝在此置鄯善、且末、西海、河源四郡，及顯武、濟遠、肅寧、伏戎、宣德、威定、遠化、赤水等縣，將罪犯徙居於此，以充實邊域。同時，隋煬帝又派右翊衛將軍薛世雄，與東突厥啟民可汗聯合進擊伊吾。薛世雄兵出玉門，啟民可汗未至，薛世雄遂孤軍深入大漠，迫降伊吾，留兵千餘守之。隋大業五年（六〇九年）三月，隋煬帝西巡河右，出臨津關（今甘肅省臨夏縣積石關），渡黃河至西平，準備再擊吐谷渾。五月，隋煬帝入長寧谷（今青海省海晏縣），越星嶺（今海晏縣東），至浩門川（今大通河），伏允可汗退保覆袁川（今野牛溝）。隋煬帝命內史元壽南屯金山（今托賴山），兵部尚書段文振北屯雪山（今祁連山），太僕卿楊義臣東屯琵琶峽（今甘肅省張掖縣西南），將軍張壽西屯泥嶺（今大通河上源），四面圍攻伏允可汗，又命衛尉卿劉權出伊吾道，以防伏允可汗北竄。伏允可汗兵敗西走，後來客死黨項（今新疆自治區烏魯木齊市一帶）。隋煬帝回師途經焉支山（今甘肅省山丹縣東），伯雅、吐屯設等西域二十七國的君主，均來朝拜。七月，隋煬帝經過大斗拔谷（今甘肅省武威縣西南）時，召西突厥處羅可汗來見，處羅可汗藉故未來。隋煬帝大怒，欲乘勢征伐西突厥，後採納裴矩之策，挑動西突厥內部的矛盾，終於將西突厥一分為三，並迫使處羅可汗來長安朝拜。

隋大業四年（六〇八年）十月，隋煬帝為遠拓南方，派遣屯田主事常駿和王君政等，出使赤土（今馬來半島中部麻剌加地），使其國王答應，歲歲來朝入貢。次年冬天，隋煬帝又發兵進攻流求國（今台灣），將其佔領，並與倭國（今日本）取得聯繫。至此，隋朝國力所及，東自黑龍江和日本，西至里海，北從貝加爾湖，南達越南和台灣，為亙占所未有。當時，與隋朝接境而尚未征服的國家，就只剩下東北方向的高麗了。

高麗國王在陳朝被滅之前，一面遣使隋朝，一面結好於陳朝。及陳朝滅亡，高麗國王唯恐亦被隋朝所滅，加緊進行拒守準備。還在隋煬帝北巡榆林途中，裴矩便對隋煬帝說：「高麗本是箕子（商紂王的叔父）所封之地，漢晉時皆為郡縣。如今不盡為臣之禮，先帝（楊堅）早就想征伐它，可宣其國王來朝。」隋煬帝於是下詔，讓高麗國王來長安。高麗國王甚懼，遲遲未敢奉詔。隋大業八年（六一二年）正月，隋煬帝遂親率二十四路大軍（號稱二百萬人，史稱一百一十三萬三千八百人），自薊城出發，征討高麗。

這年三月，隋煬帝至遼水（今遼河）西岸佈陣，與高麗軍隔河相望。三月十九日，隋軍渡遼水發動進攻，高麗軍自東岸迎擊，使隋軍不得登岸。四月，隋軍架設浮橋成功，陸續通過遼水，殲滅對岸高麗守軍萬餘人，乘勝進圍遼東城（今遼寧省遼陽市）。高麗軍在遼東城頑強固守，使隋軍至六月上旬未能破城。六月十一日，隋煬帝親至遼東城南觀戰，斥責諸將不肯效命，一面親督諸軍繼續攻城，一面命宇文述、于仲文、荊元恆、薛世雄、辛世雄、張瑾、趙才、崔弘昇、衛玄等九軍共三十萬人，自懷遠（今遼寧省黑山縣）渡遼水，越過高麗諸城，向鴨綠江挺進，與水軍協攻平壤。與此同時，隋將來護兒自東萊（今山東省蓬萊、掖縣間）正率水軍，渡海前往平壤。六月底，來護兒水軍進至浿水（今平壤大同江），與高麗軍遭遇，首戰獲勝。來護兒企圖乘勢攻奪平壤，副將周法尚建議，等陸上諸軍抵達後合兵進攻，來護兒不聽，結果被高麗伏兵擊破，被迫退入海中。宇文述等九軍，抵達鴨綠江西岸，糧已將盡，宇文述欲還師，于仲文等則堅持繼續前進。高麗將領乙支文德，見隋軍面有饑色，決定進一步疲敵，每戰皆走，使隋軍在一日之中連獲七次小勝。當隋軍越過薩水（今清川江），距平壤僅有三十里時，乙支文德遣使詐降，聲稱隋軍若肯還師，願將高麗國王送往長安謝罪。宇文述等因將士疲勞已極，平壤城又險固難拔，答應還師。高麗軍乘隋軍後撤，從四面抄擊隋軍，宇文述等且戰且走，擔任後衛的辛世雄戰死，於是諸軍皆潰，失去控制。高麗軍繼續追擊，宇文述等退至遼東城，全軍僅剩數千人。這時，遼東城亦未攻下，隋煬帝遂於八月二十五日，以王仁恭為後衛，掩護撤軍。但在撤軍途中，隋煬帝於武厲邏（今遼寧省新民縣東）、懷遠、望海頓（今河北省山海關）、涿郡（今河北省涿州市）皆留重兵屯守，以備日後再舉。九月，隋煬帝返抵東都洛陽。

隋煬帝不甘心此次兵敗，於次年正月，留代王楊侑守西京長安，越王楊侗守東都洛陽，又徵天下之兵集於涿郡，準備再伐高麗。左光祿大夫郭榮認為，討伐高麗乃是臣子之事，勸隋煬帝不必再親征。太史令庚質，亦認為隋煬帝親征「勞費實多」。隋煬帝怒道：「我親征尚未取勝，派別人去，安得成功！」三月，隋煬帝從洛陽出發，再度出征。四月二十七日，隋煬帝的車駕渡過遼水，一面派宇文述與楊義臣、王仁恭疾趨平壤，一面命諸軍猛攻東遼城。此次，隋軍使用飛樓橦、雲梯從四面圍攻遼東城，晝夜不息達二十餘天，但由於高麗守軍應變拒守，仍未能破城。六月，隋煬帝見遼東城久攻難拔，命做布囊一百餘萬個，裡面裝滿泥土，欲築一道高與城齊的魚梁大道，登而攻之，又作大輪樓車，高出城牆，夾衛魚梁大道，俯射城內。正當這項攻城準備已告完成，遼東城岌岌可危之際，突然傳來禮部尚書楊玄感在後方作亂的消息。隋煬帝無心再征高麗，於六月二十八日午夜，密命諸將還師。這時，王仁恭等才進至新城（今遼寧省新賓縣），接到隋煬帝的詔書，也立即班師。各路隋軍，因急忙秘密撤退，營壘帳幕及軍資器械，皆棄之而去。

楊玄感乃隋朝開國元勛楊素之子，因其父被隋煬帝賜死而心懷怨恨，遂乘隋煬帝第二次親征高麗，在黎陽（今河南省浚縣東北）反叛。楊玄感首先傳檄四方，聲討隋煬帝的罪惡，爾後進向洛陽。隋東都留守樊子蓋死守洛陽，使楊玄感未能破城。楊玄感便分兵攻掠附近郡縣，連破榮陽、虎牢、梁郡（今河南省商丘縣）等地。代王楊侑在長安，見東都危急，命刑部尚書衛玄率軍四萬進救。衛玄與楊玄感在邙山大戰，遭到楊玄感重創，後與樊子蓋實施內外夾擊，才迫使楊玄感退卻。這時，隋煬帝已經回師，命虎賁中郎將陳棱進攻黎陽，又遣左翊衛大將軍宇文述、右後衛將軍屈突通馳救東都。在東萊準備再次渡海征討高麗的來護兒，聽說楊玄感包圍洛陽，亦急率所部回救東都。七月中旬，屈突通、宇文述、來護兒之軍，已先後抵達河陽（今河南省孟縣西南）。楊玄感欲起兵迎擊，樊子蓋和衛玄從其背後發動襲擊，使其難以兩面作戰，被迫放棄洛陽，引兵西圖關中。屈突通等追擊楊玄感，在閿鄉（今河南省閿鄉縣）又將其擊敗。楊玄感欲奔上洛（今陝西省商縣），在葭蘆戍（今河南省盧氏縣西）自知難逃，便讓胞弟楊積善將自己殺死。隋煬帝平定楊玄感之亂後，一面肅清楊玄感餘黨，一面分兵剿除其他地方的叛亂勢力。

隋大業十年（六一四年）一月，隋煬帝又召集諸臣，商討征伐高麗。諸臣深恐天下有變，誰也不敢開口。隋煬帝仍一意孤行，於這月二十三日，下達詔書說：「黃帝經過五十二戰，成湯經過二十七征，才德施諸侯，令行天下。盧芳乃是一個小盜，漢高祖尚且親征；隗囂不過如同餘燼，光武帝猶自登隴。豈不都是為了除暴止戈，勞而後逸嗎？如今對於高麗，朕亦當親執武節，臨御諸軍，順天誅於海外。」三月十四日，隋煬帝自高陽出發赴涿郡，途中將士逃亡者甚眾。四月二十七日，當隋煬帝抵達北平（今河北省盧龍縣）時，後方各地又起叛亂，李弘芝在關中扶風（今陝西省寶雞市）自稱天子，杜伏威在淮南糾眾舉事，劉迦論在延安與稽胡（南匈奴遺種）相呼應。隋楊帝於是命屈突通為關內討捕大使，率軍平叛，自率大軍仍征高麗，於七月十七日抵達懷遠。來護兒的水軍進至畢奢城（今遼寧省復縣西北），高麗軍迎戰失利，隋軍疾趨平壤。這時，高麗方面已無力再戰，遣使上表乞降。隋煬帝見已挽回兩敗之辱，決定班師。

隋煬帝三征高麗，並沒有得到甚麼實際上的好處，卻因此消耗了國力，並導致天下大亂，使隋朝瀕於危亡的境地。

隋末農民起義

隋末農民起義，起於隋大業七年（六一一年）王薄舉事，迄於唐武德七年（六二四年）輔公佑敗死，前後歷時十四年。

隋煬帝即位之後，由於一味「負其富強之資，思逞無厭之欲」，不斷對外用兵，弄得國內民不聊生，危機四伏。隋大業七年（六一一年），當隋煬帝第一次做東征高麗的準備時，山東一帶黃河泛濫，百姓顛沛流離。鄒平（今山東省鄒平縣西北）人王薄，領導農民首先發難，佔領長白山（今山東省章丘縣東）。同年，漳南（今山東省恩縣西北）人竇建德和孫安祖，平原（今山東省平原縣）人劉霸道，清河（今山東省夏津縣）人張金稱，攸縣（今河北省景縣）人高士達等，亦聚眾反隋。農民起事爆發的導火線，就是隋王朝對兵役和徭役的狂派濫徵，但隋煬帝並未從中記取教訓，一面派兵殘酷鎮壓農民軍，一面又第二次東征高麗。這樣，因逃避兵役而起事的農民，日漸增多。隋大業九年（六一三年），濟陰（今山東省曹縣西北）人孟海公，齊郡（今山東省濟南市）人孟讓，北海（今山東省益都縣）人郭方預，河間（今河北省河間縣）人格謙，渤海（今山東省陽信縣西南）人孫宣雅，平原人郝孝德，又相繼而起，各部起義軍少則數萬人，多則十餘萬人，無不攻州奪縣。這時，隋煬帝仍一心征討高麗，將山東一帶的農民起事軍視為草芥，全不在意。同年六月，禮部尚書楊玄感，也在黎陽（今河南省浚縣東北）反隋，農民起事軍則突破山東地區，開始在黃河南北以及江南、嶺南、淮南、吳中各地蓬勃發展起來。餘杭（今浙江省抗州市）人劉元進，梁郡（今河南省商丘縣）人韓相國，吳郡（今江蘇省蘇州市）人朱燮，扶風郡（今陝西省鳳翔縣）人向海明，臨濟（今山東省高苑縣）人輔公佑，下邳（今江蘇省邳縣東）人苗海潮，東海（今江蘇省東海縣）人彭孝才，信安（今廣東省高要縣）人陳瑱等，各自聚眾，向隋軍進攻。農民軍在抗爭中，逐漸匯合為三支規模宏大的武裝力量，這就是翟讓領導的河南瓦崗軍、竇建德領導的河北起義軍和杜伏威、輔公佑領導的江淮起義軍。

翟讓領導的瓦崗軍，是隋末農民起事中力量最強的一支。翟讓於隋大業七年（六一一年）在瓦崗寨（今河南省滑縣南）起事後，單雄信、徐世勣、邴元真、李密、王伯當等先後率部投奔，使其隊伍迅速壯大。大業十二年（六一六年）十月，翟讓擊滅隋將張須陸於滎陽。隋煬帝命裴仁基為河南討捕大使，鎮守虎牢，防衛東都洛陽。次年二月，李密向翟讓建議：「今東都空虛，越王楊侗難以控制局面，士民離心，可以攻取。」翟讓遂派部將裴叔方，去洛陽窺探虛實。越王楊侗得到這個消息，一面加強守禦，一面遣使向正巡幸江都（今江蘇省揚州市）的隋煬帝報告。李密勸翟讓先發制人，立即攻奪位於洛陽以東的鞏縣的興洛倉，然後在此賑濟窮民，傳檄四方。翟議採納了此策。這年三月，李密率精兵七千出陽城（今河南省登封縣東南），北逾方山（今河南省汜水縣東南），夜襲興洛倉，一舉將其佔領。越王楊侗派虎賁中郎將劉長恭和光祿少卿房則，率步騎二萬五千前去討伐，請河南討捕大使裴仁基，率所部自汜水夾擊李密。這時，翟讓也率大軍趕至興洛倉，與李密分兵扼守石子河東岸（今河南省鞏縣東南）和橫嶺下（今嵩山北麓）。劉長恭等渡洛水攻擊翟讓，翟讓接戰失利，李密率部馳援，大敗隋軍。此次戰後，翟讓自認才幹在李密之下，將最高指揮權交給李密。李密遂自稱魏公，建元永平。

各地農民軍聞訊，紛紛趕來歸附，瓦崗軍迅速擴大到四十萬人。李密一面派房彥藻率軍向東掠地，迭取安陸（今湖北省安陸縣）、汝南（今河南省汝陽縣）、淮安（今河南省沁陽縣）、濟陽（今山東省曹縣）等地，一面襲擊東都洛陽。至隋大業十四年（六一八年）九月，李密在連續四次進攻東都之後，終於被隋將王世充擊敗，只好往關中投奔李淵。

隋大業十三年（六一七年）正月，竇建德在樂壽（今河北省獻縣）亦建立政權，自稱長樂王，後改稱夏王。當時，躲在江都的隋煬帝，派右翊衛將軍薛世雄率精兵三萬，企圖先撲滅竇建德這支反隋主力，然後南下消滅瓦崗軍。竇建德在七里井（今河北省河間縣）重創薛世雄，給搖搖欲墜的隋朝以沉重打擊。不久，竇建德又殲滅隋軍宇文化及部，為最後推翻隋王貢獻良多。竇建德後為李淵之子李世民，在虎牢關擒斬。

杜伏威、輔公佑領導的江淮起義軍，於隋大業十三年（六一七年）在歷陽（今安徽省和縣）建立政權。後來，杜伏威投靠李淵，輔公佑堅決反對，與李唐政權進行了長期抗爭，直至唐武德七年（六二四年）兵敗被殺。

隋末農民起義的結果，首先是滅亡了隋王朝。隋大業十四年（六一八年）三月，已成孤家寡人的隋煬帝，在江都被右屯衛將軍宇文化及縊死，隋朝宣告滅亡。但是，隋末農民軍雖然紛紛建立政權，哪個也沒有存在長久，最後相繼被在太原起兵的李淵父子消滅。中國歷史從此進入唐朝。

第四章 唐代

李淵起兵及進取長安之戰

李淵起兵及進取長安之戰，發生在隋大業十三年（六一七年）七月至十一月。

隋末農民起義風起雲湧，太原留守李淵見天下大亂，亦陰養士馬，欲圖大事。晉陽令劉文靜，向李淵次子李世民獻策：「今主上（隋煬帝）南巡江淮，李密圍逼東都，群盜殆以萬數。當此之時，有真主驅駕而用之，取天下將如反掌。太原百姓皆避盜入城，文靜為令數年，知其豪傑，一旦收拾，可得十萬人。加上令尊目前所率之兵數萬，以此為資，誰敢不從？然後乘虛入關，號令天下，不過半年，帝業即成。」李世民將此意見稟告李淵，李淵大喜。不久，突厥入犯馬邑（今山西省朔縣），李淵派部將高君雅與馬邑太守王仁恭領兵抗擊，高君雅等戰敗。隋煬帝聞訊，命人將李淵與王仁恭押至江都治罪。李淵不願去送死，決定立即舉事。他首先將王威、高君雅等起兵的障礙去除，然後一面命李世民與劉文靜、長孫順德、劉弘基等募兵，一面召在外地的長子李建成和四子李元吉速來太原。李淵為麻痺隋軍，還以安定隋朝為政治號召，建立了大將軍府，自稱大將軍，並北連突厥，請助兵馬。

隋大業十三年（六一七年）七月四日，李淵命李元吉留守太原，親率甲士三萬向長安進軍。此行的藉口，聲稱是為了安定隋朝，去擁立鎮守長安的代王楊侑為帝，而尊隋煬帝為太上皇。李淵知道這樣做，不過是為掩人耳目，故行軍非常謹慎，特派部將張綸率一部軍沿離石（今山西省離石縣）、龍泉（今山西省隰縣）、文城（今山西省吉縣）三郡迂迴前進，以掩護主力軍的右翼。七月十四日，李淵經雀鼠谷（今山西省介休縣西南）抵達賈胡堡（今山西省霍縣北），距霍邑（今霍縣）僅五十餘里。

代王楊侑知李淵起兵，已遣左武侯大將軍屈突通屯守河東（今山西省永濟縣），虎牙郎將宋老生率精兵二萬屯守霍邑，阻止李淵前來關中。李淵面臨強敵守險的不利態勢，為加強自己的聲威，派人送信給瓦崗軍首領李密，請求與其結盟。李密正在圍攻東都洛陽，屢敗王世充，兵強將勇，根本未把李淵放在眼裡，而要李淵親來河內（今河南省沁陽縣）見他。李淵笑道：「李密妄自矜大，不是一封書信所能說得動的。我正進圖關中，此人不可得罪，不如卑詞推獎，以驕其志，使其為我阻塞成皋之道，牽制東都之兵，讓我得以順利西征。等關中平定，據險養威，徐觀鷸蚌之勢，再收漁人之利。」於是回書：「我雖庸劣，幸而被陛下委在太原。如今見天下顛覆而不扶救，將為天下賢人責備，所以才大會義兵，結好北戎，共匡天下，志在尊隋。天生百姓，必有管理他們的人，現在能夠擔當此任的人，除了您，還有誰呢？老夫年過五十，沒有這個雄心了，唯願您早定天下，安寧百姓。至時倘蒙見容，仍將我封在唐地（太原），這個榮耀，就已經足夠了。隨同您一起去弒君奪國，是我所不敢的。汾晉左右尚須安撫，請原諒我不能前去拜見您了。」李密得書甚喜，對左右說：「連李淵都認為我將定天下，可見成就帝業，沒有甚麼問題了！」從此，雙方信使往來不絕。

八月初，李淵忽聞突厥將與隋將劉武周乘虛襲擊太原，立即徵詢諸將的意見，諸將皆勸李淵繼續前進。李淵遂率軍攻擊霍邑，先命李建成和李世民帶數十名騎兵到城下挑戰。宋老生被激怒，引兵出戰。李淵與李建成在城東列陣，李世民列陣於城南，夾擊宋老生，將其擊斬，遂克霍邑。然後，李淵揮師繼續南下，於八月八日進入臨汾（今山西省臨汾市），十三日攻克絳縣，十五日抵達龍門（今山西省河津縣與陝西省韓城縣之間）。這時，諸將要求先攻河東，李淵則認為河東有屈突通堅守，不如由龍門渡河，進據永豐倉（今陝西省華陰縣），一舉奪取關中。九月，李淵在龍門渡過黃河，並招降馮翊（今陝西省大荔縣）孫華、土門（今陝西省耀縣東南）白去度等部農民軍，馮翊太守蕭造亦降。

李淵進入關中後，立即奪佔永豐倉，收其守軍五千。附近各地聞知，相率歸附李淵。李淵命李世民率劉弘基等軍，向渭北進發，會同暫屯永豐倉的李建成、劉文靜軍，皆以長安為目標，定期合攻。屈突通得知李淵西入關中，留部將堯君素守河東，領兵數萬回救長安，但剛在風陵渡渡過黃河，便為劉文靜所遏阻。屈突通欲與潼關守將劉綱合兵，尚未趕到潼關，劉綱已被李淵部將王長諧擊斬。屈突通於是佔據潼關北城，與奪得潼關南城的王長諧對峙。

這時，李淵在關中的親戚紛紛起兵，響應李淵。李淵的女兒平陽公主，率眾攻佔周至、武功、始平等地，李淵的從弟李神通，從長安亡命鄠縣，李淵的女婿段綸起兵藍田。李淵一一慰勞授官，將他們統歸李世民節度。九月二十二日，李淵又親赴永豐倉勞軍，並開倉賑濟饑民，然後進屯馮翊。李世民在渭北廣收豪傑，至涇陽（今陝西省涇陽縣）已擁兵九萬。劉弘基、殷開山分兵西略扶風（今陝西省鳳翔縣南），為扶風郡守竇璡所拒，後轉兵前往長安。李淵於是命李世民自涇陽進向司竹（今周至縣東南），李仲文、何潘仁、向善志等皆率部從之。李世民進至司竹，遣使回報李淵，請示會師長安日期。李淵認為屈突通在潼關北城，不足為畏，乃留任瓌守永豐倉，使劉文靜與長孫順德防備屈突通，命李建成率精兵疾趨長安長樂宮（今陝西省西安市東），而命李世民趨阿城

（今西安市西），合力夾攻長安。隋刑部尚書領京兆內史衛文升，聽說李淵軍圍長安，憂懼成疾，不能理事，左翊衛將軍陰世師、京兆郡丞骨儀，擁代王楊侑拒守。李建成、李世民皆如期抵達預定位置，合兵二十餘萬。李淵亦隨後趕到，在城下曉諭衛文升等，以示自巳尊隋之意。至十月二十七日，李淵見城中毫無反應，而延安、上郡（今陝西省鄜縣）、雕陰（今陝西省綏德縣）皆巳歸降，命諸軍攻城。十一月九日，李淵攻克長安，擒斬陰世師、骨儀等人，立代王楊侑為隋恭帝，改元義寧，遙尊隋煬帝為太上皇。榆林（今內蒙古自治區鄂爾多斯左翼後旗）、靈武（今甘肅省靈武縣西南）、平涼（今甘肅省固原縣）、安定（今甘肅省涇川縣北）諸郡，皆遣使請附，整個關西大定。李淵在長安自稱大丞相，並進封唐王，挾隋恭帝楊侑以令天下。

屈突通在潼關被劉文靜所阻，有一個多月未能西進。十二月，屈突通派部將桑顯和夜襲擊劉文靜，被劉文靜擊潰。屈突通寧死不降李淵，留桑顯和守潼關，率軍前往洛陽。不料屈突通剛走，桑顯和便投降劉文靜。劉文靜命竇珠、殷志玄率精騎追擊屈突通，屈突通在稠桑（今河南省靈寶縣西）結陣以拒。由於其部下家鄉多在關中，紛紛棄戈投降，屈突通被擒。李淵深感屈突通是個忠臣，拜屈突通為兵部尚書，封蔣國公。劉文靜則繼續向東略地，盡取新安（今河南省新安縣）以西之地。李淵命屈突通去河東勸降堯君素，堯君素不降，李淵遂發大軍攻之。不久，隋煬帝被弒於江都的消息傳來，堯君素為國盡忠之志不改，仍堅守河東，後被部將薛宗、李楚客殺死。他的另一部將王行本，將薛宗、李楚客殺死，繼續據城堅守，直至唐武德三年（六二〇年）正月兵敗被殺。

李淵聽說隋煬帝被弒，立即廢黜隋恭帝楊侑，改國號為唐，自稱皇帝，是為唐高祖。李淵自克長安至即帝位的七個月中，遣兵四出略地，統治區域巳東至宜陽（今河南省宜陽縣）、新安

（今河南省新安縣），北至太原、五原、靈武，西至隴山（今六盤山），南抵巴蜀，進而奠立了唐朝的國基。

唐初平定北方群雄之戰

唐初平定北方群雄之戰，起於唐武德元年（六一八年）十一月擊滅西秦薛仁杲，迄於唐武德六年（六二三年）正月擒斬劉黑闥，前後歷時四年零二個月。

李淵進據長安並篡隋為唐後，欲進而自關中掃蕩群雄，統一中國，必須先平定北方。而當時的主要對象，則為割據天水的薛舉父子、割據武威的李軌、割據朔方的梁師都、割據馬邑（今山西省朔縣）的劉武周、割據東都洛陽的王世充，割據洺州（今河北省永年縣）的竇建德，以及割據今河北省東北部的高開道和割據山東的徐圓朗等人。

薛舉本為隋末金城（今甘肅省皋蘭縣）校尉，於隋大業十三年（六一七年）四月乘亂起兵，擁眾三十萬，自稱西秦王。這年十一月，李淵攻克長安，薛舉亦急謀東進爭奪關中，命其長子薛仁杲率勁卒十萬攻打扶風（今陝西省鳳翔縣南）。隋扶風太守竇璡，向李淵請援，李淵命李世民往救，於十二月大破薛仁杲軍。薛舉畏懼李世民越隴坻（今陝西省隴縣西）進擊，遣使向梁師都請援，同時勾結突厥騎兵，企圖合力圍逼長安。次年（唐武德元年，六一八年）四月，李淵得知，突厥始畢可汗之弟咄苾已應允與薛舉連兵攻唐，遣使以重幣賄賂咄苾，止其出兵。咄苾權衡得失後，拒絕與薛舉合作。薛舉雖然爭取突厥失敗，仍於同年六月，與梁師都一起向關中發動進攻。薛舉親率大軍，越涇州（今甘肅省涇川縣北）疾趨關中，梁師都發兵進攻靈武，以策應薛舉的攻勢。七月，薛舉進逼高墌城（今陝西省長武縣北），其遊兵已達豳、岐（今陝西省邠縣及鳳翔縣等地）。李世民認為薛舉懸軍深入，利在急戰，欲待其糧盡兵疲，再予以反擊，下令暫不與其交戰。不料司馬殷開山等，卻擅自出戰，在淺水原（今長武縣東北）遭到薛舉重創，致使高墌城失守。李世民收集敗兵，被迫撤回長安。同月十二日，榆林郭子和遣使降唐，在五原、靈州方面給薛舉以極大威脅，使其不敢乘勝輕舉。八月，薛仁杲進攻寧州（今甘肅省寧縣），亦受挫。薛舉採納謀士郝瑗之策，決心集中兵力，直搗長安。然而，就在這時，薛舉病死，此計遂成泡影。薛舉死後，薛仁杲繼位，退屯高墌城。薛仁杲智略縱橫，長於騎射，但性情苛虐，部眾對其皆懷懼恨。

李淵在高墌兵敗之後，為挽救頹勢，以抗強敵，秘密派人赴涼州（今甘肅省武威縣）去見李軌，稱李軌為從弟，願與李軌共圖秦隴。李軌大喜，向唐朝表示臣服。李淵遂冊封李軌為涼州總管和涼王。及得知薛舉已死的消息，李淵即於八月十七日，命李世民為元帥，再率劉文靜、殷開山等進襲西秦。西秦臨洮（今甘肅省臨潭縣）、枹罕（今甘肅省臨夏縣）、澆河（今臨夏縣西）、西平（今青海省樂都縣）四郡降唐，唐軍很快就對西秦完成包圍的態勢。九月初，李世民與薛仁杲部將宗羅侯，又在高墌對峙。諸將皆請求與宗羅侯決戰，李世民仍主張待其氣衰後再戰，嚴令「敢言戰者斬」。李世民從日後決戰的需要出發，還特地加強敵後涇州的固守，命秦州（今甘肅省隴西縣西南）總管竇軌，率軍進援涇州。薛仁杲亦欲攻奪涇州，將竇軌擊退。唐涇州守軍久懸敵後，城中糧盡，眼看就要被薛仁杲破城，適逢李世民又派李叔良前來援救，軍心才告穩定。薛仁杲改以計取涇州，引兵南去，命高墌城守軍偽裝降唐。李叔良不知是計，派涇州守將劉感前去受降。劉感至高墌城下叩門，城內守軍不許其入城，劉感方知中計，急忙領兵後撤。這時，薛仁杲揮師掩襲，擒獲劉感，又圍涇州。李叔良固守待援，形勢危迫。唐隴州（今陝西省隴縣）刺史常達，自宜祿城出擊，被薛仁杲擊破。當涇州爭奪戰正在進行之際，西秦軍內部卻困糧運不繼，人心搖動，內史令翟長孫與將軍梁胡郎等，皆率所部降唐。李世民乘機向宗羅侯發動攻擊，一舉將其擊潰，並追至薛仁杲所在的高墌城。薛仁杲見唐軍人多勢眾，固守無望，於十一月八日被迫出降。

唐武德二年（六一九年）二月，李淵一面準備東擊王世充，一面乘李軌內部混亂，對其展開攻擊。這時，李軌已稱帝，據有河西五郡之地，其部下多怒其僭居帝位，心懷不滿。大將軍安興貴，勸李軌投降李淵，李軌未從，安興貴於是發動兵變，將李軌擒獲，押往長安。

涼州李軌剛平定，突厥始畢可汗因向唐朝索取貢幣未遂，率軍渡河至夏州（今陝西省橫山縣），會合梁師都、劉武周之軍南侵。李淵急遣右武侯將軍高靜，奉幣至豐州（今內蒙古自治區臨河縣東），與突厥修好，突厥乃退。梁師都、劉武周軍，仍在繼續進犯。三月，梁師都進攻靈州，被唐靈州長史楊則擊退。四月，劉武周進逼太原，兵鋒甚銳。李淵之子李元吉，命車騎將軍張達率步卒出戰，張達嫌兵少不願出戰，李元吉強遣之，致使該部全軍覆沒。張達對李元吉懷恨在心，引導劉武周軍襲陷榆次（今山西省榆次縣）。李元吉在太原，奮力抗擊劉武周軍的數次圍攻，李淵唯恐太原告失，派行軍總管李仲文率軍往援。五月，胡人劉季真與其弟劉六兒，引劉武周軍攻陷石州（今山西省離石縣），劉季真自號突利可汗，以劉六兒為拓定王。劉六兒請降於唐，李淵封其為嵐州（今山西省岢嵐縣北）總管。

六月，劉武周攻陷平遙、介休，又圍太原。這時，王世充已在洛陽稱帝，建國號為鄭，正分兵向谷川（今河南省新安縣）、西濟州（今河南省濟源縣）進犯。李淵鑒於兩面受敵，對王世充暫取守勢，命右驍衛大將軍劉弘基，率軍救西濟州，襲破河陽城（今河南省孟縣西），斬斷王世充與劉武周之間的聯繫，同時急遣左武衛大將軍姜寶誼，與李仲文進救太原。姜寶誼與李仲文剛行至雀鼠谷（今山西省介休縣西南），即為劉武周部將黃子英設伏擊敗。七月，進犯谷州的王世充的部將羅士信、席辯、楊虔安、李君義等，相繼降唐，唐對東方的守勢益固。八月，梁師都勾引數千突厥騎兵，進攻延州（今陝西省延安市），與劉武周東西呼應。劉武周部將宋金剛，猛攻浩州（今山西省汾陽縣），李仲文奉命入援浩州，與浩州刺史劉贍，共同抗擊宋金剛，使其久攻未克，被迫撤退。九月，唐延州總管段德操，趁梁師都不備，突然出擊，梁師都軍亦大潰。

唐左僕射裴寂奉命追擊宋金剛，宋金剛退據介休城固守，裴寂遂屯兵度索原（今山西省介休縣東南介山下）。宋金剛在上游堵絕澗水，趁裴寂軍渴乏難忍覓水之際，突然發動襲擊，一舉全殲裴寂軍。經過此役，唐晉州（今山西省臨汾市）以北，皆沒於宋金剛之手，只有浩州尚存。劉武周聞訊大喜，再逼太原。李元吉孤立無援，棄城逃奔長安，劉武周遂陷太原。宋金剛亦揮軍南下，於十月中旬攻佔晉州，並乘勝進逼絳州（今山西省新絳縣），奪取龍門，致使關中為之大震。李淵親率諸軍屯於蒲州，準備阻遏宋金剛軍渡河，不料宋金剛軍又攻陷澮州（今山西省翼城縣），當地百姓紛紛響應，使其軍勢益盛。李淵為挽救河東危局，命李孝基率獨孤懷恩、于筠、唐儉等馳援，擬放棄河東而守大河以西。李世民上表勸道：「太原乃是父親建立王業的基礎，國家的根本，河東財力富足，京師所資主要取之那裡。兒願領精兵三萬，前去殲滅劉武周。」李淵於是將關中所有軍隊，全部交給李世民，使其拒擊劉武周。十一月十四日，劉武周親自率軍進攻浩州，決心攻克這一孤立的據點。李世民引兵自龍門渡河，屯於柏壁（今山西省新絳縣西南），與宋金剛軍對峙。

十二月，唐將于筠勸李孝基急攻夏城（今山西省夏縣），乘其外援未至將其奪佔。獨孤懷恩陰懷異志，對李孝基說：「夏城堅固，難以猝拔，宋金剛就在附近，弄不好會一敗塗地。不如暫時按兵不動，待李世民破賊，夏城自然孤立。」李孝基因此沒有向夏城進攻。幾天後，宋金剛派尉遲敬德增援夏城，與夏城守將呂崇茂內外夾擊李孝基，予其重創。李世民在柏壁與宋金剛對峙，因軍中乏食，一面派人督運永豐倉糧秣，一面出動小股兵力抄掠敵後，取糧於敵。當李世民聽說尉遲敬德押送被俘的李孝基等將回澮州時，立即命殷開山、秦叔寶在美良川（今山西省聞喜縣南）截擊，殲敵二千餘人，救出獨孤懷恩。不久，尉遲敬德又領兵增援屯守蒲阪（今山西省永濟縣）的王行本，李世民親率步騎三千，自間道夜趨安邑，大破敵軍。唐軍因這兩次小勝，士氣有所恢復，諸將於是請求轉取攻勢。李世民說：「宋金剛懸軍深入，精兵猛將全控制在他手中，劉武周在太原，正是依靠他作為扞蔽。但是，宋金剛軍無蓄積，以擄掠為資，利在速戰。我軍只有閉營養銳，以挫其鋒，然後分兵向汾、隰（今山西省汾陽縣、隰縣）方向衝其心腹。宋金剛糧盡計窮，自然會退走，此時不宜速戰。」

唐武德三年（六二〇年）正月，獨孤懷恩與秦武通進攻蒲阪，王行本出戰失利，糧盡援絕，被迫開城投降。李淵聞訊前往蒲阪，途中得知獨孤懷恩與王行本密謀作亂，派人將獨孤懷恩擒獲，殺死王本行。蒲阪被克，使唐軍的戰勢益愈好轉，宋金剛軍則陷於被動的情勢。二月初，劉武周從太原分兵攻陷壺關（今山西省壺關縣），進圍潞州。李淵命將軍王行敏赴救，擊退劉武周軍。與此同時，唐將桑顯和等，再攻呂崇茂於夏城。三月初，劉武周命張萬歲轉攻浩州，被李仲文擊潰，俘斬數千人。唐行軍總管張綸，追擊進攻浩州的劉武周軍，直至石州，逼降劉季真。而宋金剛在與李世民對峙了半年之後，因糧運不繼，軍中飢餒，於四月中旬，由絳州城郊至柏壁間率軍北走。李世民發動追擊，在呂州（今山西省霍縣）、雀鼠谷等地，重創宋金剛軍，俘斬數萬人。宋金剛退至介休，以餘眾二萬，在西門背城佈陣。李世民命李世勣、程咬金、秦叔寶擊其北翼，翟長孫、秦武通擊其南翼，親率精騎突其陣後。宋金剛軍終於徹底崩潰，宋金剛單騎北遁，尉遲敬德等降唐。劉武周得知宋金剛兵敗，驚恐異常，率五百騎兵逃奔突厥。李世民進入太原，分兵進攻附近郡縣，整個河東迅速平定。劉武周逃到突厥那裡後，曾企圖捲土重來，不久被突厥殺死。

李淵平定北方群雄的方略，本擬於擊滅西秦薛氏父子之後，立即東出，奪取東都洛陽，但由於劉武周突然南侵河東，威脅長安，不得已臨時變計，對洛陽王世充暫取守勢，集中兵力迎擊劉武周。及劉武周被擊滅後，李淵剛返回長安，便部署東征。唐武德三年（六二〇年）七月，李淵命李世民率軍十餘萬東出，利用渭水和黃河為運糧通道，補給前方大軍。這時，忽得驃騎大將軍朱可渾密報，說并州總管李仲文與突厥通謀，欲等洛陽戰事一起，引胡騎直入長安。李淵於是命太子李建成率軍鎮守蒲阪，預作防範，同時召李仲文入朝，改委禮部尚書唐儉安撫并州，對突厥則委屈求全，避免為敵。王世充聽說唐軍即將來攻，將各州郡驍勇集於洛陽，並置四鎮將軍，分守洛陽城四面。王世充還派人與突厥連結，企圖讓突厥牽制唐軍。對外地州郡，王世充也作了相應部署，命王弘烈鎮守襄陽、王泰鎮守懷州（今河南省沁陽縣）。

七月下旬，唐軍前鋒羅士信進攻慈澗（今河南省新安縣東），王世充親自率軍三萬救之。李世民率輕騎前來視察形勢，與王世充遭遇，險些被其活捉。李世民回營後，於次日即率步騎五萬，進攻慈澗。王世充自料不敵，拔慈澗之軍，退守洛陽。李世民深感能否奪取洛陽，關係到能否奪取整個天下，鑒於李密曾久攻不下的教訓，決定對洛陽採取逐漸圍困孤立、然後攻取的方針，命行軍總管史萬寶自宜陽（今河南省宜陽縣東）南據龍門，以斷絕洛陽南援之路，命將軍劉德威自太行東進攻取河內（今河南省沁陽縣），與潞州總管李襲譽阻隔王世充與突厥間的聯繫，命右武衛將軍王君廓進取洛口（今河南省鞏縣東南），以斷洛陽的糧餉，命懷州總管黃君漢自懷州渡河襲取回洛城（今河南省孟津縣東南），策應王君廓的行動，李世民自率大軍進屯北邙山，連營以逼洛陽。

八月，唐各路軍開始相繼展開攻勢。王世充欲與李世民講和，李世民未允，命各軍奮力奪取洛陽外圍各地，連拔回洛城、轘轅關（今河南省偃師縣緱氏鎮）等地。十月，王世充的部將紛紛降唐，王世充除保有徐（今江蘇省銅山縣）、梁（今河南省睢陽縣）、亳（今安徽省亳縣）、滑（今河南省滑縣）、隨（今湖北省隨縣）諸州及襄陽之外，僅能困守洛陽及偃師、鞏縣、虎牢與平州（今河南省孟津縣東）各據點。但就在這時，北方形勢突變，幾乎危及唐軍在東線的作戰。這年十一月，據守雲州（今內蒙古自治區清水河縣）的郭子和降唐，李淵命其進圖梁師都。梁師都大懼，派人對突厥處羅可汗說：「中原喪亂，分為數國，彼此勢均力敵，故均向突厥修好。如今，劉武周已經敗亡，中原將全部為李淵所有。我倒不怕被滅，恐泊這災禍，遲早也要降到可汗頭上。不如乘其未定中原，出兵南下，如拓跋魏當年所為，我願為嚮導。」突厥自隋末以來，就利用中原之亂從中取利，自然希望各割據勢力在中原保持均勢，今見李淵轉為獨強之勢，立即派遣大軍侵唐。李淵為消弭這一禍害，再次以重幣賄賂突厥，並極盡委屈求全之能事，終於使突厥息兵。

這時，王世充因洛陽危急，遣使向竇建德求救，許以破唐之後，由竇建德統治洛陽及并、汾地區，自己則取長安及蜀漢荊襄之境，雙方永為兄弟之國。竇建德已建國號為夏，以前曾因爭奪黎陽（今河南省浚縣東）與王世充交惡，現在又正與山東孟海公作戰，不想理睬王世充。謀士劉斌，對竇建德說：「天下大亂，唐得關西，鄭得河南，夏得河北，共成鼎足之勢。今唐舉兵臨鄭，唐強鄭弱，勢必不支，鄭亡，則夏不能獨立。不如發兵救鄭，夏擊其外，鄭擊其內，定可破唐。唐軍既退，徐觀其變，若鄭可取，則取鄭，否則，便與鄭乘唐軍新敗，合力西向。」竇德採納了這一建議，一面遣使告訴王世充即將出兵，一面致書李世民，請其退出潼關，歸還侵鄭之地。李世民一笑置之。十二月，王世充統治下的亳州、隨州亦相繼降唐，王世充再次向竇建德告急乞師。這時，因兵敗而被迫投降竇建德的唐將張道源，得知竇建德將救援洛陽的計劃，秘密派人至長安，請李淵出兵進攻洺州（竇建德所建夏國的國都），以牽制竇建德的行動。李淵立即派并州總管劉世謙，自土門（即井陘）趨洺州。夏行台尚書令胡大恩聞訊，在恆山（今河北省正定縣南）降唐。次年（唐武德四年，六二一年）正月，王世充屬下的梁州總管程嘉會又降唐，王世充的勢力益發削弱。

唐武德四年（六二一年）二月，王世充命其太子王玄應率兵數千，自虎牢運糧入洛陽，途中遭到唐軍截擊，全軍覆沒。同月十三日，李世民在洛陽城西築壘，準備發起攻擊。當唐軍築壘未就之際，王世充率軍二萬突然出戰，李世民督軍力拒，才將其擊潰。次日，王世充再次出戰，臨洛水設陣，又告失利。這時，王世充派駐河陽（今河南省孟縣西南）的守將王泰棄城逃走，其副將趙瓊等降唐。王世充別將單雄信、裴孝達。與唐將王君廓對峙於洛口，李世民親率步騎五千馳援，單雄信等遁去。二月二十七日，懷州刺史陸善宗又降唐，王世充黃河北岸的城鎮俱沒。李世民加緊圍攻洛陽，王世充不再出戰，等待突厥和竇建德來援。

這年三月，竇建德擊俘孟海公後，終於轉兵西進，營救王世充。唐將劉世讓，已自井陘攻拔黃州（今河北省邢台市），竇建德在洺州嚴加防範，使劉世讓不能再繼續前進。但此時北部形勢大變，突厥頡利可汗受王世充慫恿，撕毀與李淵的合約，已舉兵侵入汾陰（今山西省榮河縣北）、石州（今山西省離石縣）等地。李建成等奮力抵抗，給突厥軍以重大殺傷。李淵一面調兵遣將，加強北方守禦，一面徵巴蜀之兵，增援李世民軍，以期速破洛陽。四月，突厥頡利可汗親率大軍入犯雁門（今山西省代縣），唐代州總管李大恩將其擊退。頡利可汗轉寇太原，劉世讓又使其受挫。由於突厥主力軍南侵攻勢進展緩漫，對於唐軍在洛陽方面的作戰，並未發生太大影響。

然而，竇建德親率十萬大軍西救洛陽，兵至滑州、酸棗（今河南省延津縣），遂渡過濟、汴二水，攻佔管州、滎陽、陽翟（今河南省禹縣），然後水陸並進，來到成皋（即虎牢）。李世民當此戰局緊急之際，力排諸將迴避敵鋒的建議，命李元吉等繼續圍困洛陽，自率部分兵力東趨虎牢。李世民抵虎牢後，偵察到竇建德軍的部署，準備與其決戰。至四月下旬，竇建德被阻於虎牢不得前進，其將士皆有思歸之心。四月底，李世民又派王君廓，率輕騎千餘抄敵糧道，夏軍大懼。竇建德的謀士淩敬，向竇建德獻策：「大王不如率全軍渡河，逾太行，入上黨，取汾晉（今山西省臨汾市、安邑縣等地），趨蒲津。這樣做，有三利：一是蹈入無人之境，取勝可以萬全；二是拓地收眾，形勢益強；三是關中震駭，洛陽之危自解。」這一頗似戰國時孫臏「圍魏救趙」的主意，乃是夏軍轉取主動的良謀，竇建德立即採納。但這時，王世充一再遣使告急，諸將暗中得到王世充的賄賂，力主在洛陽決戰，竇建德只好又謝絕淩敬之策。

五月初，李世民得知竇建德將襲虎牢，進一步加強虎牢的守禦。竇建德輕視唐軍，指揮失措，被李世民乘亂破陣，五萬將士全部就擒，竇建德本人亦被擒獲。李世民一面命左庶子鄭善果前往洺州，撫定竇建德的部屬，一面將竇建德押至洛陽城下，向王世充示威。王世充再無戰志，率其太子和群臣二千餘人，往李世民軍門請降。不久，竇建德所屬之地悉平，王世充的舊部，亦紛紛請降。七月，李世民凱旋返回長安。

竇建德在虎牢兵敗後，其故將亡命四方，決心復仇，共擁劉黑闥為主，於唐武德四年（六二一年）七月襲據漳南（今山東省恩縣西北）。李淵聞知，命將軍秦武通，與定州（今河北省定州市）總管李玄通和幽州總管李芝會師進擊。八月，劉黑闥攻陷鄃縣（今山東省平原縣西南），擊敗唐魏州（今河北省大名縣東）刺史權威、貝州（今河北省清河縣和山東省臨清縣）刺史戴元祥。與此同時，竇建德故將徐圓朗，舉兵回應劉黑闥，兗（今山東省滋陽縣）、鄆（今山東省東平縣）、陳（今河南省淮陽縣）、杞（今河南省杞縣）、伊（今河南省臨汝縣）、洛（今河南省洛陽縣）、曹（今山東省曹縣）、戴（今河南省蘭考縣）八州，亦紛紛起兵。

九月，李神通率軍至冀州（今河北省冀縣），與幽州總管李芝會師，又發邢、洺、相、魏、恒、趙各州（今河北省正定縣以南至河南省安陽地區）兵共五萬餘人，大舉進討劉黑闥。劉黑闥在饒陽（今河北省饒陽縣）南部設防，擊敗李神通，接著在槀城（今河北省槀城縣）又擊敗李芝。十月初，劉黑闥乘勝攻陷瀛州（今河北省河間縣），附近各州郡聞風喪膽，相繼叛降。至十一月中旬，唐在河南、河北的形勢益形險惡，劉黑闥襲陷定州，徐圓朗佔領杞州，高開道在幽州自稱燕王，入犯恆（今河北省正定縣）、易（今河北省易縣）等州。十二月，當劉黑闥攻陷冀州後，李淵命右屯衛大將軍李孝常率兵東進增援，尚未趕至，劉黑闥又率兵數萬進攻宗城（今河北省威縣），迫使唐宗城守將李世勣退保洺州，旋即洺州亦失。劉黑闥乘勝略取相州（今河南省安陽市）、黎州（今河南省浚縣東北）、衛州（今河南省汲縣），並遣使北連突厥出兵相助。李淵驚恐不安，命李世民、李元吉等出關討伐，同時命李芝自幽州出師南下，夾攻劉黑闥。劉黑闥此時連克邢（今河北省邢台市）、趙（今河北省趙縣）、魏（今河北省大名縣東）、莘（今山東省莘縣）等州，已全部收復竇建德的舊境。唐武德五年（六二二年）正月，劉黑闥自稱漢東王，定都洺州。

李世民率軍至獲嘉（今河南省修武縣），首戰奪回相州，然後進兵列人（今河北省肥鄉縣），列營洺水（今滏陽河）以南。這時，李芝亦率所部數萬人，至鼓城（今河北省晉縣）。劉黑闥留兵萬人守洺州，親率主力迎戰李芝，不料部將程名振、李去惑等，在洺水城（今河北省曲周縣東南）降唐，進而給李世民在洺水北岸，提供了一個戰略據點。劉黑闥急忙回師攻奪洺水城，一舉將其收復。李世民發兵反攻，又將洺水城奪佔。三月，李世民利用劉黑闥力求決戰的心理，乘勢決洺水淹敵，大破劉黑闥軍，劉黑闥僅率一百餘名騎兵，北奔突厥。四月，李世民又引兵東擊徐圓朗，連奪徐圓朗控制下的十餘座城邑。

劉黑闥敗奔突厥後，於六月引導突厥數十萬騎兵，入犯雁門。李淵不願再對突厥表示軟弱，分遣諸將迎戰突厥。八月，唐并州總管李神符和汾州刺史蕭顗，擊敗突厥一部於汾東（今山西省汾陽縣東），但突厥精騎數十萬。仍長驅南下，很快便攻陷大震關（今陝西省隴縣西）。直到這時，突厥頡利可汗才發現，內地與突厥風俗不同，感到雖得唐地，亦不能久居，在一路搶掠和向李淵索取大量贖金之後，引兵北歸。

突厥退後，唐軍得以專力對付劉黑闥。十月，劉黑闥再陷瀛州，李元吉奉命往討。劉黑闥連克貝州、晏城（今河北省東鹿縣西）、觀州（今河北省景縣東北）、下博（今河北省深縣）、洺州等地，旬日之間盡復故地。李元吉畏懼劉黑闥不敢前進，李淵於是派太子李建成率軍東討，又使并州兵東出，幽州兵南下，夾攻劉黑闥。劉黑闥迎戰唐軍失利，向館陶（今山東省館陶縣西南）撤退。李建成命劉弘基追擊。劉黑闥於次年（唐武德六年，六二三年）正月，又逃往饒陽，從騎僅剩百餘人，部將諸葛德威尋機將其活捉，送交李建成斬首。幾天後，徐圓朗亦兵敗被殺。至此，整個北方得到平定。

唐初平定南方群雄之戰

唐初平定南方群雄之戰，起於唐武德四年（六二一年）八月進討蕭銑，迄於唐武德七年（六二四年）二月擊滅輔公佑，前後歷時二年零六個月。

李淵在平定北方群雄的同時，對南方群雄也在伺機進討。早在隋大業十三年（六一七年）十一月，李淵剛入長安，即命李孝恭招慰山南（今秦嶺以南地區）。李孝恭首先擊破朱粲，迫其退走漢淮間。不久，李淵另遣鄧元攻取商洛（今陝西省商縣）、南陽（今河南省南陽縣），派馬元規進圖荊襄，改派李孝恭自金州（今陝西省安康縣西北）越大巴山，至巴中（今四川省宣漢、平昌縣），略取巴州（今四川省重慶地區），又增遣詹俊攻奪成都。至唐武德二年（六一九年）閏二月，秦涼巴蜀之地，已均在唐朝控制之下。李淵的下一個目標，就是進圖割據江陵的蕭銑。

蕭銑為南朝梁室的後裔，隋末被在巴陵（今湖南省岳陽市）起兵的董景珍、雷世猛等人推為盟主，自稱梁王。唐武德元年（六一八年）四月，當薛舉準備進攻長安與李淵爭奪關中之際，蕭銑又自稱梁帝，攻取江陵，以此為國都。這時，東自九江，西抵三峽，南達交趾（今越南人民共和國河內市南），北距漢水，已皆為蕭銑所有。唐武德二年（六一九年）九月，蕭銑為奪取巴蜀，自水陸兩道進攻峽州（今湖北省宜昌市），唐梁之戰遂起。

唐武德四年（六二一年）八月，唐軍集中在夔州。九月，唐行軍總管李靖，分軍三道東進：以廬江王李緩率水陸軍沿江順流而下，以黔州刺史田世康出辰川（今湖南省沅陵縣）趨武陵（今湖南省常德市），以黃州總管周法明出夏口（今漢口），三路軍共同指向江陵，採取三面合圍態勢。當時正值秋汛，江水泛漲，蕭銑認為三峽路險，唐軍必不能進，故未嚴加設防。十月，唐軍便攻拔荊門、宜都（均在今湖北省宜都縣西北）兩鎮，進逼夷陵（今湖北省宜昌市）。蕭銑急命屯駐靖江（今宜都縣北清江入江之口）的文士弘，率精兵數萬馳救。唐軍接戰失利，李靖乘敵只顧掠獲戰利品而軍陣混亂之機，縱兵擊之，斬其萬人，追至百里洲（今湖北省枝江縣東江中），又予其重創。然後，李靖率輕兵五千為先鋒，直逼江陵，李孝恭在後督大軍繼進。此時，江陵城內守軍僅數千人，蕭銑見唐軍突至，倉促徵召江南和嶺外之兵來援。但江南之兵，為田世康所制不能來援，嶺外之兵，則因道途阻遠，一時很難到達。唐軍包圍江陵，先拔其外圍水城，獲得大批舟艦。李靖命將舟艦全部散棄於江中，諸將不解。李靖說：「蕭銑之地，南出嶺表，東距洞庭。我們孤軍深入，若攻城未拔，敵援軍四集，內外受敵，雖有舟艦也無用處。現在拋棄這些舟艦，使其順江而下，敵江州鎮的援兵見到，必然以為江陵已破，不敢再輕進。即使前來探查，來回需要十天半月，我們早破江陵了。」蕭銑在各地的軍隊見到舟艦，果然因生疑而未敢來。蕭銑在水城陷落之後，見內外隔絕，無力再戰，於十月二十二日率群臣出降。已然聚集在巴陵的十餘萬蕭銑軍，聽說江陵失守，皆紛紛釋甲。

接著，李淵又命李靖安撫嶺南。先期奉蕭銑之命開拓嶺表的劉泊，首先以端（今廣東省高要縣）、康（今廣東省德慶縣）、封（今廣東省封川縣）、新（今廣東省新興縣）、宋（今廣東四會縣）、瀧（今廣東省羅定縣東）等州降唐。十一月，桂州（今廣西自治區桂林市）總管李襲志亦降唐。十二月，居住在昆彌（今雲南省昆明、大理、麗江縣）之間的蠻族，遣使請求內附。整個嶺南，全部平定。

蕭銑亡後，其散卒多歸在南康（今江西省贛縣）稱帝的林士弘。唐武德五年（六二二年）十月，林士弘派其弟林藥師進攻循州（今廣東省惠州市東），被唐將楊略擊斬，林士弘的部將王戎，在南昌州（今江西省永修縣）降唐。林士弘大懼，退據安成（今江西省安福縣）。唐洪州（今江西省南昌市）總管若于則率軍往討，林士弘戰死，其眾盡散。

唐武德三年（六二〇年）以後，輔公佑與杜伏威相繼奪取李子通、沈法興所據之地，盡有淮南和江東，威震吳越。唐武德五年（六二二年），蕭銑被平定後，李世民乘勢進壓淮北，杜伏威應李淵之召赴長安，留輔公佑守丹陽（今江蘇省南京市）。次年八月，輔公佑詐稱杜伏威被扣在長安不得返回，在丹陽稱帝，建國號為宋。李淵聞訊，立即部署進討。

十一月，長江上游唐軍開始進擊輔公佑。黃州總管周法明自黃州（今湖北省黃岡縣）進擊夏口，被輔公佑部將張善安襲破。從江北進擊的唐軍，則攻陷黃沙（今安徽省涇縣東），進佔猷州。十二月初，唐安撫使李大亮誘降張善安，未戰即奪取洪州。唐武德七年（六二四年）正月，唐將李孝恭進至樅陽（今安徽省桐城縣東南），擊破輔公佑軍一部，然後推進至舒州（今安徽省懷寧縣），與李靖軍會合。此時，唐齊州總管李世勣所率的一萬步兵，亦已渡淮攻破壽陽，正由硤石（今安徽省鳳台縣西南）進向當塗（今安徽省當塗縣）。二月，輔公佑命陳當世反攻猷州，李大亮率軍赴救，將其擊潰。唐將權文誕亦救猷州，重創陳當世軍，乘勝攻拔枚、洄（今涇縣境）等四鎮。三月，歙州（今安徽省休寧縣東）、宣州（今安徽省宣城縣）、鵲頭（今安徽省桐城縣北）、揚子城（今江蘇省儀征縣東南）先後為唐軍攻佔，李孝恭並再破輔公佑主力於蕪湖。輔公佑屢遭重創，為之心寒，命馮慧亮率舟師三萬，屯當塗博望山，堅壁不戰。李孝恭召集諸將商議對策。諸將皆說：「馮慧亮據水陸之險，堅守不戰，攻之不可猝拔。不如直指丹陽，掩其巢穴，丹陽已潰，馮慧亮等將不戰自潰。」李孝恭認為言之有理。李靖卻認為，若與當塗比較起來，丹陽更難攻取，若攻丹陽不下，將腹背受敵，故應當首先在當塗與馮慧亮決戰。李孝恭於是採納李靖的意見，命黃君漢率部分老弱之軍先發動攻擊，另遣盧祖尚、闞稜等率精兵，結陣於後。黃君漢佯敗而退，馮慧亮出營追擊，遭到盧祖尚、闞稜部重創，退保博望山。李孝恭乘勝大舉進攻，馮慧亮軍終於瓦解。然後，李靖率輕騎先至丹陽，輔公佑大懼，率軍數萬棄城東走。李世勣率騎兵追擊，至武康（今浙江省武康縣）將其活捉，送回丹陽處死。

李淵自隋大業十三年（六一七年）起兵太原後，經過七年之久的北討南征，至此終於統一全國。

唐初對外擴張之戰

唐初對外擴張之戰，起於唐貞觀四年（六三〇年）征東突厥之戰，中經征吐谷渾之戰、征高昌之戰、征薛延陀之戰、征龜茲之戰、征回紇之戰，迄於唐總章元年（六六八年）九月平定高麗，前後歷時三十八年。

唐武德九年（六二六年）六月，唐朝發生玄武門之變，李世民誅殺其兄李建成和其弟李元吉等多人，於八月又逼其父李淵退位，自登帝位，是為唐太宗。這時，日益強盛的東突厥，乘唐朝國內混亂，發兵南侵，直逼長安城下。唐太宗深感自己即位不久，國家未安，很難抵禦東突厥的攻勢，只好傾盡長安城中的財物求和。唐太宗自蒙此次奇恥大辱之後，勵志圖強，用賢任能，崇節儉，造甲兵，數年之間便使國家強盛起來。

唐貞觀三年（六二九年）十一月，東突厥頡利可汗又入犯河西各州，唐太宗認為反擊時機已到，部署五路大軍迎戰。次年正月，李靖率驍騎三千，自馬邑（今山西省朔縣）進至惡陽嶺（今內蒙古自治區和林格爾縣南），頡利可汗想不到李靖猝至，認為唐軍若非傾國而來，李靖絕不敢孤軍深入，李靖則乘其惶恐不安之際，夜襲定襄（今內蒙古自治區清水河縣）成功。頡利可汗欲退屯磧口（今內蒙古自治區烏拉特中旗東），在白道（今內蒙古自治區武川縣）又遭到唐將李世勣的截擊，損失慘重，被迫退屯鐵山（今內蒙古自治區固陽縣北）。頡利可汗權衡利害，決定向唐太宗謝罪。唐太宗派使者前去慰撫，並命頡利可汗前來長安。李靖與李世勣則認為頡利可汗雖然兵敗，其眾猶盛，若退回漠北，日後仍是唐朝的大患，決心乘勢將其殲滅。二月八日，李靖軍至陰山（今內蒙古自治區呼和浩特市北），突然襲擊頡利可汗餘部，斬首萬餘級，俘男女十餘萬，獲牲畜數十萬頭。頡利可汗欲度大漠北遁，被李世勣切斷通道，轉向西逃，途中就擒。唐軍此次作戰，一舉滅亡東突厥，拓地自陰山至於大漠。

東突厥亡國後，其尚未降唐的部落，或北附薛延陀（突厥別部），或西奔西域。北附薛延陀者，共擁斛勃為部族領袖，薛延陀真珠可汗恐為己患，企圖將其除掉，不料反為斛勃所敗。斛勃遂自稱乙注車鼻可汗，控據金山以北（今蒙古人民共和國科布多河谷）。東突厥餘眾聞訊，紛紛來歸，數年間，乙注車鼻可汗便擁兵三萬，並滅西突厥葛邏祿、結骨等部。乙注車鼻可汗，後來向唐朝入貢，唐太宗召其入朝，卻推故未至。唐貞觀二十二年（六四九年）正月，唐太宗因乙注車鼻可汗拒命，派右驍衛郎將高侃徵發回紇、僕骨等部兵進剿。乙注車鼻可汗的部下深感畏懼，紛紛叛降唐朝。次年六月，高侃擒獲乙注車鼻可汗，東突厥殘餘勢力盡亡。

早在唐貞觀十三年（六三九年），唐太宗為抑制薛延陀的發展，便任命東突厥降將阿史那思摩為可汗，使其屯守漠南。薛延陀真珠可汗擔心阿史那思摩會侵犯自己，決定先發制人，於唐貞觀十五年（六一四年）十一月乘唐太宗東往泰山之際，舉兵南下，企圖奪佔漠南。唐太宗聞訊，立即部署大軍迎擊。真珠可汗之子大度設，率三萬騎兵逼近長城，欲擊阿史那思摩，阿史那思摩已退入長城以內。唐將李世勣率大軍趕至，大度設欲引兵北走，遭到唐軍重創。真珠可汗在此路主力兵敗後，便停止對唐朝的進犯。唐貞觀十六年（六四二年）九月，真珠可汗遣使赴長安向唐朝請婚，唐太宗採納房玄齡之策，將皇女新興公主許給真珠可汗為妻。次年閏六月，因真珠可汗迎親失期，唐太宗又下詔絕婚。不久，真珠可汗死去，其子拔灼繼立為多彌可汗。多彌可汗乘唐太宗東征高麗，於唐貞觀十九年（六四五年）引兵入犯河南（今內蒙古自治區伊克昭盟）。留守長安的房玄齡，發兵迎擊，多彌可汗兵敗北遁。

唐貞觀二十年（六四六年）六月，薛延陀內部發生動亂，唐太宗兵發五路，分道向多彌可汗進擊。薛延陀國中聽說唐軍來攻，諸部大亂，多彌可汗率數千騎兵逃奔阿史德時健部途中，被回紇兵擊殺，真珠可汗的侄子咄摩支降唐，不肯降唐的薛延陀部落，均被李世勣擊滅，漠北悉平。其後，至唐高宗龍朔元年（六六一年），回紇曾糾合同羅、僕固等部侵犯唐邊。唐軍在天山（今蒙古人民共和國古爾班察汗山）予其重創，然後遷燕然都護府於回紇，治所設在鬱督軍山（今蒙古人民共和國抗愛山東北麓塔米爾河發源處），更名瀚海都護。

唐朝在向北方擴張的同時，對西方的吐谷渾、高昌、龜茲及西突厥，也在相機用兵。唐貞觀八年（六三四年）三月，吐谷渾伏允可汗遣兵，入犯蘭（今甘肅省皋蘭縣）、鄯（今青海省化隆縣南黃河北岸）兩州。六月，唐太宗命左驍衛大將軍樊興，沿黃河南岸進擊。十月，段志玄擊破吐谷渾軍主力，迫其逃遁，但當唐軍回師鄯州（今青海省樂都縣）時，吐谷渾軍又捲土重來，並轉兵北進，入犯涼州（今甘肅省武威縣）。唐貞觀九年（六三五年）正月，唐太宗決心大舉征討吐谷渾，命李靖率軍五路西向。這時，已然歸附唐朝的黨項（據今青海、甘肅、四川省西部及西藏自治區東部地區為國）叛歸吐谷渾，居住在洮州（今甘肅省臨潭縣）的羌人，亦叛歸吐谷渾。李靖統率各路軍，於閏四月抵達鄯州，命李道宗率部追襲正聞風西走的吐谷渾伏允可汗，自率大軍繼後，終於在庫山（今青海省湟源縣南）大敗吐谷渾軍。李靖在此，與自武威向西南進擊的李大亮部會師，分軍兩路實施鉗形追擊，自率薛萬均、薛萬徹、李大亮、契必何力等走北道，命侯君集與李道宗由南路急追。閏四月下旬，李靖在曼頭山（今青海省青海湖東南）、赤水源（曼頭山西）兩次大敗伏允可汗，迫其向今柴達木盆地撤退。南路軍侯君集等，亦擊破吐谷渾軍於牛心堆（今青海縣共和縣境）。五月，吐谷渾軍自赤海（今青海省察喀湖）反攻，擊敗唐軍薛萬均、薛萬徹部，幸賴契必何力及時赴救，該部唐軍才得免被殲。唐將執失思力部，則擊敗吐谷渾軍於居茹川（今察喀湖附近）。李靖與侯君集會師大非川（今惠渠），大破吐谷渾軍，追至破邏真谷（今青海省興海縣西北）。伏允可汗向于闐（今新疆自治區和闐縣）逃竄，途中為部將殺死。李靖等為穩固戰果，奏請唐太宗批准，立原吐谷渾大寧王慕容順為西平郡王，由其管轄吐谷渾舊境，作為唐朝的藩臣。

高昌（今新疆自治區吐魯番縣東）國王麴文泰，在唐貞觀四年（六三〇年）曾親赴長安朝見唐太宗，受到唐太宗的禮遇。後來，因麴文泰阻遏西域諸國通過其境向唐入貢，並出兵侵襲焉耆（今新疆自治區焉耆縣）、伊吾（今新疆自治區哈密縣）等國，唐太宗下詔切責之。唐貞觀十三年（六三九年）十一月，唐太宗詔麴文泰來朝，麴文泰依恃西突厥為其後援，稱病未來，唐太宗於是命吏部尚書侯君集與左屯衛大將軍薛萬均率軍進擊。麴文泰聞訊憂懼，病發身死，其子麴智盛繼為國王。唐軍迭克柳谷（今新疆自治區鄯善縣北）、田城（今新疆自治區吐魯番縣東北）等城，直趨高昌國都。麴智盛迎戰兵敗，退保都城。這時，奉命前來救援高昌的西突厥軍，懼怕唐軍的威勢，在可汗浮圖城（今新疆自治區烏魯木齊市）向唐軍投降。麴智盛因此絕望，亦於八月初開門出降。

侯君集在此置西州，在可汗浮圖城置庭州，又置安西都護府於交河城（今新疆自治區吐魯番縣西北），留兵鎮守。

唐貞觀二十一年（六四七年）十二月，唐太宗因龜茲（今新疆自治區庫車縣）侵漁鄰國，威脅唐通西域之道，命左驍衛大將軍阿史那社爾領兵進討。次年九月，阿史那社爾首先擊降西突厥處月、處密（皆在今新疆自治區焉耆縣以北）二部，然後自焉耆以西進入龜茲北境。焉耆國王薛婆阿那支，棄城逃奔龜茲，被阿史那社爾追擒，改立其從弟先那准為焉耆國王，作為藩臣。阿史那社爾進屯磧口（今新疆自治區和靖縣西），距龜茲都城伊邏盧（今庫車縣北）僅有三百里。龜茲國王訶利布失畢率軍五萬迎戰，兵敗退保都城。十一月，阿史那社爾攻陷伊邏盧，訶利布失畢退據撥換城（今新疆自治區阿克蘇縣東），城破就擒。龜茲為西域大國，龜茲攻破，使西域諸國無不震駭。唐朝在此設龜茲都督府，統領于闐、焉耆、疏勒、龜茲四國。

唐軍西征的下一個目標，即為「控弦數十萬」的西突厥。早在唐貞觀十六年（六二四年）九月，西突厥乙毗咄陸可汗派兵侵犯伊州（今新疆自治區哈密縣）時，唐將郭孝恪便曾與其交戰。至唐高宗永徽二年（六五一年），西突厥降將阿史那賀魯聽說唐太宗駕崩，陰謀襲取庭州，後又改變主意，擁眾西走，擊破西突厥乙毗射匱可汗，在雙河（今新疆自治區伊寧市西北）自稱沙缽羅可汗。這年七月，沙缽羅可汗入犯庭州，攻陷金滿城（今新疆自治區奇台縣），殺掠數千人。唐高宗命左武侯大將軍梁建方等，發秦、成、岐、雍四州兵三萬，及燕然都護府所屬回紇騎兵五萬，立即出征。次年正年，梁建方等在牢山（今新疆自治區阿則博格多山）大破沙缽羅可汗。唐顯慶元年（六五六年）八月，唐右屯衛大將軍程知節，奉詔再次進擊西突厥。唐軍首先與西突厥歌邏、處月二部戰於榆慕谷（今北疆），大破之，繼而又攻破西突厥突騎施、處棍、鼠尼施等部，殲敵數萬人。唐顯慶二年（六五七年）正月，唐將蘇定方率唐與回紇聯軍，自北道再征沙鉢羅可汗，一舉將其擒獲，進而平定西突厥。至此，唐朝的統治區域，西達波斯。

唐朝東征高麗等國，起於唐貞觀十八年（六四四年）擊滅焉耆之後。這年七月，唐太宗即作東征高麗的準備和部署，擬從水、陸兩路合擊高麗。次年二月，唐太宗親率六軍從洛陽出發，三月抵達定州（今河北省定州市）。唐太宗在這裡對侍臣說：「遼東本是中國之地，隋代四次出征而不能得。朕今東征，欲為中國報子弟之仇。」這時，李世勣已率主力先赴遼東，高麗大駭，城邑皆閉門拒守。李道宗與張儉協同李世勣作戰，以阻擊高麗來援之師。張亮所率水軍，亦自東萊（今山東省掖縣）渡海登陸，襲拔卑沙城（今遼寧省復縣西北），然後兵臨鴨綠江，以威脅高麗前線諸軍的側背，並阻其增援遼東。五月初，高麗步騎四萬赴救遼東，至蓋牟城（今遼寧省蓋平縣）被李道宗擊潰。唐太宗亦於五月渡過遼水（今遼河），親至遼東城（今遼寧省遼陽市北），指揮李世勣部攻城。唐軍將遼東城重重包圍，用拋石車、撞車猛攻，高麗守軍力戰不敵，十二天後城陷。唐太宗接著下令進攻白岩城（今遼陽市東），殲滅從烏骨城（今遼寧省本溪市南）出援的萬餘高麗援軍，迫使白岩城守將孫代音投降。六月十一日，唐太宗兵至安市城（今蓋平縣東北），高麗北部酋長高延壽和南部酋長高惠真，率五萬高麗軍和靺鞨軍來戰，被唐軍擊潰。高延壽和高惠真欲退無路，率餘部三萬六千八百人請降。附近高麗守軍聞知，無不震駭，自後黃城（今遼寧省瀋陽市南）至銀城（今遼寧省鐵嶺縣南）一線，空無人煙。七月，唐太宗下令攻拔安市城，高麗安市守軍殊死抵抗，使唐軍攻至九月，未能克城。這時，薛延陀多彌可汗乘唐軍東征之際，入侵河南（今內蒙古自治區伊克昭盟），唐太宗又因遼東天氣已寒，士馬難以久留，於九月十八日班師回國。第一次東征高麗，於是結束。

唐貞觀二十一年（六四七年）二月，唐太宗決定再次舉兵東征。朝議認為，高麗依山為城，攻之不可猝拔，不如派少量軍隊進擾破壞，使其國人不得耕作，人心自離，幾年後便可不戰而取鴨綠江之北。唐太宗採納了這個建議，命李世勣和牛進達領兵一萬三千人，由水陸分赴遼東。唐貞觀二十二年（六四八年）正月，唐太宗又命薛萬徹率軍三萬餘人，自東萊北渡渤海，進擊高麗。這幾路唐軍，在遼東流動作戰，的確起到困敝高麗的作用。

唐貞觀二十二年（六四八年）六月，薛萬徹班師回國之後，唐太宗欲乘高麗困敝，於明年發兵三十萬，一舉將其滅亡。為運輸能夠支持一年作戰的軍糧，唐太宗特命在烏湖島（今山東省蓬萊縣東北二百五十里海中）屯糧。大臣房玄齡認為，唐朝拓地開疆，總該有個限度，沒必要一再勞師遠征高麗，勸唐太宗罷兵。唐太宗置若罔聞。次年春天，唐太宗忽然患病，至五月駕崩，東征之役遂罷。

唐高宗即位後，於唐顯慶三年（六五八年）六月，命程名振、薛仁貴再次進擊高麗，在赤峰鎮（今遼寧省海城縣）、橫山（今遼寧省遼陽市華表山）擊敗高麗軍。唐顯慶五年（六六〇年）三月，與高麗毗鄰的百濟，依恃高麗為援，數次侵掠高麗的另一鄰國新羅，新羅國王金春秋求救於唐。唐高宗決定先下百濟，次屠高麗，然後滅亡新羅，命左武衛大將軍蘇定方，率水陸軍十萬出兵百濟。新羅王派太子法敏率兵五萬，策應唐軍行動。八月，蘇定方引兵自成山（今山東省榮城縣）渡海，百濟軍憑據熊津江口（今朝鮮中部）相拒，被蘇定方擊破，直趨其都城俱拔城（今朝鮮西南部）。百濟傾國迎戰，蘇定方大破之，百濟國王扶余義慈被迫投降。唐高宗下詔，在百濟設熊津、馬韓、東明、金連、德安五都督府。

次年三月，唐高宗正欲親征高麗，不料百濟方面又展開戰鬥，百濟僧人道琛及故將福信聚眾，圍攻唐軍在百濟的留守部隊，唐高宗立即命劉仁軌赴援。七月，奉命征討高麗的蘇定方，擊破高麗軍於浿水（今朝鮮大同江），進圍其國都平壤。九月，唐將契必何力在鴨綠江，又殲滅高麗軍三萬人。唐龍朔二年（六六二年）二月，蘇定方圍平壤久攻不下，又逢大雪天寒，遂撤圍回國。這時，劉仁軌等，仍堅持在百濟境內作戰。七月，劉仁軌拔百濟真峴城（今南朝鮮鎮嶺縣）和支羅城（今南朝鮮懷德縣），殺獲甚眾。不久，唐朝發援軍在百濟登陸，倭國（今日本）出兵協助百濟抵抗唐軍，劉仁軌等加緊進攻，於九月再定百濟。

百濟被征服後，高麗陷於孤立，內部又發生動亂，進而給唐朝以可乘之機。唐乾封元年（六六六年）六月，唐軍第五次東征，以後又不斷發兵支援前線，至唐總章元年（六六八年）九月，終於平定高麗。唐高宗將高麗分置四十二州，設安東都護府於平壤。不久，唐朝將新羅亦納入版圖。

唐初，經過李世民父子三十八年的對外擴張，中國國力空前強大。當時的中國，不但在亞洲雄踞霸主地位，在整個世界，亦罕有其匹。

武后篡唐及對契丹、突厥、吐蕃之戰

武后篡唐及對契丹、突厥、吐蕃之戰，起於唐光宅元年（六八四年），迄於周聖曆二年（六九九年），前後歷時十五年。

唐弘道元年（六八三年）十二月，唐高宗李治死去，太子李顯即位，是為唐中宗。次年，皇太后武曌廢黜唐中宗為盧陵王，立豫王李旦為唐睿宗，但卻使其不得過問朝政，將朝政完全控制在自己手中。武后篡唐之志已露，唐宗室人人自危，於是有徐敬業及李沖、李貞等起兵致討之事。

唐光宅元年（六八四年）九月，被貶為柳州（今廣西自治區柳州市）司馬的英國公徐敬業（李世勣之孫），在江都（今江蘇省揚州市）集兵十餘萬兵人，傳檄聲討武后。徐敬業舉事後，採納謀士薛仲璋的建議，決定先取金陵（今江蘇省南京市）為基地，藉大江天險作屏障，然後北向以圖中原，於是一面使尉遲昭進攻盱眙（今江蘇省盱眙縣），命徐敬猷循江西上奪取和州（今安徽省和縣），一面使唐之奇守江都，自率大軍渡江攻取潤州（今江蘇省鎮江市）。武后聽說徐敬業起兵，立即派大將軍李孝逸和馬敬臣，領兵三十萬往討。十月中旬，徐敬業已攻佔潤州，為迎戰李孝逸，回師下阿溪（今安徽省天長縣東北），同時命徐敬猷進逼淮陰（今江蘇省淮陰縣），命韋超與尉遲昭屯駐都梁山（今江蘇省盱眙縣西南）。李孝逸軍至臨淮（今安徽省泗縣東南），與徐敬業接戰失利，本欲按兵不進，後恐武后怪罪，只得繼續前進。這時，馬敬臣已擊斬尉遲昭，韋超仍率所部在都梁山拒守。十一月初，武后又增遣左鷹揚大將軍黑齒常之，討伐徐敬業。李孝逸引兵進擊韋超，迫使韋超夜遁，然後轉兵進擊徐敬猷，徐敬猷亦兵敗而潰，遂集中力量進擊徐敬業。十一月十三日，徐敬業在下阿溪擊潰渡溪來襲的蘇孝祥部。李孝逸命諸軍繼續渡溪攻擊，數戰不利，後因風縱火，終於大敗徐敬業軍。徐敬業輕騎逃奔江都，企圖經潤州入海，亡命高麗。李孝逸進屯江都，分遣諸將追擊，於十一月十八日，在海陵界（今江蘇省泰縣）將徐敬業等擒獲。

武后在平息徐敬業之叛後，決心徹底翦除唐朝宗室勢力，進而為自己代唐掃清障礙。當時，絳州（今山西省新絳縣）刺史韓王李元嘉、青州（今山東省益都縣）刺史霍王李元軌、邢州（今河北省邢台市）刺史李靈夔（以上皆李淵之子）、豫州（今河南省汝南縣）刺史越王李貞（李世民之子）、通州（今四川省達縣）刺史黃公李譔（李元嘉之子）、金州（今陝西省安康縣）刺史江都王李緒（李元軌之子）、申州（今河南省信陽市南）刺史東莞公李融（李淵之孫）、范陽王李藹（李靈夔之子）、博州（今山東省聊城縣西北）刺史琅琊王李沖（李貞之子）等，在唐宗室中影響最大，武后尤忌之。李元嘉等亦深感不安，暗中有匡復唐朝之志。唐垂拱四年（六八八年）七月，武后召全體宗室人員入朝，諸王懷疑武后企圖借此機會，將宗室一網打盡，決心起兵。八月七日，李沖遣使分告韓、霍、魯、越諸王及貝州（今河北省南宮縣東南）刺史紀王李慎（李世民之子），相約共趨洛陽。武后聞知，命左金吾將軍丘神勣往討。因時間倉促，諸王一時很難採取共同行動，李沖只得獨率所部五千餘人，欲渡過黃河攻取濟州（今山東省長清縣），先進擊武水（今山東省聊城縣西南）。武水令郭務悌，向魏州（今河北省大名縣東）求救，莘縣（今山東省莘縣）令馬玄素率兵千餘，中途截擊李沖，兵敗入武水拒守。李沖放火攻擊武水未克，深感氣沮，回師博州，於同月二十三日，在博州被部將所殺。越王李貞在豫州倉促響應李沖起兵，曾遣兵攻陷上蔡（今河南省上蔡縣）。九月初，武后命左豹韜大將軍曲崇裕進討李貞，李貞力不能敵，被迫自殺。武后既平定李沖與李貞之亂，遂著手誅殺唐宗室及異己臣僚，韓王李元嘉等皆遭慘死。然後，武后立即改國號為周，改元天授，自稱聖神皇帝，以睿宗為嗣皇，賜姓武氏，其篡唐之事，終告完成。

武后篡唐不久，居住在今河北省北部和遼寧省西南部的契丹人，因不堪忍受邊將壓迫，打著「奉唐伐周」的旗號起兵。周萬歲通天（六九六年）五月，契丹首領李盡忠攻陷營州（今遼寧省朝陽市），自號無上可汗，縱兵四掠。武后遣左鷹揚衛將軍曹仁師等，率軍討之。七月，又增遣梁王武三思，為榆關道（今山海關）安撫大使，以防契丹。八月，李盡忠在硤石谷（今河北省遷安縣東北）設伏，全殲曹仁師部。然後，李盡忠利用繳獲的周軍印信，詐騙燕匪石、宗懷昌等部周軍前來營州，途中設伏將其殲滅。武后聞訊大驚，於九月大赦天下囚徒充軍，準備再討契丹。不久，李盡忠攻陷崇州（今遼寧省義縣），但卻在轉攻安東（今河北省盧龍縣）時病故，由副將孫萬榮代領其眾。這時，突厥可汗默啜自請為武后之子，並為其女向周室求婚，願率部眾討伐契丹，武后應允。默啜可汗立即出兵，襲陷孫萬榮的後方松漠（今河北省圍場縣）。孫萬榮收合餘眾，軍勢復振，南下攻奪冀州（今河北省冀縣）和瀛州（今河北省河間縣）。次年（周神功元年，六九七年）三月，武后另遣夏官尚書王孝傑，羽林衛將軍蘇宏暉，率兵十七萬討伐契丹。王孝傑與蘇宏暉，分別自東、西兩路進討，至　石谷與契丹軍遭遇，蘇宏暉臨陣逃跑，王孝傑戰死，將士死亡殆盡。周將武宜攸行至漁陽（今北京市密雲縣），聽說王孝傑軍敗沒，亦不敢再前進。孫萬榮率精銳乘勝攻陷幽州（今北京市），向武后索取唐中宗，以收攏天下人心。武后見征討契丹一再受挫，於這年四月和五月，又派遣右金吾衛大將軍武懿宗和同平章事婁師德，率大軍增援河北。六月，當孫萬榮攻佔趙州（今河北省趙縣）、武懿宗敗據相州（今河南省安陽市）時，突厥默啜可汗襲陷營州，正與周軍對峙的契丹軍大驚，紛紛潰散。周軍及時發動反攻，孫萬榮僅率千餘騎兵逃向潞水（今北京市通縣潮白河），後為部下所殺。契丹之叛，至此平定。

周聖曆元年（六九八年）八月，突厥默啜可汗為入主中原，聲稱曾受李氏之恩，今唐中宗、唐睿宗尚在，願助其恢復唐室，發兵十萬襲擊靜難（今天津市薊縣）、平狄（今山西省代縣）、清夷（今河北省懷來縣）等地。武后立即發四十五萬大軍拒之。默啜可汗接連攻陷飛孤（今河北省蔚縣南）、定州（今河北省定州市）、趙州、相州，致使洛陽為之震動。後來，默啜可汗聽說武后大舉出兵，乃自相州北去。武后鑒於此次突厥深入，加緊整頓北部國防，同時考慮如何對付來自西南方向的吐蕃的威脅。

唐太宗和唐高宗年間，便與吐蕃數次交戰。武后垂拱四年（六八八年），武后為立威國外，以靖內難，曾欲發梁（今陝西省南鄭縣）、鳳（今陝西省鳳縣）、蜓（今四川省巴中縣）等州之兵，自雅州（今四川省雅安縣西）開山通道，進擊吐蕃，為大臣陳子昂所勸阻。但至次年五月，武后還是命文昌右相韋待價等，進擊吐蕃。七月，韋待價軍在寅識迦河（今新疆自治區伊寧市界）與吐蕃軍相遇，一經接戰，即告失敗。周天授三年（六九二年）十月，周將王孝傑大破吐蕃，收取西域龜茲、于闐、疏勒、碎葉四鎮。周長壽三年（六九四年），吐蕃首領勃論贊刃聯合西突厥阿史那綏可汗南侵，又被王孝傑擊敗於冷泉及大嶺（今甘肅省臨潭縣西口外）。次年三月，吐蕃再次入侵臨洮，王孝傑迎戰失利。這時，突厥默啜可汗正攻涼州（今甘肅省武威縣），契丹正圍安東，武后被迫接受吐蕃的議和條件，罷西域四鎮戍兵，割西突厥十姓之地給吐蕃。周聖曆二年（六九九年），吐蕃內部分裂，屯兵青海的論贊婆率所部降周，論弓仁亦率所統吐谷渾人七千餘戶降周，西南邊患始告大減。

周長安四年（七〇四年），由於默啜可汗以奉唐伐周為名，屢次大舉入寇，狄仁傑、張柬之等唐朝舊臣，亦時刻準備復辟，在武后死後，唐中宗終於復位，又改周為唐。

唐玄宗對外擴張之戰

唐玄宗對外擴張之戰，起於唐開元二年（七一四年）征契丹之戰，迄於唐天寶十年（七五一年）征吐蕃之戰，前後歷時三十七年。

唐自神龍元年（七〇五年）中宗復位以來，又經武三思、韋后、安樂公主、太平公主數度宮廷權力之爭，至開元元年（七一三年）唐玄宗李隆基即位，國內局勢才得以安定。唐玄宗早年是一位英明果斷之主，決心重振唐太宗所造成的赫奕國威，又對外大舉擴張。

唐開元二年（七一四年）七月，唐玄宗為奪取契丹所據的北方重鎮營州（今遼寧省朝陽市），命并州長史薛之內率軍六萬進擊。唐軍出檀州（今北京市密雲縣）後，行至灤水山峽中，突遭契丹軍截擊，損兵十之八九。兩年後，突厥可汗默啜死去，契丹首領李失活失去依恃，率部降唐。唐玄宗封李失活為松漠郡王，將營州重新納入唐朝版圖。唐開元六年（七一八年），李失活死去，其部將可突于為爭奪契丹王位，舉兵反叛唐朝，迫使唐營州都督許欽澹退入榆關（今山海關）。可突于曾遣使向唐玄宗請罪，但後來又降於突厥。唐開元十八年（七三〇年）六月，唐玄宗命忠王李浚率十八總管征討契丹，次年正月增派信安王李禕率軍往援。李禕與幽州節度使趙含章分道進擊，在枹白山大敗可突于。可突于經此次慘敗，有兩年未敢入寇唐朝。但至唐開元二十一年（七三三年）三月，唐幽州節度使薛楚玉命副將郭英傑，率精騎一萬出屯楡關，準備進擊契丹，可突于主動引突厥兵來攻，與郭英傑戰於都山（今遼寧省興城縣西），全殲該部唐軍。可突于經此次戰後，又連續入寇唐朝，趙含章、薛楚玉等皆不能制。唐開元二十二年（七三四年），唐新任幽州節度使張守珪大破契丹，可突于被部下殺死。此後二十年間，契丹仍時叛時服，始終為唐朝北部邊患。

突厥在武后時代，屢為中國西北邊患，至唐玄宗即位，由於拒絕再與其和親，遂引起其入侵。唐開元二年（七一四年）二月，突厥默啜可汗命其子同俄特勒和其妹夫火拔頡利，率精騎進攻唐北庭都護府（今新疆自治區烏魯木齊市），同俄特勒被斬，火拔頡利降唐。次年四月，默啜可汗發兵襲擊歸附唐朝的葛邏祿、胡祿屋、鼠尼施等突厥部落。唐玄宗命北庭都護湯嘉惠救援，迫使默啜可汗撤軍。唐開元四年（七一六年）六月，默啜可汗在征討突厥拔曳固部時被殺，其兄默棘連繼為可汗，是為毗伽可汗。突厥各部聽說默棘連立為可汗，多又叛附唐朝。唐開元八年（七二〇年）六月，唐玄宗發三十萬大軍進討突厥，被毗伽可汗數次擊潰，突厥因此氣勢大振。此後，毗伽可汗數次向唐朝求婚，唐玄宗均未應允。唐開元二十九年（七四一年），突厥內部發生動亂，相互殘殺。唐玄宗命左羽林將軍孫老奴，率回紇、葛邏祿、拔悉密等部大舉進擊，經過三年的征撫，突厥終於敗亡。

唐玄宗即位初期，曾屯兵十萬於秦（今甘肅省天水市）、渭（今陝西省隴西縣）等州，以備吐蕃入侵。唐開元二年（七一四年）八月，吐蕃果然派坌達延、乞力徐率軍十萬，自河西九曲進攻臨洮（今甘肅省岷縣），同時對蘭州、渭源亦展開全面攻勢。十月，唐玄宗下詔親征，在武街（今甘肅省臨洮縣）重創吐蕃，收回九曲之地。此後，吐蕃連年犯邊，雙方互有勝敗。唐開元十年

（七二二年）八月，吐蕃與唐爭奪西域，損兵數萬，從隴右轉向河西進犯。唐開元十四年（七二六年）冬天，吐蕃大將悉諾邏侵入大斗谷（今甘肅省山丹縣南），進攻甘州（今甘肅省張掖縣），以擾唐通西域之路。次年正月，唐涼州都督王君㚟乘其兵疲西歸，冒風雪發動追擊，在青海以西破其後軍，繳獲大量輜重羊馬。九月，悉諾邏、燭龍莽布支攻陷瓜州（今甘肅省安西縣北），轉攻玉門（今甘肅省玉門市）未克，棄城而去。後來，吐蕃與突騎施連兵，並遣使約突厥共同侵唐。唐玄宗急派張守珪等收拾瓜州殘破之局，同時將隴右道諸軍五萬六千人、河西道諸軍四萬人和中軍一萬人，皆集中在臨洮，將朔方兵二萬人集中在會州（今甘肅省靖遠縣東北），使之遙相呼應，準備腹背夾擊吐蕃。唐開元十六年（七二八年）七月，唐軍在瓜州、曲子城（今新疆自治區庫車縣東）兩次擊敗來犯的吐蕃軍，遂展開攻勢，大破吐蕃軍於渴波谷（今青海西）。八月，吐蕃又攻甘州，唐將杜賓客與之戰於祁連城下（今甘肅省張掖縣西南），斬首五千。次年三月，張守珪與沙州（今甘肅省敦煌縣）刺史賈思順，亦大敗吐蕃。但是，此時吐蕃在青海方面卻接連破城，唐朔方節度使李禕引兵深入，才阻遏住吐蕃的攻勢。唐開元十八年（七三〇年），吐蕃因屢次兵敗，請求與唐朝和親。唐玄宗聽從大臣皇甫唯明的建議，答應與吐蕃修好。

唐開元二十五年（七三七年），吐蕃進擊勃律（今新疆自治區克什米爾東北），勃律告急於唐。唐玄宗命吐蕃罷兵，吐蕃未從，唐玄宗甚怒。這時，適逢河西節度使崔希逸派人入京奏事，唐玄宗命內給事趙惠琮，前往涼州檢查邊備。趙惠琮矯詔，命崔希逸襲擊吐蕃，崔希逸不得已發兵，進襲吐蕃乞力徐都，殲其二千餘人，吐蕃因此與唐朝反目。唐開元二十六年（七三八年）三月，吐蕃又大舉入犯河西，被崔希逸擊破。九月，唐劍南節度使王昱，進攻吐蕃安戎城（今四川省茂縣西口外），屢攻不克，損兵數千人。次年八月，吐蕃又在迭州（今甘肅省迭部縣）發動攻勢，被唐隴右節度使蕭炅擊破。唐開元二十八年（七四〇年）三月，唐軍攻破安戎城，盡殺吐蕃降卒。同年八月，吐蕃反攻安戎城及維州（今四川省會理縣西），遭到唐軍痛擊。次年六月，吐蕃進攻承風堡（今青海湖南）、河源軍（今青海省共和縣）、安人軍（今青海省西寧市），唐渾崖烽（今西寧市西南）守將臧希夜將其擊還。十二月，吐蕃攻陷廓州（今青海省化隆縣）、達化（今青海省貴德縣）。唐天寶元年（七四二年）十二月，唐隴右節度使皇甫唯明，殲滅吐蕃近萬人。次年四月，皇甫唯明由西平（今西寧市）攻破洪濟城（今貴德縣北），轉攻石堡城，未克。後來，唐玄宗改命王忠嗣繼任隴右節度使，王忠嗣為人持重，足智多謀，在邊陲數千里要害之地，到處列置堡壘，威震吐蕃。唐天寶五年（七四六年），王忠嗣被誣下獄，其部將哥舒翰為隴右節度使，也曾屢破吐蕃，使吐蕃不敢再接近青海。唐天寶十年（七五一年），唐安西四鎮節度使高仙芝，向西域深入作戰，大敗而還。此後，吐蕃與唐朝爭奪西域控制權的戰爭，仍在繼續。

在唐朝開元、天寶極盛時代，契丹、突厥相繼為唐所征服，吐蕃雖猶頑抗，亦屢為崔希逸、皇甫唯明、王忠嗣、哥舒翰等重創，已無力再大舉入犯唐邊。

安史叛亂之戰

安史叛亂之戰，起於唐天寶十四年（七五五年）十一月，迄於唐廣德元年（七六三年）正月，前後歷時七年零二個月。

唐代自玄宗李隆基即位後，對內勵精圖治，革除前朝積弊，對外破降契丹、突厥，擊敗吐蕃，使唐太宗所開創的貞觀局面得以復振，出現了所謂開元盛世。但到開元二十年（七三二年）以後，情形有所改變。此時唐玄宗年屆五十，早年銳發之氣已喪，不僅日事聲色，懶理朝政，而且逐漸被高力士、李林甫及楊國忠等奸佞所包圍。一身兼任平盧（治所在今遼寧省朝陽市南）、范陽（治所在今北京市）、河東（治所在今山西省太原市）三鎮節度使的安祿山，看清朝廷政治腐敗，遂由輕視之心而啟叛逆之意，私下準備實力，企圖奪取李氏天下。

唐玄宗一向以為安祿山憨直誠篤，對其毫無戒備。宰相楊國忠和太子李亨，則皆知安祿山宿有逆謀，遲早會造反，勸唐玄宗召安祿山來京觀見，並斷言其必不敢來。安祿山在京師設有耳目，知道此詔不過是為証實自己有無反意，遂於唐天寶十三年（七五四年）正月應詔入朝。安祿山到京師後，向唐玄宗泣奏自己一片忠心。唐玄宗憐其誠懇，賞賜甚厚，並應其所求，命其兼領群牧總監。安祿山借此機會，秘密將各地的良馬統統送往范陽，以增加自己軍隊的機動性，同時保奏部將破格擢升，進一步收買黨羽之心。這年三月，安祿山辭歸范陽，留其親信劉駱谷仍在京師，窺伺朝廷動向。唐天寶十四年（七五五年）六月，唐玄宗將榮義公主下嫁安祿山之子安慶宗，命安祿山到京觀禮，安祿山辭病未往。唐玄宗這才對安祿山有所警惕，採納進京述職的河南尹逑奚珣的建議，再次召安祿山來京，並聲稱「朕為卿作一溫泉池，賜卿洗浴專用，地在華清宮」。安祿山知道自己反狀已露，更急欲發難，遂於十一月詐稱唐玄宗有密詔命其入朝殺楊國忠，親率十五萬大軍南下。

當時，由於國內承平日久，河北又屬安祿山監察地區，不敢有所抗拒，故安祿山進軍順利，十天後即達博陵（今河北省蠡縣）。然後，安祿山遣其部將安忠志，率精兵前往土門（今河北省井陘縣西），以防太原方面的唐軍，自率主力繼續南下，至稾城（今河北省稾城縣）和常山（今河北省正定縣）。常山太守顏杲卿力不能拒，姑且往迎叛軍。幾天後，太原方面，亦向朝廷告急。唐玄宗卻仍以為，這是厭惡安祿山的人所編造的假況，不肯相信，直至欽差馮神威親自報告，安祿山確已謀反，唐玄宗才大驚失色，召集群臣商議對策。這時，鑒於關中地區兵員缺乏，唐玄宗命安西節度使封常清火速往洛陽募兵，旬日之間得六萬人，封鎖河陽橋（今河南省孟縣西黃河北岸）。同時，倉促部署對安祿山的防禦：任命郭子儀為朔方節度使，鎮守九原（今內蒙古自治區五原縣）；任命右羽林大將軍王承業為太原尹，鎮守太原；任命張介然為河南節度使，鎮守陳留（今河南省開封市）；任命程千里為上黨太守，鎮守上黨（今山西省長治市）；任命榮王李琬為元帥、右金吾大將軍高仙芝為副元帥，屯兵陝城（今河南省陝縣）。

十二月初，安祿山在靈昌（今河南省汲縣東）渡過黃河，迫降陳留太守郭納，殺死張介然。然後、安祿山命李庭望守陳留，命平原太守顏真卿守河津（今山西省河津縣），大軍西向滎陽（今河南省滎陽縣）。滎陽未戰即克，太守崔無詖被殺。接著，安祿山又命田承嗣、安忠志、張忠孝為前鋒進攻虎牢，將封常清新募之兵沖潰，乘勢攻陷洛陽。

就在攻陷洛陽的同日，安祿山部將高秀岩，在北方亦展開攻勢，入犯朔方振武軍（今內蒙古自治區和林格爾縣），遭到朔方節度使郭子儀重創。安祿山另一部將薛忠義，迎戰郭子儀，郭子儀派左兵馬使李光弼、右兵馬使高浚、左武鋒使僕固懷恩、右武鋒使渾釋之接敵，殲敵七千人，進圍叛軍所據的雲中（今山西省大同市）。郭子儀還命別將公孫瓊岩襲拔馬邑（今山西省朔縣東），控制東陘關（今山西省代縣南雁門關東口），和鎮守太原的王承業遙相呼應。郭子儀這一攻勢非常重要，不僅打通了朔方唐軍與太原唐軍之間的聯繫，使安祿山南下太原，西趨永濟，與從河南方向夾攻關中之計成為泡影，而且日後能夠東出井陘，進入常山，給安祿山以攔腰打擊。

此時河南方面，封常清率敗兵退至陝城，又西至潼關佈防。安祿山命崔乾佑入據陝城，大軍則留在洛陽未動，欲在此稱帝。後來，安祿山見臨汝（今河南省伊陽縣東）、弘農（今河南省靈寶縣南）、濟陰（今山東省曹縣西北）、濮陽（今河南省濮陽縣東）、雲中等地相繼投降，為進一步略定關東，命李庭望率一部軍向東挺進。唐東平（今山東省東平縣）太守李祗等聯兵抵抗，使安祿山向東發展之勢，暫被遏阻。唐玄宗則利用這段時間，急征朔方、河西、隴右之兵，努力加強關中守備。唐玄宗並鑒於洛陽、陳留已陷，江淮租賦經汴水的漕運被切斷，須改由江漢補給關中，命永王李璘為山南節度使前往荊襄，命穎王李璬為劍南節度使確保巴蜀。

十二月十六日，河西、隴右之兵已集長安。唐玄宗下詔處死東征失利的封常清和高仙芝，起用隴右名將哥舒翰為兵馬副元帥，命其率軍扼守潼關，同時命各地進兵會攻洛陽。十二月下旬，常山太守顏杲卿、平原太守顏真卿、濟南太守李隨、饒陽太守盧全誠等，聯兵討伐安祿山，河北十七郡聞訊響應，只有范陽、盧龍、密雲、漁陽（今天津市薊縣）、汲（今河南省汲縣）、鄴（今河南省安陽市）六郡，仍控制在叛軍手中。這一舉動，使正要親自進擊潼關的安祿山剛至新安（今河南省新安縣），便被迫回師洛陽。唐天寶十五年（七五六年）正月初一，安祿山在洛陽自稱大燕皇帝，重新部署兵力，然後在河北、河南展開大戰。

河北方面，安祿山部將史思明，首先擊滅顏杲卿於常山，恢復對常山、鄴郡、廣平、巨鹿、趙郡、上谷、博陵、文安、魏郡、信都等郡的控制，繼而對饒陽盧全誠展開圍攻，但直至二月上旬，未能攻克。唐玄宗為挽救常山再次陷落後河北戰場的頹勢，決心切斷安祿山後方范陽與洛陽之問的聯繫，命新任河東節度使李光弼，出井陘收復常山。史思明遂解除對饒陽的圍攻，向西與李光弼在常山展開激戰。雙方相戰四十餘天，李光弼寡不敵眾，困守常山，向郭子儀求援。四月上旬，郭子儀率朔方兵，由井陘馳至常山，與李光弼合力反擊史思明，迫其退保博陵（今河北省蠡縣），並乘勝進圍博陵。五月，安祿山遣將自洛陽和范陽，南北增援史思明。史思明也集中兵力，在恆陽（今河北省曲陽縣）與郭子儀、李光弼會戰，結果又遭慘敗，仍退守博陵。河北十餘郡得知這個消息，皆殺叛軍守將，歸向朝廷。顏真卿並乘勢向信都（今河北省冀縣）、魏郡（今河北省魏縣）進攻，致使敵范陽與洛陽之間的交通，再次斷絕。

河南方面，叛軍李庭望部由陳留出發，向淮北及南陽、襄陽發動攻勢，欲斬斷唐朝自江漢補給關中的運輸線。其向雍丘（今河南省杞縣）、睢陽（今河南省商丘縣南）進攻的一路，為真源（今河南省鹿邑縣）令張巡所拒止。其向穎川（今河南省許昌市）、葉縣（今河南省葉縣）進攻的一路，遭到穎川太守來瑱、南陽太守魯炅的抗擊。五月初，魯炅兵敗，退保南陽（今河南省鄧縣），叛軍進圍南陽。唐玄宗唯恐漢水運道斷絕，急命虢王李巨率軍，自藍田出武關，馳援魯炅。叛軍聞知，解圍而去，但等李巨離開南陽轉赴彭城，又來圍攻南陽。

由於史思明在河北一再大敗，河南方面作戰亦無進展，安祿山深感憂慮，欲放棄洛陽，返回范陽。正在這時，唐玄宗採納楊國忠之策，催促哥舒翰出潼關，進攻陝（城）、洛（陽）。哥舒翰和郭子儀、李光弼，皆認為應扼守潼關，不可輕出，河南、河北諸軍應繼續與叛軍周旋，待其內變，再發動進攻。唐玄宗拒不採納。哥舒翰迫不得已，於六月初慟哭一場之後，引兵出關。安祿山立即命崔乾佑與哥舒翰戰於靈寶、陝縣之間，大敗哥舒翰，唐軍逃回潼關者僅八千餘人。六月九日，崔乾佑攻陷潼關，哥舒翰退至關西驛，後為其部將火拔歸仁等脅迫，投降叛軍。潼關失守，使整個關中震動，河中（今山西省永濟縣）、華陽、馮翊（今陝西省大荔縣）、上洛（今陝西省商縣）等郡防禦使，皆棄郡而走。唐玄宗聞訊甚懼，聽從楊國忠的建議，決定以親征為名，遷蜀暫避。

六月十三日，唐玄宗倉皇逃離長安。次日，當行至馬嵬驛（今陝西省興平縣西）時，隨行大臣陳玄禮殺死楊國忠，並要求處死其妹楊貴妃，以安定軍心。唐玄宗難犯眾怒，忍痛命人將楊貴妃縊死。六月十五日，陳玄禮認為楊國忠的親信皆在蜀地，不可前往，要求或往河隴，或往靈武，或往太原，或還長安。唐玄宗意在入蜀，但又顧慮難違眾心，遂採納大臣韋諤的建議，決定暫往扶風（今陝西省鳳翔縣），並留後軍二千人，給太子李亨，命其就地組織抵抗。這時，長安已為安祿山部將孫孝哲佔領，叛軍正西脅汧隴，南侵江漢，北據河東之半，李光弼與郭子儀被迫西入井陘，扼守太原。

太子李亨留在馬嵬驛後，不知向何處棲身，後自奉天（今陝西省乾縣）北上，經新平（今陝西省邠縣）、安定（今甘肅省涇川縣）、烏氏（今甘肅省寧縣南）至平涼（今甘肅省固原縣），所存之眾僅數百人。唐朔方留後杜鴻漸、六城（河套外三受降城及豐安、定遠、振武三城）水陸運使魏少游、節度制官崔漪、度支判官盧簡、金鹽池判官李涵等，皆認為平涼形勢渙散，非屯兵之所，靈武（今甘肅省靈武縣）兵食富足，應到那裡去，北收諸城兵馬，西發河隴勁騎，南向以定中原。李亨遂於唐天寶十五年（七五六年）七月九日前往靈武。這時，杜鴻漸與河西司馬裴冕等，又敦請李亨即皇帝位，以勉徇眾心，維持社稷。李亨開始未許，後經再三進勸，終於答應即位，改元至德，是為唐肅宗，遙尊唐玄宗為上皇天帝。七月十五日，已經進入劍閣（今四川省劍閣縣）的唐玄宗，尚未聽到這個消息，命李亨充任天下兵馬元帥，領朔方、河東、河北、平盧四鎮節度都使，南取長安和洛陽，同時對永王李璘、盛王李琦、豐王李珙、虢王李巨等，亦各有任命。

唐至德元年（七五六年）七月，唐肅宗命河西節度使梁宰發兵五千來靈武，又征安西（今新疆自治區庫車縣）軍七千人、郭子儀軍五萬人入朝。回紇可汗、吐蕃贊普，亦相繼遣使求見唐肅宗，願助唐討伐安祿山。此時河北方面，郭子儀，李光弼軍已西入井陘，大多數州郡仍控制在唐軍手中。七月下旬，常山太守王莆投降史思明，被部將殺死。常山諸將，請信都太守烏承恩移駐常山，烏承恩遲疑未決。史思明乘機襲陷九門（今河北省藁城縣西北）、藁城（今藁城縣）、趙郡，於九月攻拔常山。唐軍在河北的形勢，因之趨於不利。但在河南方面，安祿山部將李庭望和令狐潮，進攻雍丘失利。平原方面，顏真卿派人與河北、河南、江淮加強聯繫，各地守將始知唐肅宗即位之事，戰志益堅。關中方面，屯駐長安外圍的突厥酋長阿史那從禮，率部出塞，逃歸朔方，企圖盜據邊地。唐肅宗遣使予以宣慰，降者甚眾。長安城內，則因相傳太子李亨已在北邊收兵，不久即要來取長安，許多人紛紛出走，有人則暗殺叛軍將領，遙應官軍。安祿山所委京兆尹田乾真，終日心驚膽戰，其在長安的兵力所及，南不出武關，北不過雲陽（今陝西省淳化縣），西不過武功（今陝西省武功縣），與初佔長安時相比，範圍已大大縮小。

這年九月，唐肅宗以廣平王李俶為天下兵馬元帥，命左廂兵馬使李光弼出井陘攻打常山，進圖范陽，命右廂兵馬使郭子儀南取馮翊、河東。與此同時，唐肅宗欲借外兵以張軍勢，派僕固懷恩出使回紇借兵。然後，唐肅宗將朝廷由靈武遷往彭原（今甘肅省慶陽縣），並擬再遷至扶風。十月，文部侍郎房琯，請求率軍收復兩京（長安、洛陽），唐肅宗立即批准，加封房琯為持節招討西京兼防蒲潼兩關兵馬節度使，以兵部尚書王思禮為副使。十月下旬，房琯率軍五萬，分三路向長安進擊，不料在咸陽等地遭到叛軍重創，將士死傷四萬餘人。這時，叛將史思明、尹子奇連陷河間、景城（今河北省景縣）、樂安（今山東省廣饒縣）、平原、清河、博平、信都和饒陽等地，逼走顏真卿，逼降烏承恩，使整個河北盡為安祿山所有。尹子奇並率五千騎兵渡過黃河，略定北海（今山東省濰坊市、益都縣、臨朐縣一帶），準備南取江淮。後因回紇兵入援唐室，二千騎兵先突至范陽城下，尹子奇才急忙退兵。

十二月，荊襄方向發生變故，永王李璘鎮守江陵，認為天下大亂，唯有南方尚比較安定，自己又手握重兵，封疆數千里，欲據金陵（今江蘇省南京市）保有江表，仿效東晉司馬睿所為。唐肅宗聞知，命淮南節度使高適、淮南西道節度使來瑱與江東節度使韋涉，共圖李璘。十二月二十五日，李璘引兵沿江而下，襲奪吳（今江蘇省蘇州市）、廣陵（今江蘇省揚州市）二郡。李璘行至當塗

（今安徽省當塗縣），吳郡太守兼江南東道採訪使李希言、廣陵長史兼淮南採訪使李成式及丹徒太守閻敬之等，皆發兵相拒，先後為李璘所敗，致使整個江淮大震。高適與來瑱、韋陸合兵討伐李璘，經過兩個多月的作戰，才終於將李璘擊滅在江寧（今江蘇省江寧縣）和新豐（今江蘇省武進縣）。永王李璘之亂，為唐朝討伐安祿山期間最嚴重的內亂，倘若此亂不能迅速平定，則唐朝將立刻出現冰消瓦解之勢。

與此同時，安祿山在長安方面大破房琯，並基本掃清河北，在河南、山西又相繼發起攻勢。唐至德二年（七五七年）正月，叛將令狐潮、李庭望乘李璘東下江淮之際，加緊圍攻雍丘，迫使張巡退守寧陵（今河南省寧陵縣）。此後，張巡與睢陽太守許遠合兵，先後牽制李庭望、令孤潮及尹子奇等部叛軍二十餘萬人，對整個戰局做出重大貢獻。史思明則乘機折向山西，企圖在攻克太原後，進逼朔方和河隴。該部叛軍，分道自博陵、上黨、大同、范陽進攻太原，為李光弼逐個擊敗。李光弼所取得的勝利，不但掩護了唐朝的復興基地朔方，而且策應了關中的作戰。但是，此時吐蕃趁唐朝邊境戍守虛弱，連陷威戎、神威、定戎、宣威、制勝、金天、天成、石堡、百谷、雕巢諸戍（均在今青海湖以東到甘肅洮河以西地區）。

唐至德二年（七五七年）正月，安祿山在洛陽為其子安慶緒所殺，安慶緒即大燕皇帝位。二月十日，唐肅宗至鳳翔，徵集隴右、河西、安西、西域諸軍，部署第二次向長安進討。這時，郭子儀已自洛交（今陝西省鄜縣）引兵趨向河東，攻取馮翊（今陝西省大荔縣），以圖潼關、陝城，並克定蒲阪（今山西省永濟縣）。謀士李泌，請唐肅宗先取安祿山的老巢范陽，唐肅宗則急於收復兩京，迎回上皇（唐玄宗），遂不用李泌之策，揮師向長安進軍。二月十九日，安慶緒先期發動攻勢，命安守忠進擊武功，大破唐關內節度使王思禮和郭英義、王難得部，前鋒追至太和關，距鳳翔僅五十里，後被擊卻。與此同時，史思明在太原遭到李光弼重創。安慶緒為保證其作戰策源地范陽和後方補給線的安全，任命史思明為范陽節度使，並封其為嬀川王，負責范陽的防務，同時任命安忠志為常山太守兼團練使，鎮守陘口，以拒李光弼東出，特派牛廷介前往安陽部署軍事，以維護後方交通。不久，郭子儀發兵攻破潼關，安慶緒立即出師馳救，全殲該部唐軍。三月下旬，安守忠率騎兵二萬進攻河東，被郭子儀擊破。唐肅宗召郭子儀前來鳳翔，擬由其率軍再攻長安。郭子儀在西上途中，大破截擊的叛軍於三原（今陝西省三原縣）。五月，山南東道節度使魯炅，困守南陽已經一年，城中糧盡，被迫棄城突圍至襄陽。六月，叛軍田乾真部包圍安邑，河東太守馬承光將其擊卻。七月，河南節度使賀蘭進明克復高密（今山東省高密縣）、琅邪（今山東省膠南縣琅邪台西北），殲滅叛軍二萬人。這時，叛將尹子奇增兵進攻睢陽未克，叛將安武臣攻屠陝郡，唐濟陰守將投降安慶緒，叛軍乘勢攻奪靈昌。上黨方面，叛軍屢次進攻，皆為上黨節度使程千里擊退。李光弼仍堅守太原。

唐至德二年（七五七年）閏八月下旬，唐肅宗因回紇援兵已至鳳翔，以廣平王李俶為天下兵馬元帥，郭子儀為副元帥，率諸軍十五萬人，準備第二次進攻長安。同月二十六日，回紇軍前鋒攻克駱谷（今陝西省周至縣西南）及武功。郭子儀見回紇兵善戰，請其再派些人來，回紇又遣精兵四千至鳳翔。九月十三日，唐與回紇聯軍，自鳳翔向長安進發。半月後，唐與回紇聯軍，在灃水以東與十萬叛軍相遇，雙方進行會戰，叛軍慘敗，安守忠、田乾真等退保陝郡。九月二十八日，唐與回紇聯軍克復長安。郭子儀率部分兵力，追擊叛軍至潼關，又克華陰、弘農兩郡。十月，唐軍在武關大破叛軍，攻克上洛郡。安慶緒聞訊大驚，悉發洛陽之兵，赴陝郡拒守，不料又被唐與回紇聯軍擊破。安慶緒遂於十月十六日放棄洛陽，逃向河北。唐與回紇聯軍未戰，即克洛陽。

安慶緒自洛陽潰歸時，其先至范陽的部隊，皆被史思明收編。安慶緒唯恐史思明乘機反叛，派親信阿史那承慶、安忠志往徵其兵，並企圖將其除掉。史思明聽從部將耿仁智、烏承玼的勸說，將阿史那承慶和安忠志扣留，以所部八萬精兵及范陽、北平、嬀川、密雲、漁陽、柳城、文安、河間、上谷、博陵、渤海、饒陽、常山等十三郡（即今河北省北部和中部地區）降唐。唐肅宗喜出望外，立即封史思明為歸義王兼范陽節度使，命其率所部討伐安慶緒。滄、瀛、安、深、德、棣等州叛軍聞知，相繼投降，於是整個河北，皆為唐有。唐肅宗為徹底剿滅安慶緒，又委派郭子儀經略河北，與史思明合作。

唐乾元元年（七五八年）二月，安慶緒在鄴城，命蔡希德、安太清率軍攻平原、清河，擒斬密謀降唐的王暕和宇文寬。六月，李光弼認為史思明終究會再次叛亂，奏請唐肅宗以烏承恩為范陽節度使，並命其伺機行事。史思明發覺後，殺死烏承恩，又復叛唐。這時，唐肅宗正集中全力討伐安慶緒，對史思明暫取安撫羈縻之策。唐乾元元年（七五八年）八月，唐肅宗再次借得回紇騎兵，命朔方節度使郭子儀、淮西節度使魯炅、興平節度使李奐、滑濮節度使許叔冀、鎮西北庭節度使李嗣業、鄭蔡節度使季廣琛、河南節度使崔光遠、平盧節度使董秦、河東節度使李光弼及澤潞節度使王思禮等九節度之師，與回紇騎兵共討安慶緒。此時，安慶緒認為自己尚據有汲、鄴、趙、魏、平原、清河、博平七郡六十餘城，甲兵足備，資糧豐富，率鄴城之軍七萬，前往衛州（今河南省汲縣），與唐軍接戰。郭子儀等一舉殲敵三萬餘人，攻拔衛州，迫使安慶緒逃回鄴城。安慶緒被圍在鄴城，形勢危急，派人向史思明求救，願以大燕皇帝位讓之。十一月，史思明發范陽兵十三萬救鄴，後因唐軍勢重，未敢輕進，先遣李歸仁率步騎一萬屯於滏陽（今河北省磁縣），遙為安慶緒聲援。不久，唐軍攻拔魏州（今河北省大名縣），史思明才分兵三路南進，一路向邢（今河北省邢台市）、洺（今河北省永年縣）兩州，一路向冀（今河北省冀縣）、貝（今河北省清河縣）兩州，一路自洹水（即安陽河）向魏州進攻。由於九節度之師互不統屬，雖共有兵員六十餘萬，戰鬥力卻極弱，很快便被史思明各個擊破。唐乾元二年（七五九年）三月，史思明執殺安慶緒，進入鄴城，盡收安慶緒餘部及其所有州縣。史思明本想繼續向西進軍，因恐李光弼襲其後方，乃留長子史朝義守衛鄴城，自率主力北還范陽，繼稱大燕皇帝。

唐乾元二年（七五九年）七月，唐肅宗命李光弼扼守洛陽。李光弼得知史思明將渡河南犯，引兵東屯虎牢關（今河南省汜水縣）。九月，史思明發動攻勢，自黎陽（今河南省浚縣東北）、濮陽（今河南省濮陽縣）、白皋（今河南省滑縣西北）、胡良（今滑縣東北）四路逼近黃河，指向汴州（今河南省開封市）。唐汴滑節度使許叔冀迎戰失利，與濮州刺史董秦投降史思明。史思明分兵向江淮地區進軍，自率主力西攻鄭州（今河南省鄭州市）。李光弼面對乘勝而來之敵，決定放棄洛陽，移軍河陽（今河南省孟縣西），使叛軍不得西侵。九月二十七日，史思明進入洛陽，空無所得，又畏李光弼來襲，不敢入居宮中，退屯白馬寺南，然後引兵渡河，進攻河陽。李光弼在河陽督軍力戰，給叛軍以重大殺傷。史思明兵出河清（河陽以西黃河北岸），欲斷李光弼糧道，李光弼親至野水渡（河清以東）佈置守備。史思明夜遣驍將高廷暉、李日越率騎兵渡河往攻，李光弼已離開這裡。二將恐怕回營為史思明所誅，向唐軍投降。史思明復攻河陽，李光弼誓死抵抗，殲敵數千人。

史思明與李光弼隔河對峙月餘，無尺寸之功，遂於十二月派部將李歸仁，率騎兵五千西攻陝州。唐陝州守將衛伯玉，預先得到李光弼通報，在附近山谷設伏，擊破李歸仁於譙子阪（今河南省陝縣東）。李光弼亦遣騎兵，在永寧（今河南省澠池縣西）設伏，截擊李歸仁的潰軍。唐上元元年（七六〇年）二月，李光弼留兵守護河陽，親率主力前往懷州（今河南省沁陽縣）攻打安太清。史思明派兵攔阻，與李光弼戰於沁水之上，損兵三千餘人。三月二十三日，李光弼在懷州南大破安太清，然後兵圍懷州，但卻暗率主力返回河陽，以備史思明來襲。史思明於沁水戰敗後，果然轉兵掩襲河陽。四月二日，史思明正在渡河時，遭到李光弼的圍攻，損兵一千餘人，不得不急忙退軍。史思明並因李光弼時在河陽，時在懷州城下，不明其虛實，又恐其襲擊洛陽，只好返回洛陽，不敢再輕易出動。這年六月，史思明親率大軍，欲從鄭州往救懷州，為李光弼所遣平盧兵馬使田神功擊破。唐肅宗曾欲在李光弼與史思明對峙之際，命郭子儀統兵七萬，自朔方直取范陽，以動搖史思明的根基，後為宦官魚朝恩所阻。十一月，唐淮西節度副使劉展，據宋州（今河南省商丘縣）叛唐。史思明欲乘機掠地，命部將田承嗣率軍五千，進向淮西（今河南省汝南縣），王同芝率軍三千，進向陳（今河南省淮陽縣）、許（今河南省許昌市），敬江率軍二千，進向兗（今山東省兗州縣）、鄆（今山東省鄆城縣），以接應劉展。由於劉展被田神功迅速討平，史思明掠地之舉，未能如願。同月，李光弼攻克懷州，生擒安太清。

史思明欲使李光弼前來洛陽會戰，百般誘之，李光弼未為所動。史思明於是派間諜入長安，誘說宦官魚朝恩，聲稱史思明的將士在洛陽久戍思歸，上下離心，急擊可破。魚朝恩信以為真，屢次向唐肅宗建議進取洛陽。唐肅宗遂命李光弼發動進攻。李光弼奏稱叛軍鋒芒尚銳，不可輕進，魚朝恩竟誣稱李光弼欲養賊自重。這時，朔方節度使僕固懷恩依附魚朝恩，亦上表認為洛陽可取。唐肅宗受魚朝恩、僕固懷恩內外迷惑，一再遣使催促李光弼出戰。李光弼迫不得已，乃命鄭陳節度使李抱玉扼守河陽，自率一部軍，與僕固懷恩及神策軍節度使衛伯玉進攻洛陽，共受魚朝恩節制。唐上元二年（七六一年）二月下旬，唐攻洛陽大軍與史思明軍前鋒，戰於洛陽西北的邙山，李光弼建議依險為陣，僕固懷恩則要求在平原列陣。李光弼說：「依險可進可退，若在平原戰而失利，我軍將全部喪盡。史思明乃善戰之人，不可忽視。」僕固懷恩便請魚朝恩出來干涉。史思明乘唐軍列陣未定，突然發動進攻，獲得大勝。李光弼與僕固懷恩，渡河走保聞喜（今山西省聞喜縣），魚朝恩、衛伯玉奔往陝州。史思明乘勝渡河，進攻河陽，李抱玉亦棄城而走。河陽、懷州皆被叛軍攻陷，唐肅宗大驚，急忙增兵陝州。李光弼因此次兵敗，上表請求自貶為河中節度使，與陝州互為犄角之勢，以求拱衛長安。史思明於邙山會戰後，本想乘勝入關攻取長安，屯軍永寧（今河南省洛寧縣東），不料為其子史朝義所弒。史朝義篡位後，忙於整頓內部，方使關中轉危為安。

然而，史朝義雖未向西入關，卻在極力向東方掠地，並企圖奪取唐朝財賦所賴之地江淮。四月至六月，青密節度使尚衡、兗鄆節度使能元皓，相繼擊破史朝義的軍隊，但史朝義部將謝欽讓圍攻申州（今河南省信陽市南），生擒唐淮西節度使王仲升，致使淮西震動。不久，幸虧平盧節度使侯希逸與田神功、能元皓會攻汴州，史朝義命謝欽讓赴救，淮西形勢方告緩解。這時，唐朝內部因李輔國與張皇后擅權，各地將士變亂迭起，吐蕃、黨項又加緊入犯，已陷於內憂外患交相煎逼的境地，故敵方雖有史思明被弒這樣的巨變，亦無力謀求反攻。這年五月，唐肅宗又命李光弼自河中出鎮臨淮（今安徽省五河縣東），以謀穩定江淮及江漢。史朝義欲下江淮，亦親率大軍圍攻宋州（今河南省商丘縣）。十一月，神策軍節度使衛伯玉乘史朝義東圍宋州，從陝州出兵襲取永寧、澠池、福昌（今河南省宜陽縣西）、長水（今河南省洛寧縣西）等地。次年（唐寶應元年，七六二年）正月，李光弼自南陽北襲許州（今河南省許昌市），擒獲叛軍守將李春朝，並擊敗史朝義派來救援的史參部。李光弼見史朝義親圍宋州已經數月，自許州東至臨淮後，又赴徐州（今江蘇省銅山縣），命田神功向寧州進擊史朝義。史朝義疲憊不堪，被迫撤去對宋州的包圍，但不甘被動，又派兵圍攻李抱玉於澤州（今山西省晉城縣）。李抱玉堅守不出，後來突然出城掩擊，大破叛軍。從此，史朝義回守洛陽，不再出兵。正當此際，唐兵部尚書李輔國，先後逼弒唐玄宗和唐肅宗，立太子李豫（廣平王李豫改名）為帝，是為唐代宗。史朝義在洛陽得知唐朝發生巨變，遣使引誘回紇登里可汗出兵，共奪唐朝天下。登里可汗，立即發兵十萬出征。

寶應元年（七六二年）九月，唐代宗獲悉回紇為史朝義所誘前來攻唐，急命殿中監藥子昂往忻州（今山西省忻州市）犒勞回紇軍，又命僕固懷恩（登里可汗的岳父）去勸說登里可汗。登里可汗權衡利弊，改變主意，願再次助唐討伐史朝義。登里可汗欲自蒲關（今山西省永濟縣）由沙苑（今陝西省大荔縣南）出潼關東向，藥子昂認為關中數遭兵荒，州縣蕭條，無以供給，勸其自土門（今河北省井陘縣）出兵，經邢、洺、懷、衛諸州，直撲洛陽，登里可汗未從。藥子昂又請登里可汗向太行山南下，奪據河陽，控扼史朝義的咽喉，登里可汗亦未從。藥子昂只好請登里可汗自大陽津（今山西省平陸縣西南）渡過黃河，兵向陝州，登里可汗才應允。十月，唐代宗以雍王李適為天下兵馬元帥，徵集諸節度使之兵，與回紇軍會師陝州，進討史朝義。十月二十三日，唐軍主力發自陝州，僕固懷恩部與回紇左殺部為前鋒，自澠池東向，澤潞節度使李抱玉和河陽等道副元帥李光弼，分別由河陽和陳留挺進洛陽。十月二十六日，僕固懷恩等抵達同軌（今河南省洛寧縣東）。史朝義聽說唐與回紇聯軍將至，與諸將商議對策。阿史那承慶建議退守河陽，以避聯軍鋒銳，史朝義未從。十月二十七日，聯軍已至洛陽北郊。十月二十八日，李抱玉攻克懷州。十月三十日，僕固懷恩等列陣於橫水（今河南省孟津縣境），命回紇軍為兩側翼，大破叛軍數萬。史朝義悉發洛陽精兵十萬出戰，聯軍分道進擊，一直追至洛陽城東，殺敵六萬餘人，俘敵二萬餘人。史朝義無力再戰，率輕騎數百東逃。僕固懷恩遂克洛陽，並分兵攻克河陽。然後，仆固懷恩留回紇軍在河陽，命其子僕固瑒及朔方兵馬使高輔成，率步騎萬餘追擊史朝義。史朝義退至汴州（今河南省開封市），該城叛軍守將張獻誠，不許其入內，史朝義遂北奔濮州（今河南省濮陽縣）。十一月，史朝義自濮州北逃，僕固懷恩攻拔滑州（今河南省滑縣），並在衛州（今河南省汲縣）再破史朝義。這時，史朝義部將田承嗣等率軍四萬，自睢陽（今河南省商丘縣南）與史朝義會合，共同抵禦唐軍的攻勢。僕固瑒督軍力戰，將田承嗣等擊破，長驅追至昌樂（今河南省安陽市東）。史朝義以魏州（今河北省大名縣）兵來戰，仍告失利。幾天後，叛軍鄴城（今河南省安陽市）守將薛嵩，以相（今河南省安陽地區）、衛、洺（今河北省永年縣）、邢（今河北省邢台市）四州，向李抱玉投降，恆陽（今河北省正定縣）守將張忠志，以恆（今河北省正定縣）、趙（今河北省趙縣）、深（今河北省深縣）、定（今河北省定州市）、易（今河北省易縣）五州，降於河東節度使辛雲京。史朝義敗走貝州（今河北省清河縣），與其部將薛忠萬等合兵。僕固瑒追至臨清（今山東省臨清縣），史朝義引兵三萬，自衡水（今河北省衡水市）反擊，被僕固瑒設伏擊敗。很快，回紇軍亦至，史朝義不敢再戰，北退下博（今河北省深縣南）。

這時，僕固懷恩見史朝義所控之地尚多，各擁重兵，若一一加以擊滅，則河北戰禍勢將延長，而且難以取勝，又恐叛亂平定後自己會失勢，決定在叛軍中收買人心，用為羽翼，遂向朝廷保奏叛將薛嵩、張忠志等各為節度使，以求共滅史朝義。不久，史朝義在下博被僕固瑒擊敗，與田承嗣一同逃奔莫州（今河北省任邱縣）。唐各路大軍進圍莫州，史朝義屢次出戰皆敗。唐廣德元年（七六三年）正月，田承嗣聽說唐朝已任命薛嵩、張忠志各為節度使，亦暗中派人向僕固懷恩接洽投降。李抱玉、辛雲京等上奏唐代宗，認為僕固懷恩養賊樹黨，懷有貳心，朝廷對僕固懷恩開始懷疑。僕固懷恩仍一意孤行，擅自接納田承嗣投降。這時，史朝義倉皇北逃幽州，僕固瑒、侯希逸、薛兼訓等率三萬唐軍追擊，至歸義（今河北省雄縣西北），又給史朝義殘部以殲滅性打擊。史朝義逃至范陽城下，范陽守將李懷仙已降唐，不許其入城。史朝義不禁涕淚俱下，僅率數百騎兵東奔廣陽（今北京市大興縣與房山縣間），廣陽守將亦不許史朝義入城。史朝義又欲北入契丹，剛至溫泉柵（今河北省灤縣南），即被李懷仙遣兵圍困，走投無路，只好自縊於棗林中。歷時七年之久的安史之亂，至此結束。

安史之亂，為中國有史以來罕見的一次內亂。唐朝整個北方被戰亂波及，人民喪亂流離，死者達七百餘萬，國庫亦因之枯竭。大戰剛剛結束，各地節度使紛紛擁兵割據。唐朝日見分崩離析，在循環不已的藩鎮之亂中，又維持了一百四十餘年後，終於滅亡。

唐代宗討藩鎮之戰

唐代宗討藩鎮之戰，起於唐廣德二年（七六四年）正月平僕固懷恩之叛，迄於唐大曆十二年（七七七年）三月討田承嗣，前後歷時十三年零二個月。

唐朝在玄宗年間，為充實邊地國防，曾設置若干節度使，分別主管數州的軍政事務。及安史反叛，全國紛擾，朝廷為平定戰亂，又相繼在內地建置河南節度使、山南節度使、江南道節度使、淮南節度使、關內節度使、山南東道節度使、興平節度使、滑濮節度使、鄭蔡節度使等。從此，節度使遍佈全國各地，形成各自的作戰地區及籌兵籌餉地區。特別是在平叛後期，僕固懷恩勸朝廷啟用叛軍降將為節度使後，薛嵩得為相（今河南省安陽市）、衛（今河南省汲縣）、邢（今河北省邢台市）、洺（今河北省永年縣）、貝（今河北省清河縣）、磁（今河北省磁縣）六州節度使（號永平軍），田承嗣得為魏（今河北省大名縣）、博（今山東省聊城縣）、德（今山東省樂陵縣）、滄（今河北省滄縣）、瀛（今河北省河間縣）五州節度使（號魏博軍），張忠志（賜名李寶臣）得為恆（今河北省正定縣）、趙（今河北省趙縣）、深（今河北省深縣）、定（今河北省定縣）、易（今河北省易縣）五州節度使（號成德軍），李懷仙得為幽（今北京市）、薊（今天津市薊縣）、媯（今河北省懷來縣）、檀（今北京市密雲縣）、營（今遼寧省朝陽市）、平（今河北省盧龍縣）、燕（今北京市順義縣）、莫（今河北省任邱縣）八州節度使（號幽州軍），候希逸得為淄（今山東省益都縣）、齊（今山東省濟南市）、密（今山東省諸城縣）等州節度使（號平盧淄青軍），以致當時除澤潞節度使外，新建節度使皆由安史之黨所擔任。這些節度使各擁勁卒數萬，官爵甲兵租賦刑殺自專，互為表裡，以抗朝廷。朝廷對他們已經不能控制，只好事事姑息，一味籠絡而已。

首先起兵謀反的，則是僕固懷恩。僕固懷恩認為自己在平定安史叛亂中功高無比，屯兵汾（今山西省汾陽縣）、晉（今山西省臨汾市）、沁（今山西省沁源縣）三州及榆次（今山西省榆次市）等地，時時要脅朝廷。唐廣德元年（七六三年）五月，河東節度使辛雲京上奏唐代宗，報告僕固懷恩兵據河東境內，與回紇連謀，反狀已露，提請朝廷防備。僕固懷恩聞訊大怒，亦上表要求誅殺辛雲京。唐代宗企圖調解僕固懷恩和辛雲京之間的矛盾，結果卻適得其反。

這年十月，吐蕃攻陷長安，唐代宗逃往陝州（今河南省陝縣）避難，下詔徵僕固懷恩前來救駕，僕固懷恩拒不奉詔。唐廣德二年（七六四年）正月，僕固懷恩與太原將領李竭誠取得聯繫，命其子僕固瑒襲擊太原。辛雲京察覺後，殺死李竭誠，加強太原的守備。僕固瑒率軍攻之，為辛雲京所敗，遂轉兵圍攻榆次。唐代宗為討伐僕固懷恩，重新起用在朔方將士中素有威望的郭子儀為河內、河東副元帥兼河中節度使，於二月至河中（今山西省永濟縣）。僕固懷恩的部下聞知，皆懷投奔舊帥郭子儀之心。不久，僕固瑒在榆次被部將殺死，僕固懷恩急率親兵渡河，北走靈州（今寧夏自治區靈武縣）。

六月，僕固懷恩到靈州後，收集流亡，其勢復振。這時，朝廷仍下詔稱其勳勞，雖解其河北副元帥、朔方節度使等職，卻仍保留其太保兼中書令和太寧郡王的官爵，並召其來京。僕固懷恩反意已決，於七月勾引回紇、吐蕃十萬人入寇。八月，唐代宗召郭子儀徵詢禦敵方略。郭子儀說：「僕固懷恩本是臣的一員裨將，其麾下皆臣舊部，必不忍以鋒刃與臣相向。」唐代宗於是命郭子儀出鎮奉天（今陝西省乾縣），迎戰僕固懷恩。九月，僕固懷恩在宜祿（今陝西省長武縣）、邠州（今陝西省邠縣）擊敗邠寧節度使白孝德，進逼奉天。郭子儀先是堅守不戰，於十月才列陣於乾陵以南。僕固懷恩正欲發兵攻擊，忽聞唐河西之兵襲其後方，急忙撤退。河西節度使楊志烈，派監軍柏文達襲奪靈武後，又進攻靈州，遭到回師自救的僕固懷恩的重創，敗還涼州（今甘肅省武威縣）。

唐永泰元年（七六五年）秋九月，僕固懷恩再次引誘回紇、吐蕃、吐谷渾、黨項、奴刺數十萬軍隊入寇。僕固懷恩讓吐蕃將領尚結悉、贊摩、馬重英等，自北道趨奉天，黨項將領任敷、鄭庭、郝德等，自東道趨同州（今陝西省大荔縣），吐谷渾、奴刺之軍，自西道趨周至（今陝西省周至縣），回紇軍繼吐蕃軍之後，自率朔方兵繼回紇之後。郭子儀在河中遣使上奏唐代宗，認為敵皆騎兵，往來如飛，請速命鳳翔節度使李抱玉、滑濮節度使李光進、邠寧節度使白孝德、鎮西節度使馬璘、河南節度使郝庭玉、淮西節度使李忠臣名自出兵。唐代宗表示同意。不久，忽聞僕固懷恩在入寇途中暴病而歸，死在嗚沙（今寧夏自治區中衛縣東），其部下為爭權相互殘殺，最後由范志誠代領其眾。吐蕃和回紇等軍，則仍在深入京畿。九月十五日，吐蕃軍十萬至奉天，長安震恐。唐奉天守將渾瑊、白元光與吐蕃軍力戰，先後殲敵五千餘人，使郭子儀得以率軍趕至。十七日，郭子儀從河中進屯涇陽（今陝西省涇陽縣），請李忠臣屯東渭橋（今陝西省西安市東北），李光進屯雲陽（今陝西省淳化縣），馬璘、郝庭玉屯便橋（今陝西省咸陽市南），李抱玉屯鳳翔，內侍駱奉先與將軍李日越屯周至，同華節度使周智光屯同州，鄜坊節度使杜冕屯坊州（今陝西省中部縣）。這時，由於連續九天天降大雨，吐蕃不得進攻，乃移兵進攻醴泉（今陝西省醴泉縣），黨項軍則西掠白水（今陝西省白水縣）、東侵蒲津（今陝西省朝邑縣）。吐蕃軍一路焚燒廬舍，掠獲男女數萬人，被周智光引兵截擊，大破於澄城（今陝西省澄城縣），並北追至鄜州（今陝西省鄜縣）。十月，吐蕃軍退至邠州，與回紇軍相遇，一同再回奉天，同時包圍涇陽。郭子儀認為回紇曾有大功於唐（助唐平定安史之亂），唐待回紇亦不算簿，親往回紇營中勸回紇退兵。回紇將領藥葛羅說：「僕固懷恩欺騙我們，說天可汗（唐代宗）已死，令公（郭子儀）亦捐軀，中國無主，所以我們才敢來。今見天可汗在上都（長安），令公仍統兵於此，僕固懷恩又為天所殺，我們怎麼還會與令公相戰？」郭子儀因勢利導，對其說：「吐蕃無道，乘我國有亂，不顧舅甥之親，吞噬我邊郡，焚蕩我畿甸。其所掠之財，不可勝計，此乃天要賜給回紇的。因此，你們不但應該保全實力，繼續與唐友好，而且應該破敵取富。」藥葛羅說：「我們為僕固懷恩所誤，有負令公。今當為令公盡力，擊吐蕃以謝罪過。」吐蕃軍聞訊大驚，當夜撤軍逃遁。藥葛羅率回紇軍追擊吐蕃軍，郭子儀命白元光率精騎與之同行，追至靈台西原赤山嶺（今甘肅省涇川縣東），殲滅吐蕃軍萬人。這時，僕固懷恩的部將張休藏等來降，其他僕固懷恩的部將聞知，亦紛紛來降。唐代宗又派人去見黨項、奴剌、吐谷渾軍將領，將其一一安撫。至此，歷時一年多的僕固懷恩之亂，方告平息。

然而，時過不久，同華節度使周智光又起叛亂。周智光因澄城之捷，驕橫異常，曾擅殺鄜州刺史張麟，並殺死與其不和的鄜坊節度使杜冕的家眷八十一人，下令焚燒坊州。唐代宗召周智光來長安詢問，周智光拒不赴召。唐代宗乃命杜冕暫住梁州（今陝西省南鄭縣）山南西道節度使張獻誠處，以避周智光的進一步加害。周智光聞訊，派兵在商山（今陝西省商縣東）設伏，企圖殺死杜冕，結果未能得逞。周智光自知罪重，遂縱兵劫掠，搶奪關東藩鎮向朝廷的貢品，公然叛亂。

周智光雖然如此跋扈，朝廷對其猶欲安撫，於唐大曆元年（七六六年）十二月，加封其為檢校左僕射。不料周智光卻罵道：「我有大功於天下，國家為何不給我平章之職（相當於宰相的銜稱），僅給我僕射。同華一帶地方狹窄，不足以展示我的才能，請將陝（今河南省陝縣）、虢（今河南省靈寶、閿鄉、盧氏縣）、商（今陝西省商縣）、鄜（今陝西省鄜縣）、坊（今陝西省中部縣）五州，也劃給我。」並威脅道：「這裡距長安僅一百八十里，我夜裡睡覺都不敢舒開腳，唯恐踏破長安城。至於挾天子以令諸侯，大概也只有我周智光才行。」唐大曆二年（七六七年）正月，唐代宗見周智光不肯就範，仍在華州截奪朝廷貢糧，並將出兵攻奪陝、虢、商、鄜、坊五州，因此密詔郭子儀討之。郭子儀剛列兵於渭水之上，周智光的部眾聞知，便皆有逃離之心。周智光平時常發狂言，此刻方知不能力拒郭子儀，上表請求赦免自己。唐代宗於是將其貶為灃州（今湖南省灃縣）刺史。詔下三日後，周智光即為其牙將姚懷、李延俊等殺死。

在平定僕固懷恩的過程中，魏博節度使田承嗣，以為朝廷徵兵之名擴充實力，數年間便擁兵十餘萬。唐大曆三年（七六八年）六月，幽州軍兵馬使朱希彩、經略副使朱泚及其弟朱滔，殺死節度使李懷仙，共推朱希彩為節度使。唐代宗密詔成德節度使李寶臣討之，遭到朱希彩的反擊，只好承認朱希彩為幽州節度使。唐大曆七年（七七二年），朱希彩為部下殺死，朱泚又要求繼任節度使，唐代宗迫於無奈，同樣照准。魏博節度使田承嗣，見朝廷如此軟弱，遂有異謀。唐大曆八年（七七三年），永平節度使薛嵩死去，田承嗣欲將其部屬和轄地據為己有，多方撥弄，終於使永平軍內亂。唐大曆九年（七七四年），田承嗣公然為安史父子建立「四聖堂」，以示其念舊和不忘本。朝廷遣使切責，命其立即毀掉祠堂，田承嗣乘機要求加封平章的銜稱，以此作為交換條件。唐代宗為使田承嗣聽命，不但加封田承嗣平章榮銜，而且將永樂公主下嫁其子。田承嗣因此益發驕慢。

唐大曆十年（七七五年）正月，田承嗣誘使永平軍兵馬使裴志清作亂，驅逐永平節度留後薛嵈。田承嗣並且不顧朝廷諭止，引兵襲取相州（今河南省安陽市）、洺州（今河北省永年縣）、衛州（今河南省汲縣）、邢州（今河北省邢台市），殺死邢州刺史薛雄。成德節度使李寶臣、淄青節度使李正己，不願讓田承嗣多得以上四州地，而欲與之分肥，皆上表請求討伐田承嗣。朝廷正好利用這一矛盾，於四月下詔，免去田承嗣一切官職，命河東、成德、幽州、淄青、淮西、永平、汴宋、河陽、澤潞諸道節度使同時發兵，進向魏博。

五月，田承嗣部將霍榮國在磁州（今河北省磁縣）倒戈，李正己攻拔德州（今山東省德州市），淮西節度使李忠臣統步騎四萬進圍衛州。六月，田承嗣請裴志清進攻冀州（今河北省冀縣），裴志清率部降於李寶臣，田承嗣於是親自來爭冀州。李寶臣列兵迎戰，田承嗣懼為所困，自燒輜重返回博州（今山東省聊城市）。不久，田承嗣見諸節度使之兵已從四方雲集博州，部將又多叛去，於八月上奏唐代宗，表示願往朝廷謝罪。然而，朝廷剛下詔暫停進攻，田承嗣乘機又派部將盧子期進犯磁州。九月，李寶臣、李正己在棗強（今河北省棗強縣）會師，進圍貝州（今河北省清河縣）。田承嗣親往救之，並在成德、淄青兩軍之間製造矛盾，使李正己和李寶臣相繼退去。李忠臣聞訊，亦釋衛州之圍，南渡黃河屯於陽武。後來，李寶臣又與朱滔合圍滄州，田承嗣部將田庭玠堅守力戰。幾天後，磁州告急，李寶臣與昭義節度留後李承昭往救，大破盧子期於清水（今磁縣西北），河南諸節度使，亦大破田承嗣之侄田悅於陳留（今河南省開封市）。田承嗣大懼，暗中派人與李正己聯繫，表示願將自己的勢力轉交李正己。李正己甚喜，遂按兵不進。河南諸節度使見狀，因此亦不再前進。田承嗣既無南顧之憂，乃得專力對付北方。這時，李寶臣深恐平定田承嗣後自己的勢力也會被朝廷削弱、對田承嗣的進攻日益減少。田承嗣知道李寶臣早就想得到故里范陽，設計挑動李寶臣向朱滔手裡爭奪。李寶臣果然夜選精騎三千，乘朱滔不備往襲范陽。朝廷見李寶臣與朱滔翻臉，李正己又與田承嗣暗中結好，深感無法再繼續進討，遂於唐大曆十一年（七七六年）二月下詔，赦免田承嗣之罪。

田承嗣被赦罪後，並未洗心革面，不久乘李靈曜之叛，又整兵據守各要害之地。唐大曆十一年（七七六年）五月，汴宋節度留後田承玉死去，其部將李靈曜殺死兵馬使孟鑒，北結田承嗣為援，抗拒朝命。朝廷以永平節度使李勉兼汴、宋、曹、兗、鄆、徐、泗、濮八州留後，田承嗣出兵滑州擊敗李勉，迫使朝廷承認李靈曜為汴宋八州節度留後。朝廷不得已，只好依從。李靈曜為節度留後之後，益發驕慢，不聽朝命。八月，朝廷又命淮西節度使李忠臣、永平節度使李勉、河陽節度使馬燧出兵討之。淮南節度使陳少游、淄青節度使李正己，亦皆主動進兵。李靈曜的部將李僧惠、高憑、石隱金等，不願繼續附逆，與朝廷取得聯繫，暗中作為內應。九月，李忠臣和馬燧會攻鄭州，李靈曜自汴州西行逆戰，迫使李、馬兩軍退往滎澤（今鄭州市西北）。李忠臣欲繞道退回淮西，後經馬燧相勸，才肯留下繼續作戰。數日後，李正己攻克鄆（今山東省東平縣）、濮（今河南省濮陽縣）二城，李僧惠擊敗李靈曜一部於雍邱（今河南省杞縣）。十月，馬燧與李忠臣引兵自滎澤沿汴水兩岸東下，數敗李靈曜軍。及進抵汴州境內，陳少游率軍前來會師，三軍遂合力與李靈曜大戰於汴城以西，予李靈曜以重創，迫其退入汴城自守。這時，田承嗣派田悅率軍來救李靈曜，與李勉軍和李正已軍戰於匡城（今河南省長垣縣），乘勝進至汴州城北。李忠臣對田悅軍施行夜襲，繼以大軍攻之，迫其北遁。李靈曜待援無望，自知難以固守，亦於夜間開城逃走，欲北投田承嗣。剛行至韋城（今河南省滑縣東），即被李勉部將杜如江擒獲，送往京師斬首。

唐大曆十二年（七七七年）三月，唐代宗因田承嗣曾出兵協助李靈曜為逆，加封李正已、李寶臣、李忠臣皆為平章之銜，使之進討田承嗣。田承嗣分遣說客游說李正已、李寶臣，勸其各自擴張轄區，不要與他作對，不然用血汗攻得的州縣，遲早將為朝廷收去。李正已等人為之心動，停兵不進，各作打算。田承嗣既以計阻各鎮軍進討，乃再次上表向朝廷謝罪，同時派人與盧龍節度使朱滔、山南東道節度使梁崇義聯絡感情。朝廷為勢所逼，只好再次赦免田承嗣，復其官爵，並令其今後不必入朝。

縱觀唐代宗時代，由於對僕固懷恩、周智光、田承嗣、李靈曜等反叛勢力極力委曲求全，始得逐個討平或安撫。後來，各節度使雖然表面奉事朝廷，實際卻驕縱不法。尤其是河北、河南、山南、淮西地區的節度使，多不行朝廷法令，割據地盤，互相勾結或征伐，官爵甲兵和租賦刑殺，更是皆自專之。因此，這些人名為藩臣，無異敵國，唐王朝的統一局面，已名存實亡。

唐德宗討藩鎮之戰

唐德宗討藩鎮之戰，起於唐建中二年（七八一年）六月討魏博、淄青、成德及梁崇義之戰，迄於唐貞元二年（七八六年）四月討淮西之戰，前後歷時將近五年。

唐大曆十四年（七七九年）五月，唐代宗死去，太子李適即位，是為唐德宗。此時的唐朝，內憂外患，局勢混亂，唐德宗決心勵精圖治，以謀興復，在對外相繼與吐蕃、回紇言和之後，對內亦欲蕩平藩鎮割據。

但是，各地藩鎮跋扈的局面，依然存在。成德節度使李寶臣自知衰老，欲將其所轄的恒、易、趙、定、深、冀、滄七州軍府傳給兒子李唯岳，又恐李唯岳年少愔弱，不足以制服部將，便乘其在世之際，盡誅諸將中難制者。唐建中二年（七八一年）正月，李寶臣死去，李唯岳上表請襲成德節度使。唐德宗欲革除前弊，未許其所請。朝臣諫道：「李唯岳已據其父之業，不因此而命之，必為反叛。」唐德宗回答：「賊本無資以為亂，皆藉我土地，假我位號，以聚其眾。以前隨其所欲太多，而叛亂益滋。所以，給予爵命，非但不足以制亂，反而會長亂。至於李唯岳，必然為亂，給不給爵命，都一樣。」這時，在田承嗣死後繼為魏博節度使的田悅和淄青節度使李正己，各遣使來見李唯岳，密謀連兵共抗朝廷。山南東道節度使梁崇義，雖與李正己、田悅等亦有勾結，但因自己兵勢寡弱，表面上對朝廷禮數甚恭。不久，淮西節度使李希烈（李忠臣族侄）欲擴展地盤，準備進攻梁崇義，梁崇義甚懼，急忙增修武備。朝廷派人去撫慰梁崇義，並召其入朝，梁崇義心虛膽怯，拒不受詔。田悅、李正己、李唯岳聽說梁崇義抗拒朝命，遂乘機連兵，共抗朝廷。

這年五月，李正己派其兵馬使孟佑，率騎兵五千北助李唯岳。田悅則因相衛節度使薛嵩死後，其伯父田承嗣只取得洺（今河北省永年縣）、相（今河南省安陽市）、衛（今河南省汲縣）、澶（今河南省清豐縣）四州，而邢（今河北省邢台市）、磁（今河北省磁縣）二州及臨洺（今永年縣西）為朝廷收回，這就彷彿兩眼生在魏博軍腹中，使其不得以太行山作為西境，遂派兵八千包圍邢州，自率數萬兵包圍臨洺。兩處守將早有防備，使田悅久攻未克。在此之前，李正己發兵萬人屯駐曹州（今山東省曹縣西北），聽說朝廷已發動全國各地兵力，內自關中，西達蜀漢，南盡江淮閩越，北至太原，準備討伐拒命的藩鎮，乃分兵控扼徐州甬橋（今安徽省宿縣北符離集）、渦口（今安徽省懷遠縣東），切斷南北糧運交通。梁崇義在襄陽，亦切斷襄陽以南的水陸交通，使江淮及湘楚進奉船隻不敢北上。朝廷深為震恐。

七月，臨洺告危，朝廷命河東節度使馬燧、昭義節度使李抱真、神策先鋒都知兵馬使李晟往救，並命淮西節度使李希烈督諸道進討梁崇義，命永平節度使李勉督宋亳節度使劉洽、鄭汝節度使路嗣恭、河陽節度使李梵進討李正己，命盧龍節度使朱滔、朔方節度使李懷光進討李唯岳。馬燧與李抱真東出壺關，攻破邯鄲，擊退田悅。這時，李正己死去，其子李納自領軍務，發兵萬人往救田悅。李唯岳亦遣三千人，馳援田悅。田悅在得到上述援兵之後，收攏殘卒，在洹水下游（今河南省內黃縣以西）防守。馬燧率諸軍進屯鄴城（今河南省安陽市），河陽節度使李梵奉命與之會合。

八月，梁崇義與李希烈相戰於江陵以東，聽說河北田悅已經大敗，倉皇逃回襄陽。李希烈率諸道兵共逼襄陽，在蠻水（今湖北省宜城縣西）、疏口（今宜城縣北）再破梁崇義軍。梁崇義的部下不願再做抵抗、紛紛出降，梁崇義被迫投井自殺。李希烈將梁崇義的首級傳送京師，將襄陽據為己有，不肯回鎮。唐德宗任命李承為山南東道節度使，李承單騎赴任，勸李希烈還鎮，李希烈無奈，只好在大掠襄陽後離去。這時，盧龍節度使朱滔討伐李唯岳，屯軍莫州（今河北省任邱縣北），爭取李唯岳的部將張孝忠歸降，並上表推薦張孝忠為成德節度使。李正己從兄、徐州刺史李洧，亦向朝廷請求討伐李納，並乞領徐（今江蘇省銅山縣）、海（今江蘇省東海縣）、沂（今山東省臨沂縣）三州觀察使。朝議未允，只加封李洧為御史大夫。李納得知李洧與海州刺史王涉、沂州刺史馬萬通相約歸向朝廷，派部將王溫會同魏博將領崇慶進攻徐州。李洧向朝廷求救，朝廷命宣武節度使劉洽、神策都知兵馬曲環、滑州刺史李澄及朔方兵馬使唐朝臣等赴救，於是在十一月展開徐州之戰。

不久，李納因王溫、崇慶攻徐州二旬未下，又遣石隱金率萬人前來助攻。劉洽等與淄青軍接戰後，便向後撤，崇慶與石隱金追擊，朔方騎兵突然發動側襲，將淄青軍攔腰斬斷，予其重創。劉洽等乘勢反擊，直逼徐州城下，大破包圍徐州的淄青軍，淄青軍餘部北逃，江淮漕運於是暢通。劉洽等又移兵攻李納於濮州（今河南省濮陽縣），克其外城，李納乞降。唐德宗本欲赦免李納之罪，使其北攻田悅、李唯岳，後聽從宦官之言，決定消滅已經勢窮力蹙的李納。李納見朝廷不肯赦免自己，逃往鄆州，並遣將襲取沂州和海州，又與田悅、李唯岳連兵。

唐建中三年（七八二年）正月，河陽節度使李芃，在圍攻衛州（今河南省汲縣）時，受到田悅軍的重創，移軍向河東節度使馬燧靠攏。馬燧與昭義節度使李抱真、神策先鋒都知兵馬使李晟，在臨洺擊破田悅，屯軍鄴城，準備會戰，並策動敵方內部瓦解。田悅堅守不戰，馬燧潛師沿洹水直趨魏州（今河北省大名縣）。田悅發覺馬燧等已空營東去，率軍與來援的成德、淄青軍一道發起追擊。馬燧等見敵追蹤而來，立即擇地列陣，乘敵至陣前喘息未定，縱兵反攻。田悅軍大亂，洹水之橋又被馬燧焚毀，損兵二萬餘人。田悅僅收得殘兵千人，逃奔魏州。這時，李抱真與馬燧意見相左，形成相互牽制之局，馬燧為求息事寧人，留屯黎口（今河南省內黃縣西衛河入洹河之口），李抱真則頓兵平邑浮圖（今內黃縣西口回龍鎮東），皆遷延不進。田悅因而得以安然抵達魏州。

與此同時，盧龍節度使朱滔與新任成德節度使張孝忠，連兵攻拔束鹿（今河北省束鹿縣），進圍深州（今河北省深縣），在恆州（今河北省正定縣）的李唯岳甚為憂懼，秘密向朝廷請求歸順。田悅得知大怒，遣使責備李唯岳有負於己。李唯岳只好又改變主意，命成德軍兵馬使王武俊率成德兵萬人，與前來助戰的淄青軍兵馬使孟佑之軍，共圍束鹿。王武俊深恐破朱滔後，李唯岳會除掉自己，故不謀力戰，且求小敗。朱滔、張孝忠自深州還救束鹿，與王武俊交戰，王武俊遭到內外夾擊，燒營逃走。朱滔欲乘勝進攻恆州，張孝忠卻畏敵，折向義豐（今河北省深澤縣東），於是朱滔亦屯兵束鹿不進。李唯岳因束鹿之敗，懷疑王武俊有二心，王武俊竭力辯解，才獲得信任。李唯岳命其與步軍使衛常寧，率軍奪回歸向朝廷的趙州（今河北省趙縣）。王武俊與衛常寧出恆州後，亦密謀歸向朝廷，與留在恆州的李唯岳的部將謝遵、王士真取得聯繫，引軍回襲恆州，將李唯岳殺死，傳首京師。於是，朝廷以張孝忠為易、定、滄三州節度使，王武俊為恆、冀兩州都團練觀察使，原趙州守將康日知為深、趙兩州都團練觀察使，並將德、棣兩州改隸朱滔。朱滔要求將深州亦劃歸自己，朝廷未許，朱滔因此生怨，留屯深州不走。王武俊素來輕視張孝忠和康日知，自以為除掉李唯岳有功，封職應在張孝忠和康日知之上，對張孝忠為節度使而自己與康日知俱為都團練觀察使，深感不滿。這時，適有朝命讓王武俊撥糧三千石給朱滔，馬五佰匹給馬燧，王武俊更認為朝廷欺負自己，未肯奉詔。田悅聞知此事，遂想出橫生枝節之策，派人到深州對朱滔說：「司徒（朱滔新加官銜）奉詔討伐李唯岳，旬日之間，便拔束鹿，下深州，使李唯岳勢蹙。王武俊正是因借司徒的勝勢，才得以手誅李唯岳。況且，天子在詔書中曾說，司徒若得到李唯岳的城池，可歸隸本鎮，如今卻割深州給康日知，乃是自棄其信。天子的本意，其實是要掃清河朔，不使藩鎮繼續承襲，將以文臣代替武臣。我們魏博軍若亡，下一個要亡的，就是盧龍軍，若魏博軍還在，則盧龍軍可以無患。」並答應將貝州送給朱滔。朱滔素有異志，聽後大喜，派人回報田悅，願反戈為其外援。然後，朱滔亦派人去恒州，對王武俊說：「大夫（王武俊）冒死誅逆首，拔亂根，康日知未曾出趙州，豈得與大夫同日論功？而朝廷的褒賞卻大致相同，誰不為大夫不平？今又聞有詔，讓大夫出糧馬給鄰道，朝廷之意，不過是因大夫善戰無敵，恐為後患，先欲削弱你的實力，待掃平魏博之後，再使馬僕射（馬燧）和朱司徒（朱滔）南北夾擊於你。朱司徒現在亦感到難以自保，欲與大夫共救田尚書（田悅），請大夫自留糧馬，切勿外撥，朱司徒也絕不將深州交給康日知，而寧願日後送給你。倘若我們三鎮連兵，勢同耳目，手足相救，便可無患。」王武俊聽後，立即表示同意。朱滔又派人拉攏張孝忠，張孝忠卻未為所動。

不久，朝廷發盧龍、恆、冀、易、定等州之兵，到魏州進攻田悅，王武俊拒不受詔，並將朝廷的使者扣押，交與朱滔。朱滔號召將士進擊馬燧，無奈將士皆希望保住現有的寵榮，不肯為逆，朱滔只好暫時作罷。康日知得知這一消息，報告馬燧，馬燧又報告朝廷。朝廷因魏州未下，王武俊復叛，暫時難以制服朱滔，乃封朱滔為通義郡王，以安其心。朱滔知道朝廷用意，造反之念愈熾，強迫將士往趙州攻康日知，而將深州移交給王武俊部將王巨源。王武俊既得深州，命其子王瑱留守恒州，親自率兵亦往趙州。朱滔此行的目的，主要還是南救田悅，顧慮張孝忠為其後患，又派人前去拉攏。張孝忠仍不肯助逆。朱滔便使部將劉怦屯駐要害之地涿州（今河北省涿州市），以防張孝忠來襲。然而，朱滔率軍剛南行至束鹿，內部即發生動亂。朱滔大驚，急引軍又回深州，將倡亂的二百餘人斬首，穩住軍心，然後再次舉兵南下，進屯寧晉（今河北省寧晉縣），等待和王武俊會師。田悅見援兵將至，命部將康愔率軍萬人出城，與馬燧戰於御河之上，結果大敗而還。這時，朱滔寫密信給其兄鳳翔節度使朱泚，約其同反。此信被馬燧截獲，送往長安。朝廷立即將朱泚召至長安，卻因朱泚與朱滔「相去千里，初不同謀，非卿之罪」（唐德宗語），並未懲治朱泚，只是將其留在長安。夏四月，朱滔、王武俊自寧晉南救魏州，朔方節度使李懷光亦率步騎一萬五千，東討田悅至魏州。馬燧見敵勢尚銳，李懷光新至，勸其暫且休兵數日。李懷光急欲出戰，主動引兵進攻朱滔，殲敵千餘人，但卻在追擊時，遭到王武俊的橫擊，朱滔亦掉頭反攻，致使其全軍崩潰。馬燧等各收軍保護營壘，才免於與李懷光俱敗。當天夜裡，朱滔放水遮斷官軍糧道及歸路，馬燧大懼，被迫向朱滔求和，並願與諸道節度使共同保奏，讓朱滔管轄整個河北。朱滔欲許，王武俊反對，朱滔便私放馬燧諸軍涉水西遁。王武俊因此怨恨朱滔。

田悅感激朱滔、王武俊來救，建議擁立朱滔為帝。朱滔不敢獨居尊位。盧龍判官李子千、恆冀判官鄭濡等，商議後認為：「我們三方（朱滔、田悅、王武俊）應與鄆州的李納併為四國，俱稱王，而不改唐朝年號，如春秋時諸侯奉周正朔。四國築壇結盟，有不遵約者，則共伐之。否則，我們就會常被視為叛臣，茫然無主，不但用兵無名，將吏有功，亦無官爵可賞。」於是，朱滔自稱冀王，田悅自稱魏王，王武俊自稱趙王，請李納稱齊王，朱滔為盟主，又稱孤家，田悅、王武俊、李納皆稱寡人。四方告天結盟後，朱滔、王武俊因孤軍深入，與官軍相拒數月，一切費用均仰仗田悅供給，而田悅地盤日見縮小，已無力供應，聽說淮西李希烈軍勢甚盛，便遣使赴許州（今河南省許昌市），欲與李希烈連兵，並勸李希烈稱帝。

當時，李希烈正奉詔東討李納，率所部三萬兵移鎮許州。李希烈一面派人告知永平節度使李勉，說其已兼領淄青地區，一面派人與李納密謀共襲汴州（今河南省開封市）。及朱滔、田悅等人的使者來勸稱帝，李希烈未肯應允，而是自稱天下都元帥、太尉、建興王。唐建中四年（七八三年）正月，李希烈襲陷汝州（今河南省臨汝縣），包圍鄭州，洛陽為之震駭。唐德宗向群臣問計，宰相盧杞欲陷害三朝（玄宗、代宗、德宗）老臣太師顏真卿，慫恿唐德宗派顏真卿前往許州宣慰。顏真卿到許州後，果然被李希烈扣留。朝廷於是以左龍武大將軍哥舒曜為東都汝州節度使，率鳳翔、邠寧、涇原、奉天、好畤各鎮兵，東討李希烈。哥舒曜很快攻克汝州，東出至郟州（今河南省郟縣），又擊破李希烈的前鋒。江西節度使李皋，亦在南方擊斬李希烈部將韓霜露於黃梅（今湖北省黃梅縣），進拔黃州（今湖北省黃岡縣）、蘄州（今湖北省蘄春縣）。不久，哥舒曜進攻襄城（今河南省襄城縣），李希烈大驚，其部眾亦紛紛自謀出路。李希烈命淮西都虞候周曾、鎮遏兵馬使王玢率軍三萬，往襄城迎戰，周曾等密謀回師襲擊李希烈，為李希烈所知，派人殺死周曾和王玢。哥舒曜則乘李希烈內部有變，攻取襄城，迫使李希烈包圍鄭州之軍，逃回許州。李希烈知許州即將被圍，引兵退守蔡州（今河南省汝南縣），並上表朝廷，將一切罪惡皆歸咎於周曾等人，表示願意悔過自新，實則欲等待朱滔等來援。哥舒曜進至穎橋（今河南省臨穎縣南）時，遇雨不便繼續前進，遂退保襄城。李希烈派部將李光輝反攻襄城，被哥舒曜擊退。

馬燧自魏州之戰後，因李懷光敗退，剩下的兵力不足以再攻魏州，乃退據西面高地監視魏州，同時請李晟北上窺伺范陽，請李抱真北圖恆州，使敵首尾不相兼顧。李晟很快謀取涿（今河北省涿州市）、莫（今河北省任邱縣）兩州，並與張孝忠之軍，包圍朱滔所署易州刺史鄭景濟於清苑（今河北省保定市）。朱滔聞訊，留兵萬人守魏州營，自率步騎一萬五千回救清苑，擊敗李晟，然後又還軍瀛州（今河北省河間縣）。王武俊因朱滔屯留瀛州，而不回魏州，派人往請，朱滔稱有熱疾在身，王武俊益恨朱滔。六月中旬，李抱真在臨洺知王武俊與朱滔不和，派人拉攏王武俊。王武俊於是一面與李抱真達成諒解，一面暗約田悅共絕朱滔。這時，唐德宗下達罪己詔，並宣佈赦免王武俊等人。王武俊見到赦令，立即約田悅、李納、朱滔、李希烈各去王號。田悅、李納願去王號，朱滔、李希烈則不肯。而且，朱滔既擊敗李晟，對易州的張孝忠也已完成防禦，乃使人勸說田悅，與其共取汴州（今河南省開封市）。田悅不忍拒絕，但在諸將的一致反對和王武俊的勸說下，決定以欺騙手段對付朱滔，詐報朱滔將如約。於是，朱滔立即率步騎六萬餘人，及回紇騎兵三千人，從瀛州南下。朱滔進入趙州境內，王武俊殷勤犒師，進入魏州境內，田悅亦供給甚豐，但當朱滔到黃河邊派人請田悅共渡黃河時，田悅卻藉口將士抗命而未出兵。朱滔大怒，認為田悅忘恩負義，立即回軍攻打魏州和貝州。貝州刺史邢曹俊，奉田悅之命據城固守，朱滔攻之未下，引水灌城，仍月餘不下。正當李抱真與王武俊連兵來救貝州時，田悅被田承嗣之子田緒殺死，李抱真與王武俊聞變，不敢再進。朱滔則因田悅之死，另派一萬二千人急攻魏州。李抱真與王武俊，不願讓貝州和魏州陷落朱滔之手，終於發兵。朱滔見救兵已至，自料不敵，急撤魏州之圍，集中兵力攻打貝州。李抱真與王武俊，先設伏擊破回紇軍，繼而合兵迎戰朱滔。朱滔軍戰死萬餘人，逃潰萬餘人，只好停止戰鬥，焚營東遁德州，後逃回幽州。

朝廷為再次討伐李希烈，加封永平節度使李勉為淮西招討使，東都汝州節度使哥舒曜為淮西副招討使，荊南節度使張伯儀為淮西應援招討使，山南東道節度使賈耽、江西節度使李皐為淮西副應援招討使，宣武節度使劉洽兼淄青招討使，各自出兵進向淮西。唐建中四年（七八三年）八月，李希烈又率軍三萬，圍攻哥舒曜於襄城，朝廷命李勉救之。李勉派唐漢臣、劉德信率軍一萬三千往救，後又命其襲取李希烈的老巢許州。朝廷發覺後，派使者前去阻止。唐漢臣、劉德信，從赴許州途中改道，李希烈趁機派兵在間道設伏，將其殲滅大半。李勉怕東都洛陽有失，特派李堅率兵四千去助守，李希烈以兵斷其後路，同時急攻襄城。朝廷為救襄城，命涇原節度使姚令言率兵五千，速來京師。不料，由於對該部未加賞賜，該部突然嘩變，在長安大肆劫掠，甚至衝入皇城，迫使唐德宗逃奔奉天（今陝西省乾縣），亂軍擁戴閑居在京的朱泚（朱滔之兄）為主。唐德宗在奉天，以為朱泚或許不至為逆，遣使入京窺察其心。朱泚殺死使者，命涇原兵馬使韓文，率銳騎三千往奉天，名為迎回唐德宗，實欲劫持。留在長安的唐臣段秀實與歧靈岳聞知，詐傳姚令言之命，讓韓文退兵，同時火速派人報告唐德宗。朱泚、姚令言見韓文返回長安，不禁大驚，歧靈岳被殺。當天，朱泚便召集李忠臣、姚令言、段秀實等，商議自己稱帝之事，段秀實以笏擊朱泚，被眾人殺死。朱泚於是自稱大秦皇帝，改元應天，以姚令言為侍中關內元帥，李忠臣為司空兼侍中、立其弟朱滔為皇太弟，將在長安的唐宗室全部殺死。

唐德宗到奉天後，各地勤王之師，紛紛趕至。唐德宗又遣使向河北諸軍告難，李懷光、馬燧、李梵、李抱真、李晟等，紛紛率軍馳往奉天。這時，朱泚親率大軍西逼奉天，唐德宗命各路勤王軍，將朱泚拒止在澧泉（今陝西省禮泉縣），但朱泚已先至奉天，攻城甚急。十一月，靈武留後杜希全、鹽州刺史戴休禛、夏州刺史時常春、渭北節度使李建徽入援奉天，被朱泚擊潰。唐德宗見奉天形勢危殆，準備向朱泚投降，將士們卻決心死守。很快，李懷光與李晟之軍五萬人，已由河中（今山西省永濟縣）渡過黃河，進至東渭橋（今陝西省西安市東北），討伐李希烈的神策軍兵馬使尚可孤，率三千兵由襄陽自武關入援，軍至七盤山，擊破朱泚部將仇敬，攻取藍田（今陝西省藍田縣），鎮國軍節度使駱元光在華州召募士卒，得萬餘人，西拒朱泚軍於昭應（今陝西省臨潼縣西），河東節度使馬燧之軍，已進至中渭橋（東渭橋以西）。奉朱泚之命留守長安的李忠臣，每次出戰皆敗，只好求救於朱泚。朱泚一心急攻奉天，未顧長安，後因遭到奉天守軍沉重打擊，才被迫逃回長安。

李懷光到奉天後，自恃赴難有功，以為朝廷必予封賞，不料唐德宗卻命其立即引軍東行，與李建徽、李晟及神策軍兵馬使楊惠元共取長安，意殊怏怏，遂屯兵咸陽，不肯東進。唐興元元年（七八四年）正月，朱泚在長安改國號為漢，自稱漢元天皇。緊接著，淮西李希烈亦稱皇帝、國號大楚，改元武成。這時，李晟在東渭橋謀攻長安，李懷光不願讓李晟獨得此功，奏請唐德宗與李晟合兵。然而，李懷光只是縱兵搶掠民間財物，根本不肯與叛軍交戰，甚至密與朱泚通謀。唐德宗見李懷光毫無進攻長安之意，加封李懷光為太尉，以籠絡其心。無奈李懷光已決心謀反，殺死朔方兵馬使張名振等人，夜襲李建徽、楊惠元二軍，並欲襲擊奉天。唐德宗倉皇南逃梁州（今陝西省漢中市）。李晟則因孤軍處於朱泚和李懷光二強寇之間，恐難持久，擬撤往他處，後見屯兵邠寧的韓游瓌、屯兵奉天的戴休顏、屯兵昭應的駱元光、屯兵藍田的尚可孤等，皆奉旨歸其節制，才留在原地繼續作戰。

當李懷光的力量還強盛時，朱泚在長安與其稱兄道弟，約定共分關中，永為鄰國。及李懷光謀反後部下多叛去，兵勢日削，朱泚便以臣禮待之，並徵其兵馬。李懷光甚為悔怒，內憂部下進一步生變，外恐李晟來襲，遂燒營東去。當行至富平（今陝西省富平縣），其部將孟涉、段威勇率數千人投奔李晟，逃跑的將士也很多，李懷光只好逃入河中，以求自固。這年四月，郭子儀舊將渾瑊，率漢中諸軍出斜谷，韓游瓌派兵三千與之會師，吐蕃也派兵助唐，遂進拔武功，大破朱泚部將韓文於武亭川，然後至奉天與李晟相呼應，進逼長安。李晟率先向長安發動進攻，一舉突破長安城防。朱泚見大勢已去，引兵萬餘，出城西逃走。李晟命兵馬使田子奇追擊朱泚，已克咸陽的渾瑊、戴休顏、韓游瓌，亦分兵截擊朱泚，終於將其擒斬。

唐興元元年（七八四年）六月，唐德宗自漢中返回長安，因河中地近京畿，深以還在那裡的李懷光為憂，命渾瑊、駱元光討伐李懷光。八月，渾瑊、駱元光進軍至同州（今陝西省大荔縣），遭到李懷光部將徐庭光的抗擊，作戰失利。不久，李懷光內部發生動亂，其將士多降於馬燧。唐貞元元年（七八五年）正月，李晟上表請求再討李懷光，馬燧亦請命前往。馬燧回至行營，乘李懷光內亂又起，襲攻陶城（今山西省永濟縣北），殲敵萬餘人，並與渾瑊等分道進逼河中。李懷光業已眾叛親離，指揮不動自己的軍隊，終於在官軍雲集河中之際自縊。

守在襄城的哥舒曜，聽說朱泚竊據長安，諸軍皆入關勤王，自知望援不至，放棄襄城退守洛陽。李希烈未戰，即得襄城。接著，李希烈進攻汴、鄭二州，迫使李勉奔往宋川（今河南省商丘縣），又乘勝進攻劉洽，連奪襄邑（今河南省蘭考、民權縣境），威逼寧陵（今商丘縣西），致使江淮大震。淮南節度使陳少游，送軍資給李希烈，又派人與鄆州的李納取得聯繫，使李勉在宋州的處境更加孤危。然而，李希烈在東攻壽州（今安徽省壽縣），轉侵江西，進襲鄂州（今湖北省武漢市）時，連遭江西節度使李皋、壽州刺史張建封、鄂州刺史李兼的痛擊，圍攻寧陵亦遭挫折。李皋乘李希烈分兵四出之際，為保護江南運道，遣兵攻取安州（今湖北省安陸縣）。不久，李希烈聽說唐德宗回到長安殺死其弟李希倩，便殺死久押在營的顏真卿。李勉則乘李希烈又出兵圍攻陳州（今河南省淮陽縣），策動其部將李澄歸降。劉洽受李勉之命，與隴右節度使曲環等集兵三萬人，馳救陳州，殲滅李希烈軍三萬五千人，並約李澄共攻汴州。李希烈被迫放棄汴州，奔往蔡州。劉洽在汴州得到李希烈的大量文件，得知陳少游曾向其稱臣，上奏朝廷。陳少游聞訊，病發而死。唐貞元元年（七八五年）三月，李希烈攻陷鄧州（今河南省鄧縣），其隨州（今湖北省隨縣）守將李思登，卻降於李皋。次年四月，李希烈兵勢每況愈下，被部將陳仙奇鴆殺。陳仙奇率李希烈餘眾投降朝廷，朝廷封陳仙奇為淮西節度使。朱滔在這以前已經病死，劉怦奉詔繼為盧龍節度使。唐德宗年間大亂之天下，至此暫告平定。

此後，各地驕兵悍將，更將轄區視為世襲封地，廢立自專的狀況依然存在。唐德宗曾欲恢復朝廷直接控制下的府兵制，以重振皇綱，但因各地皆設置節度使，事實上無法訓練府兵，建置將軍府，亦無所用之，只好作罷，不過，此後由於朝廷對藩鎮的胡作非為一味採取聽之任之的態度，倒也勉強維持了十幾年的和平。

唐憲宗討藩鎮之戰

唐憲宗討藩鎮之戰，起於唐元和元年（八〇六年）正月討伐西川節度使劉辟，迄於唐元和十四年（八一九年）二月平定淄青節度使李師道，前後歷時十三年。

唐德宗於唐貞元二十一年（八〇五年）正月駕崩，太子李誦抱病即位，是為唐順宗。唐順宗即位不到半年，便將帝位傳給太子李純，是為唐憲宗。唐憲宗少年有為，決心更新朝政，裁制藩鎮。這時，全國節度使數目已增至四十九個，在各地擁兵割據，為所欲為。其中，首先發難作亂的藩鎮，則是西川節度使劉辟。

唐憲宗即位伊始，西川節度使韋皋病死，劍南度支副使劉辟自為西川節度留後，上表請朝廷批准。朝廷未許，並征劉辟入朝為給事中，劉辟拒不受詔。這時，唐憲宗因初即帝位，力不能討，只好任命劉辟為西川節度副使。劉辟既得旌節，志意益驕，於唐元和元年（八〇六年）正月又求兼領劍南三川。朝廷未許，劉辟便發兵包圍東川節度副使李康於梓州（今四川省三台縣），欲以黨羽盧文若為東川節度使。唐憲宗忍無可忍，於正月二十三日，命左神策行營節度使高崇文率步騎五千為前軍，神策京西行營兵馬使李元奕率步騎二千為次軍，與山南西道節度使嚴礪，同討劉辟。當高崇文自斜谷、李元奕自駱谷進至興元（今陝西省南鄭縣）時，劉辟已攻陷梓州，嚴礪則襲擾劉辟所控制下的劍州（今四川省劍閣縣）。三月初，高崇文自閬州（今四川省閬中縣）進向梓州，鎮守梓州的劉辟部將邢泚遁去。五月，劉辟在鹿頭關（今四川省德陽縣東北）築柵屯兵，被高崇文擊破，繼而在漢州（今四川省廣漢縣），又遭高崇文重創。與此同時，嚴礪部將嚴秦，亦在綿竹石碑谷（今四川省綿竹縣境）殲滅劉辟軍萬人。七月下旬，高崇文再殲劉辟軍萬人於玄武（今四川省德陽縣南），劉辟部將李文悅、仇良輔等，相繼率部投降。九月中旬，高崇文直指成都，所向披靡，劉辟自料不敵，僅率數十名騎兵逃出成都，欲西奔吐蕃，途中在羊灌山（今四川省灌縣北）被擒。朝廷遂以高崇文為西川節度使，以嚴礪為東川節度使。

唐元和二年（八〇七年）十月，朝廷召駐在京口（今江蘇省鎮江市）的鎮海節度使李錡，入朝為左僕射，改由御史大夫李元素為鎮海節度使。李錡不願失去地方實權，拒不奉詔離鎮，並分兵襲殺各州刺史，加修石頭城（今江蘇省南京市清涼門內），以謀自固。常州（今江蘇省無錫市）刺史顏防，自稱朝廷委任其為招討副使，傳檄蘇（今江蘇省吳縣）、杭（今浙江省杭州市）、湖（今浙江省吳興縣）、睦（今浙江省建德縣）各州，相約同時進討李錡。十月十一日，朝廷下詔削奪李錡的官爵，以淮南節度使王諤為招討處置使，統率淮南、宣武、武寧、武昌、宣歙、江西、浙東諸鎮兵馬，進剿李錡。這時，李錡因宣州（今安徽省宣城縣）物產富饒，欲先取之，派其兵馬使張子良、李奉仙、田少卿往襲。三將知道李錡遲早要滅亡，不願附逆，中途倒戈返回京口，將李錡活捉，送給朝廷處死。

唐元和四年（八〇九年）三月，成德節度使王士真（王武俊之子）死去，其子王承宗自為節度留後，並請朝廷批准。唐憲宗欲乘王士真之死，改委他人為成德節度使，故未應允，並準備王承宗若抗命，立即興師討之，以革除河北諸鎮世襲之弊。宰相裴垍、大學士李絳等認為，既然允許李師道襲其兄李師古淄青節度使之職，如今不許王承宗襲職，王承宗必不服，況且王承宗實際上已掌握成德軍務，不可輕率對其用兵。唐憲宗於是改變主意，承認王承宗為成德節度使留後，但卻割取德（今山東省德州市）、棣（今山東省無棣縣）兩州另為一鎮，以削弱王承宗的軍勢。李絳認為，這樣做只能給王承宗起兵的藉口，並使其他節度使亦生叛心，勸唐憲宗審慎處置。唐憲宗拿不定主意，遲至這年七月，仍未做出決斷。王承宗則因久未得到朝廷承認，心中頗為憂慮，接連上表，自訴其一片忠心。九月，唐憲宗終於決定以王承宗為成德節度使，但只允許其管轄恒、冀、深、趙四州，而以德州刺史薛昌朝為保信節度使，管轄德、棣兩州。王承宗聞訊大怒，立即派人去德州將薛昌朝抓來，囚在真定（今河北省正定縣）。唐憲宗遣使諭知王承宗，命其釋放薛昌朝還鎮，王承宗拒不奉詔。唐憲宗於是在唐元和四年（八〇九年）十月下詔，削奪王承宗官爵，命左神策中尉吐突承璀為招討處置使，進討王承宗。

十月二十七日，吐突承璀率神策軍從長安出發，命恒州四面諸藩鎮，各進兵致討。魏博節度使田季安接到命令後，認為朝廷之師不進河北，已經二十五年，今日一旦越過魏博消滅成德軍，自身亦將難保，遂暗中與王承宗結盟。幽州節度使劉濟，與王承宗素來有怨，於次年正月親率七萬大軍進駐瀛州（今河北省河間縣），連拔王承宗所轄的饒陽（今河北省饒陽縣）、束鹿（今河北省束鹿縣）兩城。河東、河中、振武、義武四軍，亦從北面進討王承宗，已會師定州（今河北省定州市），並攻拔徊湟鎮（今河北省行唐縣東北）。但當吐突承璀率諸軍過魏州（今河北省大名縣）至邢州（今河北省邢台市）後，與王承宗交戰，卻屢告失利。昭義節度使盧從史，暗中與王承宗通謀，並誣奏諸道與王承宗相通，聲稱不可繼續進兵。唐憲宗見討伐王承宗如此困難，甚感愕然，密詔吐突承璀將盧從史逮捕。四月中旬，河東節度使范希朝與義武節度使張茂昭連兵進擊，大破王承宗於木刀溝（今河北省新樂縣西），幽州節度使劉濟則攻拔安平（今河北省冀縣）。七月，王承宗遣使入朝，聲稱自己受盧從史的離間，才抗拒朝命，請求允許悔過自新。李師道等人，亦上表為其說情。唐憲宗因師久無功，答應罷兵，仍以王承宗為成德節度使，並將德、棣兩州復歸成德軍。至此，河北之戰無功而罷，反使朝廷的威望為之大墜。

唐元和七年（八一一年）九月，魏博節度使田季安病死，宰相李吉甫請求進兵收回魏博，李絳則認為不必用兵，魏博早晚將自動回歸朝廷。果然，由於田季安之子田懷諫幼弱，軍政皆由家僮蔣士則決斷，部眾無不憤怒，加上朝命久久不至，軍心愈發不安。於是，魏博步射都知兵馬使田興率眾嘩變，殺死蔣士則，廢除田懷諫，自為節度留後，並請求朝廷批准。十月，唐憲宗採納李絳之策，任命田興為魏博節度使。田興感激涕零，部眾無不歡欣鼓舞。這時，李絳對唐憲宗說：「魏博五十餘年不沾皇化，今田興舉六州之地歸命聖朝，不啻刳河北之腹心，傾叛亂之巢穴。因此，應予田興重賞，使四鄰諸道聞風效法。」唐憲宗立即撥錢一百五十萬緡，賞賜魏博將士。王承宗、李師道等聞知，深為恐懼，紛紛派說客勸田興不要投靠朝廷，田興一概不睬。李師道惱羞成怒，對宣武節度使韓弘說：「我家世代與田氏（田承嗣、田悅、田季安）為盟，今田興非田氏族人，又首變河北形勢，也是您的對頭。我們是否與王承宗合兵討伐田興？」韓弘回答：「我不知道甚麼是利害，只知道奉詔行事。貴軍若北渡黃河去打田興，我將東取你的曹州（今山東省荷澤地區）。」李師道懼不敢動。

唐元和九年（八一四年）閏八月，淮西節度使吳少陽病死，朝廷派工部員外郎李君何往弔，吳少陽之子吳元濟不迎敕使，反而發兵四出，焚掠舞陽、葉城、魯山、襄城等地，致使關東震駭。十一月，朝廷命荊南節度使嚴綬為招撫使，率諸道九萬兵馬，進討吳元濟。次年正月，吳元濟縱兵侵掠，已達東都洛陽近畿。二月，嚴綬在磁邱（今河南省沁陽縣西北）為吳元濟所敗，馳入唐州（今河南省唐河縣）固守。壽州團練使令狐通進擊叛軍，亦為吳元濟所敗，退保壽州（今安徽省壽縣）。鄂岳觀察使柳公綽進軍安州（今湖北省安陸縣），則每戰皆捷。三月下旬，忠武節度使李光顏擊破淮西兵於臨穎（今河南省臨穎縣），後又破敵於南頓（今河南省項城縣北）。吳元濟遣使向成德王承宗、淄青李師道求救，王承宗與李師道聯名上表，請赦免吳元濟，朝廷未允。李師道便派兵三千趨壽州，名為協助官軍討伐吳元濟，實則為吳元濟後援。李師道還派出刺客數十人，企圖暗殺力主討伐吳元濟的宰相武元衡，並襲攻供給討吳諸軍糧秣的河陰轉運院，迫使朝廷罷兵。

因諸軍討淮西進展不利，唐憲宗於五月派中丞裴度，赴戰地調度用兵形勢。裴度回朝後，認為淮西必然可取。五月中旬，叛軍在時曲（今河南省郾城縣東北）向李光顏軍發動進攻，李光顏率部反擊，殲敵數千人。六月，宰相武元衡被刺客暗殺，中丞裴度亦負重傷，京城大駭。唐憲宗起用裴度為宰相，在京城戒嚴搜捕，長安朝野始得安定。九月，唐憲宗因嚴綬用兵無功，改以宣武節度使韓弘為諸道軍統帥。後見韓弘欲倚賊自重，不願淮西速平，又將討叛任務一分為二，命右羽林大將軍高霞寓專事攻戰，戶部侍郎李遜以襄、復、郢、均、房五州貢賦保障軍餉。十一月，壽州刺史李文通和李光顏正與淮西兵作戰，李師道突然襲攻徐州，被武寧節度使李願擊破，將其逐回平陰（今山東省平陰縣）。唐元和十一年（八一六年）三月，李文通再敗淮西兵於固始（今河南省固始縣），拔取鏊山（今河南省沈邱縣東），高霞寓敗叛軍於朗山（今河南省確山縣西）。四月，李光顏與河陽懷汝節度使烏重胤聯兵，在陵雲柵（今河南省郾城縣東北）殲敵五千人，後又殲滅來援的叛軍二千餘人。六月，高霞寓在鐵城（今河南省遂平縣西南）遭到叛軍重創，幾乎全軍覆沒，僅率殘部退保唐州。此後五個月，諸將討叛無功，唐憲宗屢屢下詔切責。十二月，彰義軍節度使袁滋，因卑詞向吳元濟求和，被朝廷貶為撫州刺史，而以太子詹事李愬（李茂之子），繼任彰義軍節度使。

唐元和十二年（八一七年）正月，李愬來到唐州軍中。吳元濟自以為曾破高霞寓、袁滋兩員大將，不把李愬放在眼裡，未作防備。二月，李愬謀襲蔡州（今河南省汝南縣），向朝廷請求增兵，唐憲宗命昭義、河中、鄜坊三鎮各撥步騎二千給之。三月，李愬自唐州進屯宜陽柵（今河南省泌陽縣），叛將吳秀琳投降。這時，蔡州北方的官軍，正與叛軍夾殷水（今汝河下游）對峙，李光顏敗叛軍三萬於郾城。李愬乘機分兵進擊叛軍諸要點，連拔路口柵和楂岈山（約在今河南省遂平縣西北）。四月初，叛軍郾城守將董昌齡和鄧懷金，投降李光顏。李愬乘吳元濟派重兵防禦李光顏軍，迭克爐城（今河南省西平縣南）、白狗、文港（皆在今河南省正陽縣南）、楚城（今河南省商水縣西南）。十月，李愬在又攻取叛軍數城之後，開始襲擊蔡州，一舉將其攻破，擒獲吳元濟，進而徹底討平淮西之叛。

早在唐元和十年（八一五年）六月宰相武元衡被刺，中丞裴度負傷，唐憲宗便以為是成德節度使王承宗所指使，下詔歷數王承宗的罪惡，發振武、義武、魏博三鎮兵討之，後又徵數鎮兵助討。次年正月，幽州節度使劉總，破成德軍於武強（今河北省武強縣），殲敵千餘人。此後，劉總又與昭義節度使郗士美、魏博節度使田宏正（田興之子）、義武節度使渾鎬，各破成德軍一部，拔其固城（今河北省南宮縣）、樂壽（今河北省獻縣）、深州（今河北省深縣）、九門（今河北省　城縣西北）數城。但自此以後，諸軍便開始互相觀望，只有郗士美繼續深入，再破王承宗於柏鄉（今河北省柏鄉縣）。十二月，渾鎬才率部壓向恆州（今河北省正定縣）以北，與王承宗對面相峙。王承宗全力反攻，將渾鎬擊往定州（今河北省定州市）。唐元和十二年（八一七年）三月，王承宗又逆襲郗士美於柏鄉，迫使郗士美拔營歸鎮。橫海節度使程執恭，則在長河（今河北省衡水市南）獲得小勝。三月下旬，王承宗遣兵二萬，自冀州（今河北省冀縣）東進，至橫海節度使轄區之東光（今河北省東光縣）。程執恭大驚，急收其眾，回守滄州。這時，由於王承宗連破官軍，唐憲宗決定先平淮西吳元濟之叛，遂罷河北之兵，命其各自還鎮。吳元濟被擒獲後，宰相裴度遣使至恆州，向王承宗陳說利害，終於說動王承宗，向朝廷謝罪。唐元和十五年（八二〇年）十月，王承宗病死，其弟王承元決心歸順朝廷，不肯自為節度留後，而是等待朝廷詔命。唐憲宗任命魏博節度使田宏正為成德節度使，以李愬為魏博節度使，以王承元為永平節度使。從此，成德節度使轄區，亦為朝廷所控制。

在平定淮西吳元濟的過程中，淄青節度使李師道協助吳元濟抗拒朝廷，已如前述。後來，李師道見吳元濟敗局已定，心中恐懼，又向朝廷表示效忠。唐憲宗因此時正討吳元濟和王承宗，無力再討李師道，遂加封李師道為檢校司空，以安其心。及淮西已定，李師道愈發不安，於唐元和十三年（八一八年）正月，決定派長子入朝為質，並獻沂（今山東省臨沂縣）、密（今山東省諸城縣）、海（今江蘇省東海縣）三州歸於朝廷。唐憲宗甚喜，遣使赴鄆州宣慰。然而，李師道為人闇弱，軍政大事常與其妻妾商議，將佐及幕僚則不得預聞。李師道的妻妾不願送子入質，紛紛對李師道說：

「自先司徒（李納）以來，有此十二州，為何無故割而獻之？今淄青境內之兵不下數十萬，不獻三州，不過以兵相加，若力戰不勝，獻之未晚。」李師道聽後，甚悔。四月，朝廷宣慰使李遜至鄆州，李師道陳兵迎之，李遜警告李師道不可出爾反爾，李師道卻聲稱迫於將士之逼。李遜歸報唐憲宗，唐憲宗大怒，立即宣佈李師道罪狀，削奪其官爵，命宣武、魏博、義成、武寧、橫海各鎮，共起兵討之。宣武節度使韓弘，在淮西平定之後，急欲立功贖罪，於九月獨自率軍進圍曹州（今山東省荷澤地區）。魏博節度使田宏正，則請自黎陽（今河南省浚縣）渡河，與義成節度使李光顏在河南會師。唐憲宗採納裴度之策，為避免田宏正與李光顏摩擦，命田宏正自楊劉（今山東省東阿縣北）渡河，直指鄆州（今山東省東平縣）。李師道幾次出戰，皆告失利，不久又丟失要地金鄉（今山東省金鄉縣）。唐元和十四年（八一九年）正月，韓弘攻拔考城（今河南省蘭考縣），李愬攻拔魚台（今山東省魚台縣）、丞縣（今山東省棗莊市），並擊破淄青軍於沂州，田宏正亦大敗淄青軍於東阿（鄆州西北六十里），楚州（今江蘇省淮安縣）刺史李聽攻克沭陽、東海、朐山、懷仁等縣。二月，叛軍內部發生分裂，淄青都知兵馬使劉悟，從前線返回鄆州，活捉並殺死李師道，然後向官軍投降。捷報傳至長安，唐憲宗為根絕此方割據勢力，下詔將淄青節度使轄區，分割為三個節度區，各置節度使管轄。於是，淄青十二州，自李正己割據至李師道，共傳三世，歷時五十四年而滅。

唐憲宗在短短十幾年的時間裡，將全國各地的跋扈藩鎮逐個討平，可謂唐代中興之主。然而，唐憲宗自平定藩鎮後，便日浸驕侈，信用非人，致使其所建昇平之業，很快喪失，並埋下了唐末內亂的根苗。

唐末農民起義

唐末農民起義，起於唐大中十三年（八五九年）十二月裘甫起兵，迄於唐中和四年（八八四年）六月黃巢敗亡，前後歷時二十四年半。

唐自安史之亂後逐漸衰落，割據勢力遍佈各地。唐憲宗雖大力削藩，使唐王朝四分五裂的局面暫獲統一，亦難從根本上挽救瀕臨崩潰的國脈。唐宣宗末年，由於政治敗壞，豪強兼併，天災人禍相繼而來，國家財政匱竭，民窮無以為生，流離失所，社會動亂遂成不可收拾之勢。

唐大中十三年（八五九年）十二月，浙東人裘甫不堪忍受官府虐待，首舉義旗。裘甫首先率眾攻陷象山（今浙江省象山縣），接著又奪佔剡縣（今浙江省嵊縣），隊伍擴大到數千人。唐浙東觀察使鄭祇德，倉皇糾集新兵五百人，於二月上旬，與裘甫戰於剡縣以西，被起義軍全部殲滅。附近百姓聞知，紛紛投靠裘甫，使其隊伍迅速發展為三萬人。裘甫在眾人擁戴下，自稱天下都知兵馬使。鄭祇德一再向朝廷上表告急，並求援於鄰近諸道的官軍。浙西節度使和宣歙節度使，雖然都派出援兵，但其將士卻毫無戰志，不願進討。朝廷於是派安南都護王式，代替鄭祇德為浙東觀察使，征發忠武、義成、淮南諸道兵，前去浙東。

唐大中十四年（八六〇年）三月，裘甫分兵略取衢（今浙江省衢縣）、婺（今浙江省金華縣）、明（今浙江省寧波市）、台（今浙江省臨海縣）等州，並親率萬餘人奪焚上虞（今浙江省上虞縣），進佔餘姚（今浙江省餘姚縣），又東破慈溪（今浙江省慈溪縣）、奉化（今浙江省奉化縣）、寧海（今浙江省寧海縣）。這時，謀士劉暀嘆道：「我們現在有如此之眾，卻缺乏策劃，實在可惜。聽說朝廷將派王式前來，此人智勇無敵，四十天後即可到達。兵馬使（裘甫）應立即引兵攻取越州（今浙江省紹興市），然後遣兵五千扼守西陵（今浙江省蕭山縣東），沿浙江（今錢塘江）佈防。同時應大造舟艦，一旦時機成熟，便可長驅進取浙西（今江蘇省鎮江市），然後過江佔領揚州（今江蘇省江都縣），加修石頭城（今江蘇省南京市）而守之。這樣，宣歙（安徽）、江西方面聞知，必有嚮應者。若再派萬人沿海南取福建，國家貢賦所賴之地，就盡歸於我們之手了。」此議遭到裘甫部將王輅的反對，認為是在仿效當年孫權所為，而孫權因天下大亂才據有江東，如今則難成此局面，不如擁眾據險自守，急則逃入海島。裘甫在這兩種意見之間，猶豫未決。

四月，王式至西陵，裘甫遣使請降。王式認為裘甫並無降心，不過是想窺探自己的態度，要裘甫面縛軍門來降，同時積極網羅越州地方武裝，充當各路軍進剿的嚮導。然後，王式便以騎將石宗本為前鋒，命其與宣歙、浙西及本軍北來將士，自上虞趨奉化解象山之圍，為東路軍，以義成、建忠、淮南與台州的官軍為南路軍，直趨寧海進攻裘甫。東路軍於四月中下旬，連拔裘甫控制下的沃州、新昌兩寨（今浙江省新昌縣），進抵唐興（今浙江省仙居縣）。五月初，南路軍又在寧海重創起義軍，裘甫放棄寧海東走。王式命義成軍扼守海口（今寧海縣東北），阻遏裘甫入海之路。裘甫率部眾萬餘，退屯南陳館下（今寧海縣西南），又遭東路軍沉重打擊。六月初，當裘甫企圖往剡縣轉移之際，王式命東、南兩路軍追至，裘甫、劉暀被捕，起事遂告失敗。

浙東裘甫起事失敗後八年，在桂州（今廣西自治區桂林市）又爆發了龐勳起事。唐懿宗初年，南詔連陷交趾（今越南人民共和國河內市西北）、邕州（今廣西自治區南寧市）等地，朝廷在徐州（今江蘇省銅山縣）募兵二千人赴援，分八百人戍守桂州，定期三年更替。至唐咸通九年（八六八年），桂州戍卒已經服役六年，屢次要求還鄉，都未獲批准。戍卒們不堪忍受，於這年七月殺死都將，共推糧料判官龐勳為首領，北還徐州。龐勳率眾沿湘江順流而下，於九月過潭州（今湖南省長沙市），出長江東至浙西，轉入淮南。所過州縣，皆畏其劫掠，無不遣使慰勞，供給所需，只望其從速過境，沿途窮苦農民，則紛紛隨隊。當龐勳等經泗州（今江蘇省盱眙縣）溯泗水來到徐城（今盱眙縣西）時，得知朝廷已密敕徐州刺史將其剿滅，決心以武力相抗，遂向徐川疾進。十月上旬，起義軍進至符離（今安徽省宿縣北），距徐州僅一百二十里，致使徐州震駭。徐泗觀察使崔彥曾命都虞候元密率兵三千往討，又命宿州刺史出兵符離，泗州刺史出兵於虹（今安徽省泗縣），企圖夾攻起義軍。

十月中旬，元密兵發徐州，龐勳乘其尚未來到符離，殲滅宿州兵於濉水，乘勝攻陷宿州。元密急忙趕到宿州，起義軍守備已固，難以進攻。龐勳為殲滅元密軍，故意於夜間率眾，分乘三千艘大船順流而下，引誘元密來追，然後水陸夾攻，使元密軍全軍覆沒。龐勳審問俘虜，得知徐州人心惶惶，守備薄弱，遂引兵北渡濉水，兩日即至徐州城下。徐州城內百姓，紛紛協助起義軍攻城，很快就將徐州攻破。龐勳進入徐州後，上表朝廷，要求封其為節度使，並分遣諸將攻奪濠州（今安徽省鳳陽縣）、泗州等要害之地。遠近豪傑聞知，紛紛投奔龐勳。龐勳見自己已經站穩腳跟，隊伍亦迅速擴大，開始向四方擴張，連奪魚台（今山東省魚台縣）等十餘個縣，又分兵向宋州（今河南省商丘縣）進擊。

十一月，朝廷發大軍討伐龐勳，以右金吾大將軍康承訓為徐州行營都招討使，神武大將軍王晏權為徐州北面行營招討使，羽林郎戴可師為徐州南面行營招討使。這時，龐勳因泗州久攻不克，正在調兵遣將繼續進攻。淮南節度使令狐陶，派部將李湘率兵數千，自廣陵（今江蘇省揚州市）援救泗州。李湘畏懼起義軍，至洪澤便不敢再前進，屯兵都梁城（今盱眙縣西南），與泗州隔淮水相望。鎮海節度使杜審權，亦自潤州（今江蘇省鎮江市）發兵四千馳救泗州，全部被起義軍殲滅在淮水南岸。起義軍乘勝進攻都梁城，擊走李湘，控扼淮口（泗水入淮之口），將唐朝的漕運切斷。此後，起義軍分兵南奪舒（今安徽省懷寧縣）、廬（今安徽省合肥市）、和（今安徽省和縣）、下蔡（今安徽省鳳台縣）、巢縣（今安徽省巢縣）等州縣，北取沂（今山東省臨沂縣）、海（今江蘇省東海縣）、沭陽（今江蘇省沭陽縣）等州縣，頗有破竹之勢。十二月，泗州團練判官辛讜，再次向令狐陶和杜審權求救，二人又各遣兵糧赴援。這時，徐州南面行營招討使戴可師，率軍三萬到達都梁城，起義軍被迫盡棄淮水以南。戴可師恃勝而驕，不加戒備，遭到起義軍王弘立部數萬人疾襲，軍未成列，即被殲滅。而自汴水漕運被阻絕後，江淮往來皆出壽州，王弘立乘勝圍攻壽州，將此通路亦予切斷。令狐陶見江淮形勢已不可收拾，遣使求見龐勳，許諾願為龐勳向朝廷請封節度使職。龐勳於是息兵俟命。

這年十一月，康承訓屯軍新興（今河南省寧陵縣東），遭到從宿州出兵的起義軍姚周部的進攻，寡不敵眾退屯宋州（今河南省商丘縣），在此等待諸道官軍。此時徐州北面，由於王晏權數次兵敗，朝廷命泰寧節度使曹翔，代替王晏權為徐州北面招討使。唐咸通十年（八六九年）正月，康承訓率諸道官軍七萬餘人，屯於新興至鹿塘（今安徽省蕭縣）之間，壁壘相連。二月，康承訓在連破圍攻海州和壽州的起義軍後，命沙陀騎兵為前鋒，進攻徐州，在宿州以南，遭到伏擊。龐勳乘機命王弘立率兵三萬渡過濉水，夜襲鹿塘寨，亦遭官軍伏擊，損兵二萬餘人。三月，康承訓進逼柳子（今安徽省宿縣北），又擊殲起義軍姚周部。四月，龐勳命其父留守徐州，率新募兵三萬，夜至豐縣（今江蘇省豐縣），進擊正在圍城的魏博軍，殲敵二千餘人。正圍滕縣（今山東省滕縣）的曹翔，聽說魏博軍兵敗，引兵退保兗州。幾天後，在鹿塘寨兵敗的王弘立，又奉龐勳之命進攻泗州，不幸戰死。龐勳欲引兵西擊康承訓，自豐縣進向柳子，損失慘重，不得不歸還徐州。五月，徐州附近的下邳（今江蘇省睢寧縣西北）被官軍奪佔，曹翔與徐州西北面招討使宋威，合兵進攻徐州。此時淮南方面，起義軍亦告失利，連丟招義（今安徽省鳳陽縣東南）、鍾離（今安徽省臨淮關附近）、定遠（今安徽省定遠縣東）等地。七月，康承訓又克臨渙（今宿縣西）、襄城、留武、小睢等地，曹翔亦拔滕縣，進擊豐沛。龐勳被迫撤離徐州，引兵向西。八月，起義軍宿州守將投降官軍，襲奪徐州。龐勳向西進攻宋州受挫，欲渡汴水南取亳州（今安徽省亳縣），被沙陀騎兵追及，在蘄縣戰死。起義軍餘部，亦很快被官軍相繼討平。

裘甫、龐勳起事失敗後，各地農民的零星暴動，始終未斷。唐咸通十四年（八七三年），唐懿宗死去，年僅十二歲的唐僖宗李儇即位。唐僖宗一切聽由宦官田令孜擺佈，朝廷政治更加腐敗，加上關東連年水旱，百姓流離失所，餓殍遍野，終於又導致王仙芝、黃巢領導的起事爆發。

唐乾符二年（八七五年）正月，濮州（今河南省范縣南）人王仙芝聚眾三千，起義於長垣（今河南省長垣縣）。起義軍攻取曹（今山東省曹縣）、濮兩州，兵力迅速擴至萬人，王仙芝自稱天補平均大將軍兼海內諸豪都統。天平節度使薛崇，由鄆州（今山東省東平縣西北）出兵征討，被王仙芝擊敗。這時，冤句（今山東縣曹縣西）人黃巢，率眾數千與王仙芝會合。起義軍攻州奪縣，橫行山東，廣大農民爭相歸附，數日之間，便發展到幾萬人。

這年十一月，起義軍的活動範圍，已至淮南，朝廷命淮南、忠武、宣武、義成、天平五節度使合力剿討。十二月，起義軍進攻沂州（今山東省臨沂縣），朝廷命平盧節度使宋威，亦參與進剿，指示兗海節度使和福建、江西、湖南諸節度使，皆訓練士卒，以防起義軍到來，對宣武、感化節度使及泗州防禦使，則授以密詔，命其各選精兵，確保東南漕運的安全。次年七月，起義軍在沂州城下與宋威作戰受挫，向西發展，連陷陽翟（今河南省禹縣）、郟城（今河南省郟縣）等八縣。朝廷恐洛陽被擾，命忠武節度使崔安潛發兵阻擊，又命昭義節度使曹翔率步騎五千增援洛陽，命山南東道節度使李福守護汝州（今河南省臨汝縣）至鄧州（今河南省鄧縣）之間的交通。八月，起義軍進逼汝州，邠寧節度使李侃、鳳翔節度使令狐陶，各遣精兵助守陝州（今河南省陝縣），以防起義軍進入潼關。九月，起義軍攻陷汝州，王仙芝拒絕朝廷的招撫，又奪佔陽武（今河南省原武縣），進攻鄭州。昭義監軍判官雷殷符屯守中牟（今河南省中牟縣東），進擊起義軍，迫使起義軍轉趨汝鄧間。十月，起義軍進向鄧州和唐州（今河南省唐河縣）時，兵力已擴展到三十萬人，接連攻陷郢（今湖北省鍾祥縣）、復（今湖北省沔陽縣）二州，再取隨（今湖北省隨縣）、安（今湖北省安陸縣）二州。十二月，起義軍又分兵攻取申（今河南省信陽市南）、光（今河南省光山縣）、壽（今安徽省壽縣）、舒（今安徽省安慶市）、廬（今安徽省合肥市）諸州。屯兵亳州（今安徽省亳縣）的宋威，望風退縮，不肯再為朝廷拼死作戰。朝廷得知，命崔安潛代替宋威指揮，同時遣使拜王仙芝為左神策軍押衙兼監察御史。王仙芝曾因此而動心，後經黃巢相勸，拒絕朝廷誘降，奪佔蘄州（今湖北省蘄春縣），並和黃巢分兵，攻取陳蔡和齊魯。

唐乾符四年（八七七年）二月，王仙芝於攻陷鄂州（今湖北省武漢市）後轉兵北上，黃巢於攻陷鄆州後又攻取沂州。七月，黃巢引兵與王仙芝同攻宋州失利，南下再陷安州和隨州，附近官軍紛紛逃散。但此後不久，黃巢兵敗於蘄黃，又復北上奪佔匡城（今河南省長垣縣境）和濮州，王仙芝則自郢復南下荊南（今湖北省江陵縣），渡漢水向東北方向迂迴。次年二月，王仙芝在黃梅（今湖北省黃梅縣）遭到左散騎常侍曾元裕的重創，損兵五萬餘人，本人也被擒斬。

黃巢在王仙芝戰死後，被部眾推為最高領袖，自號沖天大將軍，留據沂州。朝廷因曾元裕軍遠在荊襄，不能北援河南，命左武衛上將軍張自勉，諸督軍急討黃巢。黃巢乃分兵自滑州進攻宋汴，轉而佔領考城（今河南省蘭考縣）。朝廷又命滑州節度使李峰，在原武（今河南省原武縣）阻擊黃巢，黃巢卻南下襄邑（今河南省睢縣）、雍丘（今河南省杞縣），進逼葉城（今河南省葉縣）和陽翟，威脅洛陽。朝廷發河陽、宣武、昭義諸道兵馳援洛陽，並命曾元裕火速回師。此後，黃巢因起義軍在江西、浙西及河南的部隊屢為官軍所敗，於三月渡長江南下，奪佔浙東虔（今江西省贛縣）、吉（今江西省吉安縣）、饒（今江西省鄱陽縣）、信（今江西省上饒縣）等州，四月又佔領洪州（今江西省南昌市）和湖州（今浙江省吳興縣）。

這年六月，朝廷命荊南節度使高駢為鎮海節度使，駐守鎮江，進討黃巢。八月，黃巢在攻打宣州（今安徽省宣城縣）時受挫，轉攻浙東，在紹興活捉浙東觀察使崔璆，後遭高駢所遣部將張潾、梁纘的重創。黃巢於是直趨建州（今浙江省衢縣至福建省建甌縣），攻破福州。次年正月，高駢命張潾、梁纘分道追擊黃巢，接連給與以重創，迫使黃巢繼續南下。三月，宰相王鐸親自出馬剿討黃巢，在潭州（今湖南省長沙市）屯駐精兵五萬，企圖阻絕黃巢北歸之路。五月，黃巢致書廣州節度使李迢，請李迢上表朝廷，為其索取天平節度使或安南都護一職。朝廷認為，高駢足以剿滅黃巢，未允黃巢所請。九月，黃巢急攻廣州，迅即破城，在此自號義軍百萬都統兼韶廣等州觀察處置使，並聲稱要北上進圖關中。

這年十月，黃巢軍中瘴疫流行，將士死亡十之三四。黃巢決心立即北還，自桂州乘船沿湘江而下，經永（今湖南省零陵縣）、衡（今湖南省衡陽市）兩州，於十月底抵達潭州城下。官軍不敢出戰，黃巢急攻一日，潭州即告陷落。黃巢在此略事休整，命部將尚讓進逼江陵，自率大軍繼之。這時，諸道官軍尚未趕到江陵，江陵守兵不滿萬人。自潭州逃至江陵的王鐸，留部將劉漢宏守江陵，藉口欲與山南東道節度使劉巨容會師，跑到襄陽躲避起來。王鐸走後，劉漢宏大掠江陵，也棄城逃跑。黃巢入據江陵，再次讓被其俘虜的原廣州節度使李迢，向朝廷上表，為其索取官職。李迢未從，被殺。十一月，黃巢北趨襄陽，劉巨容與江西招討使曹政，合兵屯守荊門（今湖北省荊門縣），重創起義軍。黃巢渡江東走，攻陷鄂州，再入饒、信等州，卻在進攻臨安（今浙江省杭州市）時受挫，又向宣、歙方向運動。

唐廣明元年（八八〇年）三月，朝廷因王鐸統軍無功，將其召回，以高駢為諸道行營兵馬都統，總轄天平、淮南、鎮海、西川、荊南、安南六鎖。高駢屢創黃巢，於四月迫使黃巢困據信州。黃巢勢蹙力窮，致書高駢請降。高駢大喜，敦促黃巢盡快來降，並答應為其向朝廷索取官職。這時，昭義、感化、義武等軍皆至淮南，脅助高駢剿滅黃巢。高駢恐分其功，向朝廷表示很快即可將黃巢討平，毋須再煩諸道援兵，請將其全部召回。朝廷立即照准。黃巢見諸道兵已北渡淮水而去，自己的力量又已復振，立即與高駢翻臉，而且請求決戰。高駢甚怒，命張潾率軍進擊，被黃巢殲滅。六月，黃巢攻陷睦（今安徽省建德縣）、婺（今浙江省金華縣）、宣三州，準備渡江北上。

這年七月，黃巢自采石（今安徽省當塗縣北）渡江，包圍天長（今安徽省天長縣）、六合（今安徽省六合縣）。高駢因諸道兵已散，張潾又死，自料無力抵抗黃巢，退守江都（今江蘇省揚州市），向朝廷告急。朝廷下詔斥責高駢主張遣散諸道兵馬，致使黃巢乘官軍無備渡江，另派重兵在殷水（今河南省商水縣）、汝州（今河南省臨汝縣）佈防，並命曹全政為天平節度使鎮守鄆州（今山東省東平縣）。九月，黃巢將渡淮水，曹政發兵六千迎擊，被全殲在泗上（今安徽省泗縣、宿遷縣一帶）。十月，黃巢分兵攻陷申州（今河南省信陽市南），進入潁（今河南省許昌市）、宋（今河南省商丘縣）、徐（今江蘇省銅山縣）、兗（今山東省兗州縣）地區。十一月，朝廷調兵遣將，加強洛陽的防衛，並征發關內諸鎮及左右神策軍，扼守潼關。

十一月中旬，黃巢攻陷洛陽，五天後又陷虢州（今河南省靈寶縣南）。十二月初，黃巢前鋒進抵潼關城下，潼關守將張承范抵禦不住，在損兵大半之後逃遁。黃巢由潼關進入華州（今陝西省華縣），迫降河中留後王重榮。唐僖宗見長安即將不守，倉皇出逃。黃巢入據長安，於十三日即皇帝位，建國號大齊。

十二月十八日，唐僖宗由駱谷（今陝西省周至縣西南）逃至興元（今陝西省南鄭縣），下詔各地，竭盡全力收復京師。鳳翔節度使鄭畋，聯絡鄰道節度使，合兵鳳翔，準備向長安進擊。義武節度使王處存，率先由義武（今河北省定州市）入援關中，屯兵渭北（今陝西省黃陵縣）。被迫投降黃巢的原河中留後王重榮，亦舉兵反戈，擊破前來討伐的黃巢部將朱溫。唐中和元年（八八一年）正月，已經逃至成都的唐僖宗，命淮南節度使高駢、河東節度使鄭從讜、鳳翔節度使鄭畋、涇原節度使程宗楚、朔方節度使唐弘夫等，從四面進討黃巢。這時，沙陀、吐谷渾軍亦入援關中，與唐軍聯合作戰。黃巢為穩固對長安的控制，決定先發動攻勢，於二月派朱溫攻打鄧州（今河南省鄧縣），欲斷絕唐朝經由漢水入川的漕運，同時派尚讓、王播率軍五萬攻打鄭畋。鄭畋請唐弘夫在要害處伏兵，自率數千兵，在城外高岡上列陣。尚讓輕視鄭畋，貿然出擊，被伏兵擊破，在龍尾陂（今陝西省岐山縣）損兵二萬餘人。四月，黃巢又派王玫出鎮邠寧（今陝西省邠縣），謀固關中形勢，不料王玫被部下殺死，該部投降官軍。很快，渭北的唐弘夫，沙苑（今陝西省大荔縣）的王重榮，渭橋的王處存，武功（今陝西省武功縣）的拓拔思恭，周至的鄭畋，對長安形成合圍的態勢。四月五日，黃巢被迫棄長安東走。當夜露宿灞上，得知進入長安的各路官軍混亂不整，立即又引兵回襲，唐弘夫、程宗楚戰死，王處存收合餘眾，逃出長安。

此後，關中形勢無大變化。次年正月，黃巢派朱溫向同州（今陝西省大荔縣）和河中（今山西省永濟縣）發動攻勢，速克同州，但卻在進攻河中的王重榮時受挫。五月，黃巢又發兵進攻興平，唐駐興平之軍退守奉天。八月，朱溫在同州投降王重榮，被朝廷封為右金吾大將軍，賜名全忠。黃巢部將李詳亦欲降唐，被黃巢殺死。此時，關東各藩鎮，見黃巢仍然佔據長安，關中官軍與之對峙不下，皆乘機互相兼併。

唐中和三年（八八三年）正月，長期同河東、河北諸鎮進行兼併混戰的沙陀族首領李克用，歸順唐朝，被任命為雁門節度使。李克用在沙苑擊敗黃巢之弟黃揆，然後與河中、易定、忠武部官軍會合，又擊破尚讓的十五萬大軍，包圍華州。黃巢見形勢逆轉，軍糧又盡，發兵三萬扼守藍田（今陝西省藍田縣），作轉移的準備。三月六日，黃巢派尚讓率軍援救華州，被李克用、王重榮重創於零口（今陝西省臨潼縣東），敗歸長安。三月二十七日，李克用攻克華州，進逼長安。黃巢與李克用戰於渭南，連戰連敗，被迫於四月八日放棄長安，經藍田、武關（今陝西省丹鳳縣東南）撤離關中，進入河南。

五月，黃巢命其驍將孟楷率兵萬人為前鋒，進襲蔡州（今河南省汝南縣），擊降奉國軍節度使蔡宗權，然後又進攻陳州（今河南省淮陽縣）。陳州刺史趙犨早有防備，當孟楷來到項城（今河南省項城縣東北）時，有意示弱，伺其無備發動突襲，將孟楷軍全部殲滅。黃巢聞訊甚恐，親自圍攻陳州，但此後頓兵陳州城下近三百天，亦未破城，起義軍的實力卻受到很大消耗。在此期間，趙犨不斷遣使四出求救，唐僖宗先後派宣武節度使朱全忠、感化節度使時溥、忠武節度使周岌、河東節度使李克用馳援陳州。唐中和四年（八八四年）五月，黃巢在腹背受敵的情況下，解除陳州之圍，向汴州轉移。李克用率軍趕至，在汴水沿岸重創黃巢。在此生死存亡的緊要關頭，尚讓、李讜、楊能、霍存等重要將領相繼叛變，使起義軍的力量更加削弱，軍心士氣亦受到嚴重影響。黃巢率餘部繼續向兗州轉移，於六月十七日在狼虎谷（今山東省萊蕪縣西南）陷於絕境，被迫自殺。隨後，黃巢從子黃浩，轉戰湖南等地堅持戰鬥，已很難再成氣候，很快即被官軍剿滅。

黃巢領導的農民起事，最後雖然失敗，但在十年時間裡，橫掃半個中國，曾經佔領唐朝的統治中心長安和洛陽，建立起農民政權，其歷史意義是深遠的。整個唐朝社會，因此徹底崩潰，再無一線生機，終於在一片混亂中，又苟延殘喘了十四年之後，便為朱溫（全忠）所篡。

第五章 五代

後梁開國之戰

後梁開國之戰，起於唐文德元年（八八八年）十一月朱全忠進攻徐兗，迄於唐天祐四年（九〇七年）三月朱全忠篡唐，前後歷時十八年零四個月。

唐末社會動亂，至唐僖宗已達頂點，特別是在轟轟烈烈的王仙芝、黃巢起義的沉重打擊下，更加走向徹底崩潰之途。唐文德元年（八八八年）三月，唐僖宗死去，其弟李曄即位，是為唐昭宗。此時，藩鎮割據的狀況復熾，幾成完全不可控制之勢。而當時在中原藩鎮中勢力最強大的，一個是河東節度使李克用，另一個則是原黃巢起義軍中的重要將領朱全忠（降唐前名朱溫）。

唐文德元年（八八八年）十一月，朱全忠在擊滅秦宗權之後，勢力劇增，控有今豫東、豫中、豫西廣大地區。朱全忠決心進一步奪取控扼淮、泗、河、濟水路要衝的徐州（今江蘇省銅山縣）、兗州（今山東省兗州縣）和鄆州（今山東省東平縣北），並傾其全力首攻徐州。

唐龍紀元年（八八九年）正月，朱全忠遣其部將龐師古迂道攻拔宿遷（今江蘇省宿遷縣），進據呂梁山（徐州東南），重創前來迎戰的徐州節度使時溥。六月，朱全忠再攻徐州，遣其部將朱珍攻拔蕭縣（今安徽省蕭縣），並自駐蕭縣督戰，後因大雨還師。次年四月，當河東節度使李克用應時溥之請，馳援徐州時，宿州（今安徽省宿縣北）守將張筠投靠時溥，朱全忠出兵將其擊滅。五月，朱全忠奉朝廷之命北討李克用，進攻徐州之戰暫停。唐大順二年（八九一年）正月，朱全忠在與李克用作戰敗歸後，大勝魏博軍於內黃（今河南省內黃縣）。八月，朱全忠再攻時溥於宿州，克其外城。十一月，時溥部將郭誅、劉知俊率部投降朱全忠，時溥軍從此不振。奉寧節度使朱瑾進攻單州（今山東省單縣），亦為朱全忠大破於金鄉（今山東省金鄉縣）。唐景福元年（八九二年）正月，朱全忠轉攻兗州，遭到天平節度使朱瑄（朱瑾從兄）的襲擊，損兵慘重。這時，時溥因連年與朱全忠交戰，財力不濟，向朱全忠求和，朱全忠則要求時溥離開徐州，時溥未允。同年十一月，徐州屬下的濠州刺史張隧、泗州刺史張諫叛降朱全忠，朱全忠並命其子朱友裕攻拔濮州，然後移兵再擊時溥。唐景福二年（八九三年）正月，時溥與朱全忠在宿州會戰，向朱瑾求救，朱瑾引兵二萬馳援徐州，被朱友裕與朱全忠部將霍存重創。朱全忠乘勝督全軍進圍徐州，於四月將其攻拔，時溥登樓自焚。

朱全忠攻略兗、鄆地區，開始於唐光啟三年（八八七年）九月，朱全忠曾攻佔曹、濮兩州，後因徐州妨礙其進出淮南之路，才轉攻徐州。在進攻徐州的過程中，因徐州與兗、鄆兩州聯合，亦曾進攻兗鄆，但集中兵力對兗鄆作戰，還是在攻拔徐州之後。唐景福二年（八九三年）八月，朱全忠命龐師古自徐州移兵攻兗，屢勝朱瑾。十二月，龐師古的先鋒葛從周攻打齊州（今山東省歷城縣），朱瑾、朱瑄引兵救援。唐乾寧元年（八九四年）二月，朱全忠親率大軍進攻鄆州，朱瑄、朱瑾又合兵來攻，被朱全忠大敗於魚山（今山東省東阿縣西）。朱瑄、朱瑾向河東李克用求救，李克用派騎將安福順，率精騎來援。唐乾寧二年（八九五年）正月，朱全忠部將朱友恭圍攻兗州，朱瑄自鄭州赴救，被朱友恭設伏在高梧（今河南省范縣東南）擊破。四月，李克用再遣史儼、李承嗣，率騎兵萬餘馳援朱瑄，朱友恭退軍汴州。這年九月，朱全忠親自擊敗朱瑄於梁山（今山東省壽張縣東南）。十月，葛從周奉朱全忠之命再攻兗州，將其重重圍困。十一月，齊州刺史朱瓊（朱瑾從兄），舉州降於朱全忠。朱瑄為解兗州之圍，派部將賀瓌、柳存及河東李克用所發援兵，偷襲曹州。朱全忠自中都（今山東省汶上縣）連夜追擊，終於在鉅野（今山東省鉅野縣）將其全殲。朱瑾迫於形勢，企圖偽降，被朱全忠識破，殲其來襲之軍。唐乾寧三年（八九六年）閏正月，李克用再次派萬餘騎兵，經魏博馳救兗鄆。朱全忠唆使魏博節度使羅弘信截擊河東軍，殲滅數千人，迫其餘部退保洺州（今河北省永年縣）。三月，朱全忠又遣龐師古率軍伐鄆，擊敗朱瑾軍於馬頰（今山東省東阿縣）。四月，李克用為報仇雪恥，進攻羅弘信，朱全忠派葛從周率軍往救，將李克用擊走。葛從周自洹水引兵渡過黃河，仍去攻打鄆州，並在故樂亭（今山東省東阿縣），又創朱瑾及河東援兵史儼、李承嗣部。同年九月，李克用部將李存信進攻臨清（今山東省臨清縣），在宗城（今河北省威縣）擊敗葛從周，乘勝直抵魏州（今河北省大名縣）北門。十月，李克用又親自率軍攻打羅弘信，予其重創。朱全忠往救，迫使李克用返回河東。唐乾寧四年（八九七年）正月，龐師古、葛從周並力攻鄆，朱瑄力不能守，棄城而逃，被葛從周的部下俘獲。朱全忠佔領鄆州後，命葛從周乘勝襲擊兗州。二月，兗州守將康懷貞投降，率軍外出覓食的朱瑾大驚，逃向沂州（今山東省臨沂縣），後走保海州（今江蘇省東海縣）。不久，朱瑾為葛從周的追兵所迫，與史儼、李承嗣渡過淮水，投奔淮南節度使楊行密。

朱全忠於唐乾寧四年（八九七年）二月佔領兗州後，次年（唐光化元年，八九八年）二月即開始攻略河北之戰。這時，朱全忠的轄地除其本部汴州外，已有鄆、齊、曹、棣、兗、沂、密、徐、宿、亳、陳、許、鄭、滑、濮諸州，河陽、洛陽及平盧、蔡州的節度使，亦相繼歸附。朱全忠雖然勢力大增，但因河北中南部仍處於幽州劉仁恭和河東李克用勢力之間，不奪此地便無法稱霸天下，故而急欲北征。其作戰方略是：支持魏博節度使羅弘信確保魏州，以控制太行山東麓各要地，然後奪取易、定以南各地，掃除河東與幽州在魏博以北的附庸，進而為進攻劉仁恭和李克用作準備。

唐光化元年（九八九年）四月，義昌（今河北省滄縣）節度使盧彥威與劉仁恭發生矛盾，劉仁恭乘機襲奪滄、景（今河北省景縣）、德（今山東省陵縣）三州。盧彥威向朱全忠求援，朱全忠當時正盡全力對付李克用，不但未與幽州發生衝突，反而與之修好。四月八日，朱全忠在鉅鹿擊敗河東軍萬餘人，繼而又遣葛從周攻拔洺州。五月初，葛從周又奪邢（今河北省邢台市）、磁（今河北省磁縣）二州。八月，唐昭宗企圖調解李克用與朱全忠之間的矛盾，命太子賓客張有孚前去宣慰。李克用不願先表示軟弱，朱全忠則置若罔聞。十月，李克用派部將李嗣昭、周德威，率步騎二萬出青山口（今河北省內邱縣西南），反攻邢、洺、磁三州，將前來迎擊的葛從周擊退。十二月，昭義節度使薛志勤死去，澤州（今山西省晉城縣）刺史李罕之入據潞州（今山西省長治市），投降朱全忠。李克用派兵奪回澤州，但潞州自此為朱全忠所有。

唐光化二年（八九九年）正月，淮南節度使楊行密與朱瑾，率兵數萬進攻徐州。與此同時，劉仁恭發幽、滄等州兵十萬南下，攻拔貝州（今河北省清河縣），進逼魏州，新任魏博節度使羅紹威（羅弘信之子），亦向朱全忠求救。朱全忠暫時顧不上救羅紹威，而是親自去救徐州，不料剛行至輝州（今山東省單縣），便聽說楊行密已退去，遂轉兵去救羅紹威。三月，朱全忠部將李思安、張存敬，在內黃與劉仁恭五萬精兵遭遇，採取埋伏戰術，一舉殲其三萬餘人。這時，葛從周亦自邢州入援魏州，重創圍城的劉仁恭軍，迫其燒營而遁。朱全忠戰勝幽州軍後，乘勝進攻河東，命葛從周自土門（今河北省井陘縣西）攻拔承天（今山西省平定縣東），氏叔琮自馬嶺（今山西省昔陽縣東南）攻拔樂平（今昔陽縣），然後進軍榆次。李克用派周德威率軍迎擊，連續獲勝，並追出石會關（今山西省榆社縣西），迫使氏叔琮、葛從周相繼敗退。三月下旬，朱全忠遣河陽節度使丁會攻取澤州。五月，李克用發兵包圍潞州，朱全忠出屯河陽（今河南省孟縣西），命丁會與張存敬赴救潞州，大破河東兵。八月，李克用派李嗣昭再攻潞州。李嗣昭引兵至潞州城下，分兵攻取澤州，朱全忠部將劉汜棄澤州逃走，河東兵進拔天井關。幾天後，朱全忠部將賀德倫，亦被迫放棄潞州，逃往壺關（潞州東）。

唐光化三年（九〇〇年）四月，朱全忠又遣葛從周，率兗、鄆、滑、魏四州兵共十萬人，進擊劉仁恭。葛從周於五月攻拔德州，並圍劉仁恭部將劉守文於滄州。劉仁恭以卑辭厚禮向河東求救，李克用派周德威率五千騎兵出黃澤關（今河北省武安縣西），進攻邢、洺兩州，襲擊葛從周軍的後方。六月，劉仁恭親率幽州兵五萬進救滄州，在老　堤（今河北省青縣東南）遭到葛從周重創，損兵三萬餘人，被迫走保瓦橋（今河北省雄縣南）。七月，李克用又遣李嗣昭率軍五萬，加強對邢、洺兩州的攻擊，大敗葛從周於內邱（今河北省內邱縣）。成德節度使王瑢，派人調解劉仁恭與朱全忠之間的戰事，又適逢久雨，朱全忠將葛從周召還。然而，李嗣昭卻並未停止進攻，於八月又敗葛從周軍於沙門河（今河北省沙河縣），進逼洺州。朱全忠引兵救之，洺州已陷。朱全忠於是命葛從周，自鄴縣（今河北省臨漳縣）渡過漳水，自率三萬主力涉過洺水（今滏陽河上游），迎擊李嗣昭，迫其放棄洺州東走。此次戰後，朱全忠因王瑢借道給河東軍，移兵進擊王瑢，連下數城。王瑢甚懼，遣使向朱全忠請和。朱全忠於是掉頭再擊劉仁恭，九月拔瀛州（今河北省河間縣），十月拔景州（今河北省景縣東北）、莫州（今河北省任邱縣北），並將自瓦橋直攻幽州，後因道路泥濘不能前進，乃引兵西攻易（今河北省易縣）、定（今河北省定州市），拔取祁州（今河北省安國縣）。守在定州的王瑢的部將王部，見朱全忠來攻，率軍與朱全忠戰於沙河（今河北省望都縣南），被殲滅大半，餘皆逃散。劉仁恭發兵馳援王瑢，屯軍易水之上，朱全忠派張存敬將其擊潰。李克用亦發步騎三萬，襲擊朱全忠的後方，攻拔懷州（今河南省沁陽縣），進逼河陽，後被朱全忠部將閻寶擊退。從此，河北諸鎮自易、定、瀛、莫以南，已皆為朱全忠所控有。

次年正月，朱全忠開始集中兵力進攻河東。其作戰方略是：先攻取河中（今山西省永濟縣），遮斷晉陽南援之路，然後控制關中，挾天子以令諸候；明與李克用修好，鬆懈其守備，暗以優勢兵力，由東、南、北三個方向同時並進，會師晉陽，並在天井關、潞州留屯重兵。唐天復元年（九〇一年）正月，朱全忠即遣張存敬率軍三萬，自汜水（今河南省滎陽縣）渡河，出含山路（今山西省聞喜縣東南），襲取晉（今山西省臨汾市）、絳（今山西省新絳縣）兩州，自率大軍繼後。張存敬佔領晉、絳後，朱全忠在此留兵二萬屯守。朝廷唯恐朱全忠入關，賜詔再次調解朱全忠與李克用的矛盾，朱全忠仍未理睬。面臨朱全忠的強大攻勢，河中節度使王珂（李克用之婿）向李克用求救，又向鳳翔節度使李茂貞求救，皆無回音，被迫降於張存敬。李克用見自已勢力日蹙，遣使向朱全忠求和。朱全忠決意擊滅李克用，於三月發六路大軍，分進合擊晉陽。主力氏叔琮部，自天井關進向昂車關（今山西省武鄉縣），迫降沁州刺史蔡訓，未戰即進入澤、潞兩州。四月，氏叔琮出石會關（今山西省榆社縣西），進趨晉陽。此時，由馬嶺（今山西省昔陽縣東南）南下的張歸厚部，已至遼州（今山西省左權縣），逼降遼州刺史張鄂，由井陘西進的白奉國部，攻拔承天（今山西省平定縣東），與氏叔琮部相呼應。於是，氏叔琮等部，很快便進抵晉陽城下。李克用督軍力戰，氏叔琮等部屢屢被創，加以軍糧將盡，士卒多患疾病，於五月奉朱全忠之命撤軍。李克用命周德威、李嗣昭率精騎追擊，殺獲甚眾。

朱全忠進攻河東，雖然未獲全勝，卻自此據有上黨及河中晉、絳等地，囊括河東南部地區，並打通入陝之路。唐天復元年（九〇一年）七月，朱全忠欲將唐昭宗迎到洛陽，以便自己就近控制，率軍七萬前往關中。唐左軍中尉韓全誨，與鳳翔節度使李茂貞素有勾結，聞訊脅迫唐昭宗前往鳳翔。這年十一月，朱全忠趕到長安，見唐昭宗已經不在，立即揮軍進向鳳翔。韓全誨大驚，矯詔聲稱：「朕避難至此，非宦宮所逼，卿（朱全忠）宜斂兵歸鎮。」李茂貞則屯兵武功（今陝西省武功縣），準備以武力抵禦朱全忠。朱全忠擊破李茂貞的防線，於十一月二十日至鳳翔，李茂貞逼迫唐昭宗連下詔書數道，命朱全忠回師。朱全忠不便硬攻鳳翔，移兵北趨邠州（今陝西省邠縣），將其攻拔，又招降靜難節度使李繼徽。十二月，朱全忠返抵三原（今陝西省三原縣），攻拔周至（今陝西省周至縣）。韓全誨和李茂貞，向河東李克用求援，並征調江淮之兵進屯金州（今陝西省安康縣），命西川節度使王建，亦火速率軍北上。王建聲稱前去救駕，實襲李茂貞所轄的山南諸州。李克用則派李嗣昭、周德威等，率軍進攻晉、沁等州，以牽制朱全忠。唐天復二年（九〇二年）正月，韓全誨再次矯詔，賜朱全忠姓李，要他與李茂貞結為兄弟。朱全忠未從。但是，朱全忠因忽聞李克用進攻河中甚急，乃於二月一日回師河中。

李嗣昭奉李克用之命，襲陷慈（今山西省吉縣）、隰（今山西省隰縣）兩州，進迫晉絳，擊敗氏叔琮，然後退屯蒲縣（今山西省蒲縣）。二月中旬，氏叔琮等在蒲縣以南，殲滅河東軍萬餘人。十天後，朱全忠自河中親到晉州，遂大舉展開對李克用的進攻。三月，周德威、李嗣昭所率河東軍相繼失利，連丟慈、隰、汾三州，朱全忠命其侄朱友寧與氏叔琮合兵，乘勝進攻晉陽。中旬，因晉陽難以攻克，朱全忠返回河中，繼續西擊李茂貞。李嗣昭等乘機襲攻氏叔琮，迫使氏叔琮亦撤軍，復取慈、隰、汾三州。三月下旬，唐昭宗認為朱全忠居心叵測，命淮南節度使楊行密出兵討之。朱全忠聞訊，加緊對鳳翔的攻擊，於四月在莫谷（今陝西省乾縣北）殲滅李茂貞部將李繼昭軍。六月初，朱全忠與李茂貞大戰於虢縣（今陝西省寶雞市東）北，殲敵萬人，並分兵出散關攻拔鳳州（今陝西省鳳縣），進圍鳳翔。七月，朱全忠部將孔勍，又取成（今甘肅省成縣）、隴（今陝西省隴縣）兩州。楊行密發兵討伐朱全忠，因攻宿州未克，立即撤軍，八月，保大（今陝西省黃陵縣）節度使李茂勛（李茂貞從弟），圖救李茂貞，進兵三原，被朱全忠遣康懷貞、孔勍擊退。李茂貞出兵夜襲朱全忠控制下的奉天（今陝西省乾縣），則略獲小勝。九月，朱全忠因天降大雨，士卒多病，欲引兵返回河中，後接受部將高季昌、劉知俊的建議，決心繼續與李茂貞較量，以免被人恥笑。朱全忠還針對李茂貞堅守不出，佯作舉軍回師，然後乘李茂貞來追，縱兵反擊，給鳳翔軍以重創。十一月，李茂勛率萬人再救鳳翔，屯於城北的高地上，與城中的李茂貞相呼應。朱全忠命孔勍、李暉乘虛襲拔李茂勛的後方鄜（今陝西省洛川縣）、坊（今陝西省中部縣）兩州，迫使李茂勛回師。入冬之後，連日大雪，天氣嚴寒，鳳翔城中糧盡，凍餓而死者甚多。李茂貞坐守孤城，一籌莫展，遣使與朱全忠議和，並表示願將唐昭宗交給朱全忠。這時，適值淄青平盧節度使王師範謀襲汴、徐諸州，朱全忠急於回師，便與李茂貞言和，奉唐昭宗車駕東歸。

唐天復三年（九〇三年）正月底，朱全忠擕唐昭宗返抵長安，被封為太尉和梁王。朱全忠在長安遍置黨羽，控制朝廷，於三月中旬率軍返回汴州。在此之前，淄青平盧節度使王師範乘朱全忠兵圍鳳翔，從平盧（今山東省益都縣）出兵，已襲取朱全忠治下的兗州。王師範還曾遣使赴河東，勸李克用共討朱全忠。李克用同意，立即發兵進攻晉州，後聞唐昭宗和朱全忠已經東歸，才罷其南進之兵。三月十七日，朱全忠回到汴州，王師範正遣其弟王師魯圍攻齊州（今山東省歷城縣），被朱全忠之侄朱友寧擊走。王師範又增兵救援控守兗州的行軍司馬劉鄩，亦被朱友寧擊滅。接著，朱友寧自齊州向青州挺進，朱全忠率十萬大軍繼後。王師範面臨滅頂之災，向淮南楊行密求救。四月下旬，楊行密一面命部將王茂章率步騎七千赴救，一面發兵數萬再攻宿州。朱全忠派康懷貞馳救宿州，淮南兵聞訊遁走。這時，楊行密亦正在鄂州（今湖北省武漢市）與鄂州節度使杜洪作戰，朱全忠部將韓勍率兵萬人屯灄口（今湖北省黃陂縣西南），並遣使與荊南節度使成汭、武安節度使馬殷、武貞節度使雷彥威等聯繫，請他們分別自江陵、長沙和澧縣出兵，共救杜洪，進而使楊行密應接不暇。然而，在青、徐方面，朱全忠卻出師不利，朱友寧戰死。七月，朱全忠親率二十萬大軍進至臨朐（今山東省臨朐縣），猛攻王師範的巢穴青州。王師範出戰大敗，被迫請降。朱全忠本不想受降，後因聽說李茂貞與靜難節度使楊崇本起兵進向長安，恐怕唐昭宗又被劫往他方，欲迎唐昭宗遷都洛陽，便接受了王師範的投降。控守兗州的劉鄩聞訊，亦向圍攻兗州的葛從周投降。

唐天祐元年（九〇四年）四月，朱全忠脅迫唐昭宗遷都洛陽，並於六月將其弒殺，擁立年僅十二歲的輝王李祝為帝，是為唐哀帝。唐天祐三年（九〇六年），朱全忠與劉仁恭戰於幽、滄二州，失利而還。此時，四方藩鎮皆以興復唐室為名，起兵討伐朱全忠。朱全忠恐內外離心，謀速篡唐，以絕眾望，遂於次年二月，逼唐哀帝禪位於己，改國號為梁，史稱後梁。

後唐開國之戰

後唐開國之戰，起於後梁開平元年（九〇七年）五月潞州之戰，迄於後唐同光元年（九二三年）十月大梁之戰，前後歷時十六年零五個月。

唐天祐四年（九〇七年）三月，朱全忠篡唐後，籠絡各方藩鎮，大行封賞，唯獨對割據河東的李克用不肯讓步，並決心將其擊滅。這年五月，朱全忠即派康懷貞率軍八萬，會同魏博軍進攻李克用轄下的潞州（今山西省長治市）。潞州守將李嗣昭、李嗣弼，見後梁軍勢大，閉城拒守。康懷貞晝夜猛攻半月，未能克城，只好採取圍困戰術。李克用恐潞州有失，急派周德威、李嗣本、李嗣源等人率軍往救。八月上旬，周德威在高河（今山西省長治市西）擊敗康懷貞部將秦武。朱全忠改派李思安為潞州行營都統，代替康懷貞指揮，亦遭周德威抄襲，疲於奔命。十一月，李克用見形勢漸趨對自己有利，分兵攻取澤州和晉州，借以牽制河中的後梁軍，使其不得增援潞州。十月，朱全忠又命河中及陝州（今河南省陝縣）的後梁軍進向潞州，李克用發兵襲擊洺州（今河北省永年縣），逼迫後梁軍回師自救。

後梁開平二年（九〇八年）正月，李克用病死，其子李存勖繼嗣。朱全忠因久攻潞州不下，擔心關中空虛，鳳翔李茂貞乘機侵掠，於三月命令撤軍。李存勖則一面向李茂貞乞師，一面請契丹國主耶律阿保機出動騎兵來援，準備與朱全忠決戰。四月下旬，李存勖自晉陽南下，擊破仍在潞州城下的後梁軍，殲敵萬餘人，然後進抵澤州。後梁將領牛存節，由天井關回救澤州，後梁將領劉知俊，亦自晉州來救澤州，李存勖遂回師高平（今山西省高平縣）。

戰後，李存勖在河東勵精圖治，加緊訓練騎兵，以備再戰。朱全忠亦未忘再攻潞州，但因西北方面變亂迭起，遲遲未能如願。後梁開平四年（九一〇年）八月，朱全忠發現武順節度使王瑢與李存勖互相勾結，深以為慮。十一月，盧龍節度使劉守光（劉仁恭之子），自淶水（今河北淶水縣）進擊定州，朱全忠乘機派供奉官杜建隱、丁延徽率兵，前往深、冀二川，聲稱去協助王瑢抵禦劉守光南侵。王熔自恃與朱全忠是兒女親家，允許後梁軍入城，結果被後梁軍襲佔深、冀二州。王瑢甚悔，遣使向李存勖求救。李存勖立即發兵出井陘，前往趙州，與義武（今河北省定州市）節度使王處直合兵。這年十一月，朱全忠將正進攻上黨的軍隊召回，命往魏州進攻王瑢，及聞周德威率河東兵已抵趙州，又命寧國節度使王景仁等，自河陽（今河南省孟縣西）渡河，會同魏州節度使羅周翰，進屯柏鄉（今河北省柏鄉縣）。王瑢再次向李存勖告急，李存勖親率大軍由贊皇（今河北省贊皇縣）東下，至趙州，與周德威和王處直會合。李存勖審問捉到的俘虜，得知後梁軍將進攻王瑢所在的鎮定（今河北省正定縣），遂於十二月下旬，向駐在柏鄉的後梁軍挑戰。後梁將領韓勍等，率步騎三萬，分三路出擊，周德威勸李存勖暫避其鋒，拔營退保高邑（今河北省高邑縣）。由於王瑢早就下令在柏鄉堅壁清野，使後梁軍的糧秣發生困難，無力再發動進攻。

後梁乾化元年（九一一年）正月，周德威等率精騎三千又來挑戰，後梁軍傾巢出動，周德威等且戰且退，轉戰至高邑以南，頂先埋伏在那裡的河東軍與王瑢軍，突然發起襲擊，殲滅後梁軍二萬人。李嗣源等乘勝追至邢州，後梁保義節度使王檀加強戒備，據守深、冀二州的杜延隱等，則棄州而去。朱全忠大驚，恐邢州再失，發兵增援王檀。二月，李存勖至魏州，攻之未克，命周德威轉攻貝州（今河北省清河縣），並連拔夏津（今山東省夏津縣）、高唐（今山東省高唐縣）、臨河（今河南省濮陽縣西）、淇門（今河南省汲縣東北）等地，進迫衛州（今河南省汲縣），焚掠新鄉和共城（今河南省輝縣）。朱全忠親自率軍在洛陽城北列陣，又命楊師厚自磁（今河北省磁縣）、相（今河南省安陽市）引兵，援救邢、魏。這時，河北適有劉守光之變，使李存勖深以後方為慮，乃於二月十七日解除對魏州的包圍。

盧龍節度使劉守光，聽說後梁軍敗於柏鄉，亦欲舉軍南下掠地。李存勖認為劉守光乃心腹之患，必先將其擊滅，方可南征，於是在河東整頓軍隊，準備北擊劉守光。後梁乾化元年（九一一年）四月，劉守光即皇帝位於幽州，國號大燕，改元應天。十一月，劉守光即率兵二萬，進犯易（今河北省易縣）、定（今河北省定州市）、容城（今河北省容城縣），駐守易、定的王處直向李存勖告急。十二月中旬，李存勖命周德威率軍三萬攻燕，以救易、定。次年正月，周德威東出飛狐（今河北省蔚縣南），與王瑢部將王德明、王處直部將程岩會師易水（今河北省易縣），攻破燕祁溝關（今河北省涿州市南），迫降燕涿州刺史劉知溫，然後直抵幽州城下。劉守光急向朱全忠求救。後梁乾化二年（九一二年）二月，朱全忠親自率軍離開洛陽，命楊師厚、李周彝圍棗強（今河北省棗強縣東南），賀德倫、袁象先圍蓨縣（今河北省景縣境），朱全忠自至津冢（今河北省武邑縣南）。三月初，棗強被楊師厚等攻克，屯駐趙州的李存勖部將李存審，乘後梁軍進攻蓨縣，引兵控扼下博橋（今河北省衡水市東）。後梁軍攻蓨縣不下，朱全忠與楊師厚前來助攻，尚未置營，便遭李存審襲擾。朱全忠以為河東大軍將至，急忙燒營夜遁，經貝州轉往魏州。二月底，河東將領李存暉進攻瓦橋關（今河北省雄縣易水上），燕莫州（今河北省任邱縣）守將投降。這時，周德威因進攻幽州的兵力不夠，請求李存勖增援，李存勖命李存審發兵北上。與此同時，河東將領李嗣源攻拔瀛州（今河北省河間縣），在幽州的劉守光，面臨河東軍圍城的嚴峻局面，命驍將單廷珪率精兵萬人出戰，與周德威相戰於幽州城東南的龍頭崗，單廷珪大敗被擒。

後梁乾化二年（九一二年）五月六日，朱全忠由大梁（今河南省開封市）回到洛陽，病勢沉重。六月，其次子朱友珪弒父自立，後梁內部發生動亂。河中守將朱友謙，企圖與朱友珪相抗衡，與李存勖勾結。朱友珪發兵討之，結果大敗於胡壁（今山西省榮河縣東）和解縣（今山西省解縣）。次年二月，朱友珪為袁象先等所殺，朱瑱即位，是為後梁末帝。後梁內部的這場變亂，給李存勖在河北用兵以絕好機會，迭克燕順州（今北京市順義縣）、安遠（今天津市薊縣西北）和檀州（今北京市密雲縣）。三月，周德威又攻拔蘆台（今天津市寧河縣南），劉光浚攻克古北口，迫降燕居庸關守將胡令圭。至此，幽州東北方向的重要州縣，已多為河東軍所攻佔。劉守光因幽州日陷孤立，向契丹求救，並命驍將高行珪為武州（今河北省宣化縣）刺史，遙為幽州外援。周德威分兵進擊武州，高行珪投降。接著，燕新州（今河北省涿鹿縣）、廣邊（今河北省懷來縣北）、儒州（今北京市延慶縣）守將皆降，燕西北各州盡失。四月，周德威猛攻幽州南門，劉守光請降，周德威未允。不久，劉光浚又攻拔平州（今河北省盧龍縣），迫降燕營州（今河北省遷安縣西）刺史楊靖。然而，後梁天雄節度使楊師厚屯兵魏博，乘河東與燕交兵，率汴、滑、徐、兗、魏、博、邢、洺之兵十萬，自柏鄉進向趙州和冀州，以擾亂河東軍的後方。五月上旬，楊師厚火燒鎮定，攻拔下博（今河北省深縣南），戍守趙州的河東將領李存審，兵少不足赴戰，向周德威告急。周德威派騎將李紹衡，與王瑢部將王德明赴援。六月，劉守光再次乞降，周德威仍未答應。八月，河東軍攻拔莫州和瀛州。九月，劉守光引兵夜出，收復順州。十月初，劉守光又率五千兵夜出，奔往檀州，欲打通北走契丹之路，遭到自涿州出兵的周德威的截擊，僅率百餘殘騎逃歸幽州。十一月下旬，李存勖親至幽州城下督軍攻城，劉守光棄城逃跑，途中被擒。至此，河北之地，大半落入李存勖之手。

這時，後梁內部又起變亂。身在魏博的楊師厚地廣兵強，具有調動諸鎮兵馬的權力，深為後梁末帝朱瑱所忌。後梁貞明元年（九一五年）三月，楊師厚死去，朱瑱擬將魏博地區分割治理，但又怕楊師厚的部下不服，命開封尹劉鄩率兵六萬，自白馬（今河南省滑縣北）渡河，以討伐鎮定王瑢為名，前往魏博，企圖迫使楊師厚的部下就範。天雄軍深感朝廷忌其強盛，設策使其殘破，於是作亂，並向李存勖求援。李存勖大喜，立即命李存審自趙州進據臨清（今山東省臨清縣），然後自引大軍由黃澤關（今山西省左權縣與河北省武安縣接界處）東出，進屯永濟（魏州北）。

劉鄩聽說河東軍來到，分兵萬人，自洹水趨魏州，與李存勖夾洹水對陣。朱瑱派天平節度使牛存節屯兵楊劉（今山東省東阿縣），後改派匡國節度使王檀代之，聲援劉鄩。這時，整個魏博地區，唯有貝州刺史張德源不肯投降李存勖，並北結滄德，南連劉鄩，數次截斷鎮定的糧道。李存勖因貝州城堅兵多，猝攻難下，先發兵襲陷德（今山東省陵縣）、澶（今河南省清豐縣西）二州。劉鄩認為河東兵盡在魏州，晉陽必然空虛，秘密出兵自黃澤關西去。李存勖聞訊，急發騎兵追擊。劉鄩軍至樂平（今山西省昔陽縣），軍糧將盡，又聞晉陽已有防備，而且追兵在後，立即東返。周德威得知劉鄩西上，亦自幽州馳救晉陽，及行至土門，聽說劉鄩已自邢州渡漳水東往臨清，又先期抵達臨清助守。劉鄩為切斷河東軍糧道，折向貝州，再至堂邑（今山東省堂邑縣），後又南退莘縣

（今山東省莘縣）。周德威與李存勖趕至莘縣，攻之未克。八月，後梁絳州刺史尹皓，進攻隰州和慈州，以牽制河東軍，屯軍楊劉的王檀，與後梁昭義節度使賀瓌合攻澶州，將其收復。劉鄩則仍在莘縣固守，後因朱瑱遣使前來督戰，被迫前往鎮定，向王瑢挑戰，突遭李存審橫擊，大敗奔還莘縣。後梁貞明二年（九一六年）二月，朱瑱又屢次催促劉鄩出戰，劉鄩均堅壁不出。這時，李存勖留李存審守營，自往貝州，聲稱將歸晉陽。劉鄩聞知，與繼州刺史楊延直會攻魏州。魏州守將李嗣源，以城中兵出戰，李存勖自貝州回師，李存審亦引兵趕至，劉鄩四面受敵，七萬大軍幾被全殲。劉鄩僅率數十名騎兵突圍，然後收集散卒，自黎陽渡河，保據滑州（今河南省滑縣）。

鑒於河東軍已攻陷黃河以北大多數州縣，後梁匡國節度使王檀，密請發關西兵襲擊晉陽。朱瑱於是征調河中、陝、同、華諸鎮兵共三萬人，出陰地關（今山西省靈石縣西南）突至晉陽城下，晝夜急攻。晉陽守軍殊死抵抗，給後梁軍以重大殺傷。這時，屯兵潞州的李嗣昭，聽說晉陽被攻，自上黨趕至晉陽，與城內守軍夾擊後梁軍。後梁軍襲擊晉陽未能得逞，劉鄩又敗退滑州，於是河南大震。不久，河東軍攻拔衛州（今河南省汲縣）和磁州，又攻拔洺州，致使河南益形危急。四月，後梁京城大梁發生兵變，朱瑱親領禁軍拒戰，才將叛亂平定。六月，李存勖攻邢州，朱瑱命張溫往救，張溫投降河東。八月，李存勖攻佔邢州和相州。與此同時，契丹國主耶律阿保機，亦率軍三十萬攻陷河東朔州（今內蒙古自治區和林格爾縣），進逼雲州（今山西省大同市）。雲州守將李存璋，悉力拒之。九月，李存勖返回晉陽，去救雲州，契丹軍聞訊退走。此後，滄州、貝州相繼為河東軍所奪。十月，李存勖再至魏州，並遣使與割據江南的吳王楊隆演聯繫，相約共同擊滅後梁。十一月，楊隆演命徐知訓率兵，趨宋（今河南省商丘縣）、亳（今安徽省亳縣）兩州，并進圍潁州

（今安徽省阜陽縣）。後梁貞明三年（九一七年）正月，朱瑱發兵救穎州，吳軍撤退。二月，李存勖猛攻黎陽，因劉鄩殊死拒戰，數日不克而去。

後梁貞明二年（九一六年）八月，契丹國主耶律阿保機攻陷朔州，進圍雲州，雖因李存勖回師而被迫撤退，但其南進的企圖並未打消。次年三月，耶律阿保機又選騎兵三萬，奪佔新州（今河北省涿鹿縣）。李存勖命周德威反攻新州，旬日不克，卻遭到耶律阿保機的重創，返回幽州。耶律阿保機進圍幽州，以火攻及地道戰術，從四面攻城，周德威遣使向李存勖告急。四月，李存勖命李嗣源率軍往救，命閻寶率鎮定兵為後繼。七月，李存勖因李嗣源、閻寶兵力不夠，又命李存審馳援。八月，幽州被圍已經二百餘天，河東七萬援軍才進至易州。李嗣源決定自易州北上，經大房嶺（今北京市房山縣境）向東，以免與契丹騎兵在平原相遇。河東軍沿途粉碎契丹軍的阻擊之後，終於抵達幽州，將圍城的契丹軍趕走。

幽州戰事結束後，河東軍與後梁軍，在黃河沿岸又展開爭奪。後梁貞明三年（九一七年）十二月，李存勖得知黃河結冰，引兵經魏州往朝城（今河南省范縣）渡河，直撲對岸的楊劉。河東軍攻拔楊劉，向大梁疾進，後知大梁有備，轉掠鄆（今山東省東平縣）、濮（今河南省濮陽縣南）兩州。二月，後梁河陽（今河南省孟縣西）節度使謝彥章反攻楊劉，李存勖進逼河陽，與其對峙。六月，李存勖又親率河東軍，在楊劉渡河，謝彥章引兵阻擊，遭到重創。七月，李存勖再次請吳王楊隆演出兵，楊隆演正與割據長沙的楚王馬殷爭奪虔州（今江西省贛縣），未肯應允，李存勖於是獨舉大軍，進攻後梁。八月，後梁泰寧節度使張萬進投降河東，朱瑱命劉鄩率軍討之。李存勖發兵阻擊，不料胡柳陂（今河南省范縣）一役，河東軍損兵三萬餘人，名將周德威陣亡。

南），對其威脅甚大，引兵攻之，受挫而還。八月，後梁將領王瓚率軍五萬，自黎陽渡河，掩擊澶、魏兩州，被河東軍擊潰。十月，劉鄩擊滅張萬進於兗州，正與後梁軍在黃河沿岸交戰的李存勖，無力救援。十二月，李存勖擊敗王瓚，進拔濮陽。此後，雙方陷入持久消耗戰狀態。

後梁貞明五年（九一九年）四月，後梁將領賀瓌因河東軍佔據德勝南城（今河南省清豐縣西

後梁貞明六年（九二〇年）四月，後梁河中節度使朱友謙襲取同州（今陝西省大荔縣），據為己有。六月，朱瑱命劉鄩、尹皓、溫昭圖等人進討，朱友謙向李存勖求救。這時，李存勖仍與後梁軍在德勝對戰，抽調李存審、李嗣昭、李建及李存質等率軍往救。九月，河東軍進至朝邑，在華南（今陝西省華縣）和渭水大破後梁軍，迫使劉鄩等逃遁。

後梁龍德元年（九二一年）一月，王德明在鎮定殺死王瑢，改名張文禮，向李存勖請求承認。李存勖大怒，欲率兵討之，後聽從幕僚的建議，為在與後梁軍作戰期間，不更樹敵於肘腋，於四月委任張文禮為成德節度留後。張文禮雖然受命，心中仍感不安，於七月又向契丹求援，並向後梁朱瑱稱臣。李存勖截獲張文禮給朱瑱和契丹的密信，決心發兵消滅張文禮。八月中旬，河東軍即攻拔趙州，正患腹疽的張文禮驚懼而死，其子張處瑾秘不發喪，堅守鎮定。九月，河東軍渡過滹沱河，包圍鎮定。十月，鎮定戰事久延不決，後梁軍乘機襲擊德勝北城，李存勖命李嗣源伏兵戚城（今河南省濮陽縣北），李存審屯兵德勝南城，給後梁軍以重創。這時，易、定節度使王處直，因易、定與鎮定唇齒相依，恐鎮定亡後，易、定將陷於孤立，力勸李存勖罷兵免討鎮定。李存勖未予理睬。王處直便暗中與契丹勾結，慫恿契丹犯塞，以解鎮定之圍。王處直的養子王都，不同意這樣做，將其因禁。

十一月，李存勖親自北上攻打鎮定。十二月，契丹軍南下幽州，攻拔涿州，進圍定州。王都向

李存勖求救，李存勖北上赴救。梁龍德二年（九二二年）正月，李存勖在新樂（今河北省新樂縣）重創契丹軍，迫其退保望都（今河北省望都縣），後又撤往易州。李存勖兵至幽州，分兵克復嬀（今河北省懷來縣）、儒（今北京市延慶縣）、武（今河北省宣化縣）等州。此時魏州方面，李存審、李嗣源正抵禦乘虛而入的後梁將領戴思遠，形勢危殆。二月，李存勖自幽州疾馳南下，戴思遠聞訊逃遁。三月，河東軍閻寶部被鎮定守軍擊破，退據趙州。四月下旬，張處瑾與李嗣昭相戰於九門（今河北西北），李嗣昭戰死。五月初，李存勖命李存進包圍鎮定，李存進亦戰死。九月，李存審又進攻鎮定，終於將其奪佔。

這年八月，後梁將領王彥章奉命發動反攻，連拔衛州（今河南省汲縣）、共城（今河南省輝縣）、新鄉（今河南省新鄉縣）等地。次年三月，潞州亦為後梁所有。這時，李存勖已經稱帝，國號大唐，史稱後唐。李存勖稱帝後，為扭轉愈趨於己不利的形勢，首先襲取鄆州。朱瑱得知鄆州失守，急遣王彥章統兵出戰。王彥章馳抵滑州，奇襲德勝南城。李存勖唯恐楊劉亦失，命德勝北城守將朱守殷棄城東下，增援楊劉。王彥章亦自德勝南城順流而下，追擊朱守殷軍。五月下旬，王彥章與段凝率十萬後梁軍猛攻楊劉，後唐楊劉守將李周奮力抵抗，並向李存勖告急。六月，李存勖親至楊劉，督諸軍與王彥章相戰，大破後梁軍。

後唐同光元年（九二三年）十月初，李存勖親率大軍由楊劉渡河，奪取中都城（今山東省汶上縣），擒斬王彥章。然後，後唐軍又攻陷曹州（今山東省荷澤縣），長驅直至大梁。朱瑱恐慌萬狀，命段凝回師馳救，然而詔令尚未送到，大梁已經陷落。朱瑱見大勢已去，被迫自殺。至此，朱全忠篡唐所建立的後梁，僅歷十六年，即告滅亡。

後晉開國之戰

後晉開國之戰，起於後唐清泰三年（九三六年）五月，迄於同年閏十一月，前後歷時七個月。

李存勖於後唐同光元年（九二三年）擊滅後梁，兩年後又擊滅割據四川的前蜀，並征服荊南王高季興、吳越玉錢鏐、楚王馬殷、閩王延翰立、吳王楊溥等，使地處邊疆的突厥、渤海、黑水靺鞨、女真、奚、吐谷渾、高麗等族（國），亦皆與其修好，儼然有統一中國之勢。然而，李存勖自矜功伐，從此嗜獵無度，寵任伶宦，遠斥勛舊，又當大饑之年，不賑軍士，依然花天酒地，遂使十餘年親冒鋒鏑所創帝業，很快陷於危機。後唐同光四年（九二六年）四月，李存勖為亂軍殺死，部將李嗣源即皇帝位，改名李亶，是為後唐明宗。李亶在位八年，力除前代弊政，兵革罕用，年穀屢豐，形成五代中有名的小康之局。李亶死後，其子李從厚繼位，是為後唐閔帝。鳳翔節度使李從珂廢除閔帝，自即帝位，是為後唐末帝。河東節度使石敬瑭不服李從珂為帝，在晉陽（今山西省太原市）暗做謀反的準備。

後唐清泰三年（九三六年）正月，石敬瑭之妻，去洛陽為李從珂祝壽，事畢辭還晉陽時，李從珂乘醉問道：「為何走得如此匆促，莫非想趕快回去，和石敬瑭一起造反嗎？」石妻歸告石敬瑭，石敬瑭甚為恐懼，加緊準備謀反。李從珂得知石敬瑭的所為，深以為憂，與近臣商議對策。給事中李崧和呂琦認為，河東如有異謀，必然勾結契丹，勸李從珂先以厚禮與契丹約合。此議，遭到樞密直學士薛文遇反對，認為以天子之尊屈奉夷狄，乃是恥辱。李從珂同意薛文遇的看法。石敬瑭見李從珂已決心要除掉自己，於五月傳檄天下，指出李從珂乃是李亶從子，不該繼承大統，而應讓位於李亶生子李從益。李從珂聞知大怒，下詔削奪石敬瑭的官爵，立即部署進討。石敬瑭迫於自己的力量有限，遣使向契丹國主耶律德光稱臣，並願做耶律德光的乾兒子，約定契丹若助其奪得後唐天下，事成之後割燕雲之地給契丹。部將劉知遠勸道：「稱臣可以，以父事之太過。多給契丹些金帛，便足可使其發兵，不必許以土地，否則日後為國大患，悔之無及。」無奈，石敬瑭決心已定。耶律德光早就謀圖燕雲地區，聞訊大喜，立即答應傾國赴援。

後唐清泰三年（九三六年）五月，後唐北面行營副總管張敬達，奉李從珂之命，從代州（今山西省代縣）移軍南下，與義武節度使楊光遠合兵晉安寨（今山西省太原市晉祠南），準備向晉陽發動攻勢。由於石敬瑭乃後唐明宗李亶之婿，又為河東宿將，許多對朝廷不滿或與石敬瑭有舊交者，此時紛紛響應石敬瑭，如西北先鋒馬軍都指揮使安審信、雄義都指揮使安元信、振武巡檢使安重榮、天雄捧聖都虞侯張令昭、雲州步軍指揮使桑遷等。李從珂分兵討伐這些附逆的將領，使圍攻晉陽的兵力，始終僅為張敬達、楊光遠二軍。石敬瑭被圍在晉陽，因寡不敵眾，避不出戰，與張敬達、楊光遠形成對峙狀態。七月，張敬達命懷州彰聖軍指揮使張萬迪進屯虎北口（今太原市汾水北），張萬迪卻奔降晉陽。八月初，張敬達見石敬瑭久不出戰，築長圍進攻晉陽，石敬瑭親自登城指揮反擊。八月下旬，李從珂聽說契丹將要出兵救援石敬瑭，命成德節度使董溫琪和盧龍節度使趙德鈞，在東北方向佈防，同時催促張敬達急攻晉陽。張敬達不分晝夜加緊進攻，仍未破城。九月，耶律德光終於率軍五萬，自陽武谷（今山西省崞縣西）南下，繞過後唐代川刺史張朗、忻州（今山西省忻州市）刺史丁審琦的防線、直趨晉陽。張敬達、楊光遠與契丹軍接戰，被契丹軍分割成兩半，損兵萬人。石敬瑭乘機命劉知遠出城，協助契丹軍作戰，俘獲後唐軍千餘人。

石敬瑭與耶律德光在晉陽會師後，雙方合圍晉安寨。張萬達手下，猶有將士五萬人、戰馬萬匹，自料難敵契丹軍和石敬瑭的河東軍，遣使向李從珂告急。李從珂立即派彰聖都指揮使苻顏饒，率洛陽步騎屯駐河陽（今河南省孟縣西），派天雄節度使范延光，率魏州兵二萬，由青山（今河北省邢台市）趨榆次，命盧龍節度使趙德鈞率幽州兵，自飛狐口出代州，命耀州防禦使潘環，集合潼（關）蒲（津關）以西諸道兵，出慈（今山西省吉縣）、隰（今山西省隰縣），共救晉安寨。九月下旬，李從珂離開洛陽親征晉陽，但剛至河陽，便不願再去，僅派忠武節度使趙延壽（趙德鈞之子）率軍二萬，前往潞州（今山西省長治市）。李從珂駐蹕懷州（今河南省沁陽縣）後，又命右神武統軍康思立，率騎兵赴團柏谷（今山西省忻縣東）助戰。

奉命自飛狐口襲擊契丹背後的趙德鈞，早就懷有乘亂奪取中原的野心，向李從珂請求改由土門（今河北省井陘縣）西入山西，李從珂從之。趙德鈞沿途經過易（今河北省易縣）、鎮（今河北省正定縣）兩州，命當地守軍隨行，無形中將其兼併。這時，趙德鈞仍上表說自己兵少，須與澤潞兵合師，改道吳兒谷（今山西省黎城縣東北）前往潞州。十月中旬，趙德鈞至亂柳（今山西省沁縣南），又想兼併正率軍二萬屯駐遼州（今山西省左權縣）的范延光部。范延光知道趙德鈞居心叵測，上表說本軍已深入敵境，不易再南行數百里，與趙德鈞會合。十一月，趙延壽率軍二萬進抵西陽（今山西省沁縣西北），與其父趙德鈞會合。趙德鈞仍想兼併范延光軍，在亂柳逗留不進，後經李從珂屢次催促，才移兵團柏谷口，距晉安寨尚有百里。

同月，耶律德光在柳林（今山西省太原市東南）扶石敬瑭為大晉皇帝，改元天福，史稱後晉。石敬瑭果然不負前諾，將燕雲地區的幽、薊、瀛、莫、涿、檀、順、新、媯、儒、武、雲、應、寰、朔、蔚十六州割予契丹，並答應每年向契丹貢帛三十萬匹。趙德鈞亦欲依靠契丹奪取中原，至團柏谷逾月，仍按兵不進，而且一再上表，為其子趙延壽索取鎮州節度使一職。閏十一月，趙德鈞秘密派人攜金帛去見耶律德光，聲稱契丹若扶其為帝，將立刻南平洛陽，滅亡後唐，與契丹永為兄弟之國，並允許石敬瑭常鎮河東。耶律德光因深入敵境，晉安寨尚未攻下，趙德鈞兵力尚強，范延光又屯兵遼州，恐遭後唐軍合擊，準備答應趙德鈞的要求。石敬瑭得知大懼，急忙派人跪在耶律德光帳前，涕泣以爭，說晉安寨的後唐軍食盡力窮，趙德鈞按兵觀變，均不足為畏，如果使後晉得有中原，將竭盡中國之財以奉契丹。耶律德光於是拒絕趙德鈞的要求。

張敬達在晉陽寨被圍兩月有餘，與外界聯繫斷絕，不知大軍近在團柏谷，幾次出戰均告失利。楊光遠與安審琦見軍糧已盡，無力再守，勸張敬達投降契丹，張敬達未從。楊光遠遂將張敬達殺死，率部向契丹投降。石敬瑭與耶律德光，乘勢由晉陽南下，至團柏谷，向趙德鈞展開攻擊。趙德鈞父子棄軍逃跑，後唐軍大潰。李從珂在懷州聞此敗訊，倉皇南還洛陽。石敬瑭與耶律德光來到潞州，趙德鈞父子迎降於郊外。石敬瑭在潞州略事休整，即準備繼續南下，耶律德光卻決定留屯潞川觀戰，不再隨其一道南下。石敬瑭於是獨自率軍，由上黨徑趨河陽，轉向洛陽。李從珂見大勢已去，登樓自焚，後唐滅亡。遠在遼川的范延光，聞訊請降。

石敬瑭藉契丹之力建立後晉，立國後，外有契丹貪得無厭，徵求不已，內則藩鎮不服，叛亂迭起，遂形成內外交迫之局。所以，後晉政權僅維持了十年，便告滅亡。

遼滅後晉之戰

遼滅後晉之戰，起於後晉天福八年（九四三年）十二月，迄於後晉開運三年（九四六年）十二月，前後歷時三年。

石敬瑭在契丹的協助下建立後晉，將燕雲十六州割予契丹，從此中原北疆遂無藩籬。後晉天福二年（九三七年），契丹國主耶律德光以幽州為南京，建國號為大遼，仍以父皇的身份對待後晉。石敬瑭的部將成德節度使安重榮，不甘後晉永為遼國附庸，曾於後晉天福六年（九四一年），聯合朔州節度使趙崇及居住在代北的吐谷渾部，共同抗遼。苟且偷安的石敬瑭，不敢與遼輕啟戰端，一味忍辱待時。後晉天福七年（九四二年）六月，石敬瑭因憂悒成疾，死於廣晉（今河北省大名縣），其侄石重貴即位，是為後晉出帝。

石重貴在向耶律德光的告哀書中，只稱孫而不稱臣。耶律德光不悅，遣使責備石重貴擅即帝位，石重貴敢怒而不敢言。至後晉天福八年（九四三年），遼與後晉之問的矛盾愈趨加深。後晉大臣景延廣，甚至對遼使聲稱：「回去報告你們國主，先帝（石敬瑭）為貴國所立，故稱兒稱臣。今上（石重貴）乃中國所立，所以仍與貴國修好，正是因為不忘先帝的盟約，但為鄰稱孫可以，再無稱臣之理。中國士馬今非昔比，貴國若要來戰，一旦為孫所敗，取笑天下勿悔。」遼帝聽後大怒，決定立即出兵討伐後晉。這時，後晉內部亦出現動亂，身在青州（今山東省益都縣）的東平王楊光遠跋扈難制，企圖篡權，密告耶律德光，乘後晉正遭蝗災之年來攻。割據江南的南唐國主李昇，亦欲結遼以取中原，極力慫恿遼帝出兵。耶律德光於是在這年十二月，集中遼軍五萬人，採取以漢制漢的策略，交由樞密使兼政事令趙延壽（後唐盧龍節度使趙德鈞之子）指揮，答應事成之後立其為帝，向後晉發動進攻。後晉方面聞知，立即沿黃河加強守禦。

後晉開運元年（九四四年）正月初，趙延壽進逼貝州（今河北省清河縣），貝州軍校邵珂，開南門迎敵，貝州遂陷，軍民被殺達萬人。這時，太原方面向石重貴報告，遼軍已入侵雁門關（今山西省代縣西北），河北恆、邢、滄等地，亦報遼軍入侵。不久，石重貴見遼軍已至鄴都（今河北省大名縣），命侍衛馬步都指揮使景延廣，統兵前去抵禦，並欲親征。正月中旬，石重貴自洛陽至澶州（今河南省濮陽縣），耶律德光亦親至元城（今山東省朝城縣東）督戰。石重貴一面命河東節度使劉知遠、恆州節度使杜重威、定州節度使馬全節，出兵襲擊遼軍背後，派右武衛上將軍張彥澤等，拒遼軍於黎陽（今河南省浚縣東北），一面致書耶律德光，求修歸好。耶律德光的回答是：「已成之勢，難以更改。」

幾天後，進攻太原的遼軍，被劉知遠和吐谷渾酋長白承福擊退，轉由鴉鳴谷（今山西省壽陽縣）南下，欲出潞州（今山西省長治市）與遼軍主力會合。山東方面，後晉博州刺史周儒降遼，並與楊光遠勾結，引遼軍自馬家口（今山東省東平縣西北）渡過黃河，擒獲後晉左武衛將軍蔡行遇，一舉突破後晉左翼防線。二月初，石重貴命保義節度使石斌守麻家口（今河南省范縣東北），威勝節度使何重建守楊劉（今山東省東阿縣北），護勝都指揮使白再榮增援馬家口，以堵禦遼軍深入，又命西京留守安彥威助守河陽（今河南省孟縣西）。這時，周儒引遼軍進攻鄆州北津，欲與楊光遠遙相呼應，石重貴急命義成節度使李守貞沿黃河佈防。兩天後，後晉將領高行周、苻彥卿、石公霸等，被遼軍圍在戚城（今河南省濮陽縣北），後晉東面防線亦告動搖。石重貴親自率軍往救，遼軍才解圍而去。與此同時，李守貞在馬家口大破遼軍，後晉定難節度使李彝殷，奉石重貴之命，率軍四萬自麟州（今陝西省神木縣北）渡河，襲擾遼的西南邊境，劉知遠亦率所部，自土門（今河北省井陘縣西）出恆州，與杜重威共擊遼軍，並與馬全節會師邢州。楊光遠欲自青州向西，與遼軍會合，在鄆州遭到自馬家口分兵的石斌部的阻擊，轉攻棣州（今山東省惠民縣），又被刺史李瓊擊潰。石重貴聞訊，命鄆、兗（今山東省兗州縣）兩州加強守備，以防楊光遠再來。耶律德光見遼軍在馬家口和戚城均遭失利，偽作放棄元城退去，暗伏精兵於頓丘（今河南省清豐縣北），等待後晉軍到來。然而，遼軍設伏十天，人馬飢疲，後晉軍並沒有來。耶律德光於是採納趙延壽之策，於三月初率軍十餘萬，前往澶州，與石重貴決戰。雙方大戰數日，遼軍未能獲勝，遂自澶州分兩路北退，一路出滄、德，一路出深、冀。在撤軍途中，遼軍襲據德州，留兵守之。

遼軍於後晉開運元年（九四四年）三月北退之後，石重貴命各鎮兵馬返回本鎮，並收復德州和貝州，乘勢攻拔泰州（今河北省清范縣）。此後，石重貴為防備遼軍再次來犯，在國內大量徵兵，同時派李守貞擊滅楊光遠。

這年閏十二月，遼軍再次大舉入犯，仍以趙延壽為前軍，引兵直趨邢州。成德節度使杜重威告急，石重貴命天平節度使張從恩、鄴都留守馬全節、護國節度使安審琦等，各率所部赴援。耶律德光親領大軍，隨趙延壽之後繼進，設行轅在元氏（今河北省元氏縣）。次年正月初，遼軍逼近邢州，後晉軍難遏其鋒，退至相州（今河南省安陽市）洹水以南佈防。義成節度使皇甫遇與濮州刺史慕容彥超，率數千騎兵，至鄴縣（今河北省臨漳縣）探查遼軍虛實，突遇遼軍數萬，且戰且退。相州諸將得悉皇甫遇等被圍，由安審琪率騎兵往救，遼軍聞訊撤去。張從恩等認為，遼軍傾國而來，相州存糧僅夠十天，決定就食黎陽，依黃河為拒。耶律德光見狀，亦率遼軍北歸，途中奪佔邢州。

遼軍剛退，石重貴乘勢北伐，於後晉開運二年（九四五年）正月二十八日自大梁親征。一月八日，石重貴經滑州（今河南省滑縣）至澶州，督諸軍次第北上。三月上旬，杜重威等集兵定州（今河北省定州市），遼泰州刺史晉廷謙請降。三月中旬，後晉軍又克遂城（今河北省徐水縣）。這時，耶律德光得知後晉奪取泰州，親率八萬騎兵南下。杜重威等恐遭其創，退保泰州。二月二十二日，遼軍迫近泰州，後晉軍在陽城（今河北省保定市西南）反擊，將遼軍擊卻。遼軍繼續發動攻勢，後晉軍且戰且退，當退至白團衛（今河北省完縣境）時，乘狂風大作回擊遼軍，遼軍大敗而潰。此次戰後，雙方暫時議和，各自息兵養民。

後晉開運三年（九四六年）九月，耶律德光乘後晉國內大饑，民變蜂起，發兵三萬入犯河東。劉知遠在陽武谷（今山西省崞縣西）設伏截擊，殲敵七千人。定州方面，張彥澤亦殲敵二千人。這時，後晉樂壽（今河北省獻縣西南）監軍王巒，以為瀛（今河北省河間縣）、莫（今河北省任邱縣北）二州唾手可取，上書朝廷請求再度北伐。石重貴信以為真，於十月十四日誓師，並誇下海口說：「專發大軍，往平黠虜，先收瀛莫，次復幽燕，蕩平塞北。」至十月二十五日，杜重威與李守貞等，已會兵廣晉，然後北進。十一月，後晉軍至瀛州，在南陽務（河間縣境）一役受挫。耶律德光得知後晉北伐，率師自易、定至恆州。杜重威等不敢接戰，欲自貝、冀兩州南退，適逢彰德節度使張彥澤自恆州引兵來會，認為遼軍可破，於是杜重威以張彥澤為前鋒，又率軍沿滹沱河西援恆州。耶律德光見後晉大軍將至，暗中派部將蕭翰、劉重進由太行山麓繞到後晉軍後方，截斷後晉軍的糧道和歸路。十二月八日，遼軍在屢殲後晉軍分散兵力後，終於將杜重威的大軍包圍。杜重威無心再戰，遣使向耶律德光請降。耶律德光看不起杜重威，騙他說：「趙延壽威望素淺，恐不能在中國為帝。你若投降，可立你為帝。」杜重威大喜，立即率部投降。至此，後晉北伐大軍全部瓦解，北方各州民心士氣，亦因之崩潰，代、易、定、安國（今河北省安國縣）等地，先後降遼。耶律德光引兵自邢、相南下，直取大梁。石重貴欲召河東劉知遠發兵入援，無奈為時已晚，被迫出降。

後晉開運三年（九四六年）正月一日，耶律德光進入大梁，後晉滅亡。劉知遠聞訊，於二月在太原稱帝，並恢復天福年號。耶律德光本想留在大梁做遼國皇帝，但因為中原人心背離，無法統治，遂於三月留大將蕭翰為汴州節度使，取道太行北歸。

後漢開國及平叛之戰

後漢開國及平叛之戰，起於後晉天福十二年（九四七年）五月，迄於後漢乾祐二年（九四九年）七月，前後歷時二年零二個月。

後晉天福十二年（九四七年）正月，遼帝耶律德光進入大梁，後晉河東節度使劉知遠在將士擁戴下，即皇帝位於晉陽。劉知遠即位後，不忍更改後晉國號，又厭惡開運這個年號，乃稱這年為天福十二年。耶律德光得知此事，分兵在晉冀及晉豫邊界控扼要害，以防劉知遠東出。這時，後晉磁州（今河北省磁縣）刺史李穀向劉知遠表示效忠，並襲陷遼軍控制下的相州（今河南省安陽市）。後晉晉州（今山西省臨汾市）將領藥可儔，殺死降遼的節度使駱從朗，亦歸向劉知遠。劉知遠又命武節都指揮使史弘肇攻拔代州（今山西省代縣），殺死耶律德光委任的刺史王暉。接著，奉國指揮使趙暉殺死耶律德光委任的保義節度副使劉願，舉陝州（今河南省陝縣）來歸。劉知遠見中原人心尚可收拾，在耶律德光於三月北還幽州之後，立即準備進軍大梁。

四月，屯駐澤州（今山西省晉城縣）的遼昭義節度使耿崇美進攻潞州（今山西省長治市），劉知遠命史弘肇率步騎萬人赴救，同時命彰國節度使鄭謙、振武節度使閻萬，進向遼軍佔領的應州（今山西省應縣），以分散遼軍兵勢。這時，耶律德光病死在歸國途中，其侄兒欲即位於恆州（今河北省正定縣）。劉知遠立即發兵晉陽，自陰地關（今山西省靈石縣西南）經晉、絳（今山西省絳縣）南下。奉耶律德光之命留守大梁（今河南省開封市）的遼將蕭翰，聽說劉知遠舉兵南下，亦欲北歸，但恐中原無主大亂，回去無法交待，遂將後唐明宗李亶之子李從益接到大梁為帝，然後北歸。劉知遠兵至洛陽，李從益遣使往迎。六月十一日，劉知遠進入大梁，密令殺死李從益，改國號為漢，史稱後漢。

劉知遠在大梁建立新朝後，原後晉藩鎮相繼來歸。七月，在鄴都（今河北省大名縣）的天雄節度使（耶律德光所委）杜重威，向劉知遠奉表稱臣，並請求移往他鎮。劉知遠命其改任歸德節度使。杜重威因曾率後晉大軍投降遼軍而心虛，認為劉知遠不信任自己，拒絕接受詔命，並向在恆州和幽州的遼軍求援。閏七月十八日，劉知遠下詔削奪杜重威的官爵。九月，劉知遠自大梁發兵，親征杜重威。遼恆州指揮使張璉率遼軍二千人，遼幽州守將楊袞率遼軍一千五百人，協助杜重威守禦鄴都，使劉知遠久攻未克。但至十一月下旬，鄴都被圍已經兩月，守軍食竭力盡，杜重威被迫出降。劉知遠為收攏藩鎮之心，未殺杜重威，反而封其為大傅兼中書令。在劉知遠親討杜重威期間，由河中節度使（耶律德光所委）調往長安的晉昌節度使趙匡贊（趙延壽之子），擔心自己終究不會被劉知遠所容，遣使向後蜀國主孟昶請降，並請出兵應援。十二月初，孟昶發兵五萬，命山南西道節度使張虔釗出散關（今陝西省寶雞市西南），雄武節度使何重建與宣徽節度使韓保貞出隴州（今陝西省隴縣），進擊鳳翔（今寶雞市北），又命奉鑾肅衛都虞侯李延珪率軍二萬出子午谷（今陝西省漢中市經秦嶺至西安市東南），救援長安。次年（後漢乾祐元年，九四八年）正月，劉知遠深以關西形勢為憂，適有西北回鶻族首領來朝入貢，訴說其為黨項族欺凌，乞兵入援，劉知遠遂派左衛大將軍王景崇等，率禁兵數千前往關西。這時，趙匡贊聽從判官李恕之勸，決定還是歸順後漢，遣使來到大梁，後又親往大梁謝罪。劉知遠大喜，對其推誠以待。而這時王景崇等已至長安，正率本部軍及趙匡贊軍，同拒後蜀軍。李延珪在子午谷遭王景崇軍重創，張虔釗等聞訊自鳳翔撤軍，歸途中，亦被王景崇所率的鳳翔、隴、汧、涇、鄜、坊諸州之軍追擊。該月二十七日，劉知遠在大梁病死，其子劉承祐嗣位，是為後漢隱帝。二月，劉承祐下詔封王景崇為鳳翔節度使。

劉承祐年僅十八歲即位，許多藩鎮均有輕視朝廷之心。首先起兵反叛的，是護國節度使李守貞。三月，李守貞在河中（今山西省永濟縣）自稱秦王，派兵據守潼關，並請遼軍為援。據守長安的永興節度使趙思綰，立即響應李守貞。四月初，朝議削奪李守貞官爵，命保義節度使白文珂等領兵討之。六月，王景崇詐稱討伐趙思綰，調集鳳翔附近各州兵反叛，同時向後蜀請降。面臨李守貞、趙思綰、王景崇相繼反叛的險惡形勢，朝廷連續遣將進討，諸將皆不敢與叛軍交戰。劉承祐無奈，只好請樞密使郭威為統帥，率諸軍平叛。

八月中旬，郭威與諸將商議進討之策，諸將皆欲先取長安和鳳翔。鎮國節度使扈從珂說：「今三叛連衡，以李守貞為主，李守貞若被消滅，則王景崇、趙思綰自破。若捨近而攻遠，萬一王、趙拒我於前，李守貞截我於後，那就危險了。」郭威同意這個分析，決定先以主力進攻河中，僅以一部軍牽制監視長安和鳳翔。於是，郭威自陝州（今河南省陝縣），白文珂與寧江節度使劉詞自同州（今陝西省大荔縣），昭義節度使常恩自潼關，分三路進攻河中。

八月二十三日，後漢朝廷大軍雲集河中城下，李守貞視之失色。郭威督軍掘長壕，築連城，將河中團團圍困。李守貞幾次出兵突圍，皆告敗還，只好分遣親信，往南唐、後蜀及遼國求救，無奈使者均為朝廷軍隊截獲。不久，河中城中糧食將盡，餓死者甚多，李守貞一籌莫展。此時關西方面，援救王景崇的後蜀軍剛至散關，即為保義節度使趙暉擊潰。趙暉進圍鳳翔，後蜀國主孟昶又派大將安思謙馳救，同時命韓保貞引兵出汧陽（今陝西省汧陽縣西），以分散後漢軍之勢。但是，後蜀軍在與後漢軍交戰中，雖曾暫獲小勝，迅即陷於被動，只好再次撤軍。十一月，南唐國主李璟，亦發兵救援李守貞。當南唐軍行至沂州之境（今江蘇邳縣附近），得知後漢已有防備，加之士卒厭戰，立即回師。事後，李璟向劉承祐致書賠罪，請恢復兩國之間商旅交通，並請赦免李守貞。劉承祐未予理睬。十二月，由於王景崇再次告急，後蜀第三次出兵赴援。安思謙鑒於前兩次兵敗的教訓，繞到後漢軍之後，襲陷箭筈安都寨（今陝西省岐山縣東北），又擊敗後漢軍於玉女潭（今陝西省麟游縣西南），一直追至新關（今陝西省隴縣西）。趙暉向郭威告急。郭威親率一部軍自河中馳往關西，孰料剛至華州（今陝西省華縣），即聞後蜀軍已因糧盡撤去，於是又返回河中。王景崇在鳳翔待援無望，見趙暉攻城益急，舉家自焚而死。次年四月，河中叛軍饑困難捱，紛紛出降。五月，長安城中亦告糧盡，趙思綰請降，被鎮寧節度使郭從義斬首。郭威進攻河中至七月下旬，李守貞感到無力再守，與妻子一起自焚。至此，三叛終於全部剿滅。

後漢的歷史僅有四年，卻大多數時間都處於戰亂中。郭威在平定三叛一年多之後，便取代劉承祐為帝，改國號為周，史稱後周。

後周北漢高平之戰

後周北漢高平之戰，發生在後周顯德元年（九五四年）二月至五月。

後漢乾祐三年（九五〇年）十一月，後漢隱帝劉承祐為奸佞所唆，企圖殺害功高震主的天雄節度使郭威。郭威聞訊，自鄴都（今河北省大名縣）引兵赴大梁（今河南省開封市）找劉承祐算賬。劉承祐親率禁軍，在大梁城外相拒，兵潰被殺。郭威率百官進謁後漢太后，請立武寧節度使劉贇（劉知遠弟、河東節度使劉崇之子）為嗣君。數日後，又廢劉贇為湘陰公，自為監國。次年正月，郭威索性即皇帝位，改國號為周，史稱後周。

河東節度使劉崇初聞劉承祐遇害，便擬舉兵南向，後聞迎立其子劉贇為帝，又按兵未動，及聞劉贇被廢，亦即皇帝位於晉陽，仍用乾祐年號，史稱北漢。劉崇志在復仇，北結遼國，南侵晉州（今山西省臨汾市），並於後周顯德元年（九五四年）二月與後周決戰。這年正月，郭威死去，其侄柴榮即位，是為後周世宗。北漢劉崇聞知大喜，向遼國借得一萬騎兵，自率步騎三萬，由晉陽經團柏谷（今山西省忻縣東南）南趨潞州（今山西省長治市）。後周潞州守將李筠迎戰失利，回守潞州。劉崇未攻潞州，而是南下直至高平（今山西省高平縣）。三月中旬，柴榮親率後周大軍，亦至高平，雙方遂展開會戰。劉崇自恃兵多勢大，未讓遼軍助戰，僅率北漢軍發動攻擊。後周軍戰志甚銳，連續給北漢軍以重創。遼軍對後周軍深懷畏懼，且恨劉崇狂傲不遜，見狀迅即撤軍。劉崇僅率百餘殘騎，逃回晉陽。

柴榮乘勝向晉陽進軍。其進軍部署是：命天平節度使苻彥卿、鎮寧節度使郭崇、宣徽節度使向訓、侍衛馬步都虞侯李重進、鎮國節度使史彥超率步騎二萬，由潞州北攻晉陽；命河中節度使王彥超、保義節度使韓通自陰地關（今山西省靈石縣西南）北上，與潞州方面相呼應；自率大軍繼後。四月，苻彥卿等攻佔盂縣（今山西省太原市東北），進抵晉陽城下，王彥超等則攻取汾州（今山西省汾陽縣），迫降北漢防禦使黃希顏，柴榮親攻遼（今山西省昔陽縣）、沁（今山西省沁縣）兩州未下，後勸降北漢遼州刺史張漢超。柴榮原無奪取晉陽之意，不過是為炫耀兵勢，及入北漢境內，見北漢人民因不堪忍受劉崇賦役之重，紛紛願助後周軍進攻晉陽，才產生兼併北漢之心。然而，後周軍在高平獲勝後，軍紀有所鬆懈，隨意搶掠民間財物，致使北漢人民失望。柴榮聞知，急忙馳詔嚴禁搶掠，以安民心。自四月中旬至四月下旬，北漢所轄的憲州（今山西省靜樂縣）、嵐州（今山西省岢嵐縣）、石州（今山西省離石縣）及忻州（山西省忻州市）相繼請降。五月初，柴榮親至晉陽城下，督軍攻城。這時，遼國救援劉崇的騎兵已至忻州，被後周軍擊退。但是，由於晉陽城堅，後周軍連攻二十天未能破城，柴榮只好下令撤軍，於五月二十八日返抵大梁。

後周此次擊破北漢，戰果雖然不甚顯赫，卻使柴榮慨然而萌削平天下之志。一年後，後周便又發動討伐後蜀和南唐之戰。

後周伐後蜀、南唐、遼之戰

後周伐後蜀之戰，發生在後周顯德二年（九五五年）五月至十一月；後周伐南唐之戰，發生在後周顯德二年（九五五年）十一月至顯德五年（九五八年）二月；後周伐遼之戰，發生在後周顯德六年（九五九年）四月至五月。

後周世宗柴榮自高平戰後，雖未能擊滅北漢，卻從此雄圖未已，採取了一連串富國強兵的措施，使後周的實力迅速膨脹。此時，除北漢外，後周所面臨的敵國，還有後蜀、南唐和遼國。後蜀乘後晉滅亡，取得秦（今甘肅省天水市）、鳳（今陝西省鳳縣）兩州，屢次出兵長安和鳳翔，企圖據有整個關中。而如關中不安，則汴（今河南省開封市）、洛（今河南省洛陽市）搖撼，將直接威脅後周的統治中心。南唐佔據淮南地區，威脅著後周東南方向徐（今江蘇省銅山縣）、亳（今安徽省亳縣）兩州的安全。遼國自從石敬瑭手中得到燕雲之地後，鐵騎一旦南下，數日即可抵達黃河。因此，柴榮深感立國於四面皆敵之中，決心對其逐個發起征討。

後周顯德二年（九五五年）四月，柴榮決定先取隴右，命鳳翔節度使王景討伐後蜀。五月一日，王景率軍自散關趨秦州。六月初，王景與後蜀將領李延珪戰於威武城（今鳳縣東北），結果失利。這時，後蜀國主孟昶遣使至北漢和南唐，相約共同出兵制服後周，北漢國主劉鈞（劉崇之子）和南唐國主李璟，均表贊同。六月中旬，柴榮命彰信節度使韓通，率軍增援王景。八月，王景與韓通會合，重創後蜀軍。九月，李延珪命部將李進控據馬嶺寨（今鳳縣西），又派奇兵出斜谷（今陝西省眉縣西南），屯於白澗（今鳳縣東北），並分兵前往鳳州之北的唐倉鎮和黃花谷，企圖斷絕後周糧道。閏九月，王景先後擊破前來黃花谷和唐倉鎮的後蜀軍，迫使馬嶺寨和白澗的後蜀軍，亦告敗潰。李廷珪留兵屯守鳳州，自率主力退據青泥嶺（今甘肅省徽縣南），時刻準備由此入蜀。後蜀秦州守將韓繼勛聞知，放棄秦州奔還成都，後蜀成（今甘肅省成縣）、階（甘肅省武都縣）兩州，則降於後周。孟昶甚恐，聚兵劍門（今四川省劍閣縣東北）和白帝城（今四川省奉節縣東），防備後周軍深入其腹地。十一月，王景等攻克鳳州，擒獲後蜀軍五千餘人，後周伐後蜀之戰，亦告結束。因為，此次出兵的目的，只在謀求鳳翔及關中的安定，後周當時的主要作戰目標，是在南唐。

早在這年十月，柴榮便已命中書侍郎李穀，利用淮水淺涸之時，出兵南下。後唐國主李璟得知，急遣神武統軍劉彥貞率軍二萬，赴壽州（今安徽省壽縣）增援，同時派奉化節度使皇甫暉、常州團練使姚鳳，率兵三萬屯於定遠（今安徽省定遠縣）。十二月，李穀經杞（今河南省杞縣）、淮（今河南省汝南縣）、穎上（今安徽省穎上縣）至正陽（穎上縣東南），架浮橋渡過淮水，進攻壽州，連敗南唐軍於壽州城下。這時，吳越國主錢俶，向後周入貢，柴榮命錢俶出兵，夾擊南唐。

後周顯德三年（九五六年）正月，錢俶及楚王馬希崇，均發兵協助後周討伐南唐，吳越軍進攻常州（今江蘇省武進縣），楚軍進攻鄂州（今湖北省武漢市）。與此同時，李穀又敗南唐軍於上窟（今安徽省懷遠縣南），但仍未攻下壽州。南唐軍由水陸兩路增援壽州，欲斷後周軍的歸路，李穀深感畏懼，退保正陽。不久，柴榮親征南唐至陳州（今河南省淮陽縣），得知李穀軍的狀況，急遣歸德節度使李重進疾趨淮水。南唐將領劉彥貞引兵來戰，李重進迎頭痛擊，一舉殲其萬餘人。南唐滁州（今安徽省滁縣）刺史王紹顏，見前方兵敗如崩，棄城逃走。正月下旬，柴榮至壽州城下，命諸軍猛攻壽州，晝夜不息。南唐水軍進援壽州，被後周殿前都虞侯趙匡胤大敗於渦口（渦水入淮之口）。柴榮在圍攻壽州的同時，又命武平節度使王逵進向鄂州。二月，李璟因南唐軍接連受挫，向柴榮請求息兵修好，願向後周年年入貢。柴榮未做答覆，加緊圍攻壽州，又偵知揚州無備，命侍衛馬軍都指揮使韓令坤率軍往襲。二月下旬，韓令坤進人揚州，繼而攻拔泰州（今江蘇省泰縣），逼降南唐天長（今江蘇省天長縣）制置使耿謙。南唐鄂州、常州、宣州（今安徽省宣城縣）等地，遭到後周軍與吳越軍、楚軍的聯合攻擊，紛紛告危。

李璟被迫向遼國乞援，信使卻被後周軍捕獲。三月上旬，南唐光州（今河南省潢川縣）、舒州（今安徽省潛山縣）、蘄州（今湖北省蘄春縣）、黃州（今湖北省黃岡縣），相繼投降後周，壽州形勢益發孤危。李璟再次請和，向柴榮稱臣，並獻上大批金帛。柴榮則因淮南之地已經半為後周所有，諸將奏捷日至，企圖盡得江北之地，仍未允和。李璟見柴榮貪得無厭，南唐軍又剛破吳越軍於常州，遂盡傾國之力，繼續與後周軍作戰。南唐軍同仇敵愾，於四月奪回泰州，一度收復揚州。柴榮為迎擊南唐軍反攻，亦調整部署，命趙匡胤屯兵六合（今江蘇省六合縣）。南唐軍二萬，自瓜步（今六合縣東南）向趙匡胤猛撲，遭到重創。與此同時，南唐軍在灣頭堰（今揚州市東北運河分流處）和曲溪堰（今江蘇省盱眙縣）亦各損兵萬人。然而，自出兵以來銳意進取的柴榮，此時卻因淮南連降大雨，糧運不繼，留下李重進繼續圍攻壽州，自率大軍由渦口北歸。

後周大軍撤走後，南唐軍立即全面發動反攻，在壽州城南殲滅後周軍數百人，焚毀其攻城器具，並克復舒州、蘄州、和州（今安徽省和縣）。八月，南唐軍又企圖進擊屯兵下蔡（今安徽省鳳台縣）的後周義成節度使張永德，結果失利。至後周顯德四年（九五七年）正月，李重進圍攻壽州雖然連年未下，壽州城內亦告糧盡。南唐永安節度使許文稹等，率兵數萬往救，被李重進擊退，撤往紫金山（今安徽省鳳台縣南八公山）。柴榮聞訊，再次率軍親征。後周水軍至壽州城下，殲滅來援的南唐軍三千餘人，並將南唐軍主力分割，使其首尾不能相救。三月初，南唐將領朱元、朱仁裕率萬人來降。柴榮恐南唐軍沿淮南東下，命水軍數千在趙步（今安徽省鳳台縣東淮河北岸）設防。接著，後周軍向屯於紫金山的南唐軍發起總攻，殲其萬餘人，擒獲許文稹。南唐軍餘部果然沿淮東走，五萬餘人全部被殲於趙步。南唐薛州守將聞知，不敢再繼續抵抗，遂於三月十九日獻城投降。柴榮在部署好下一步攻勢之後，又返回大梁。

柴榮此次返回大梁後，將南唐降卒編成六軍，號懷德軍，又將在討伐後蜀時擒獲的後蜀降卒數千人遣回後蜀，借以顯示威德，並使其報告孟昶，後周已蕩平淮南數千里之地。這年十一月，柴榮因冬天淮水水位下降，第三次親征南唐，兵至濠州（今安徽省鳳陽縣東北）。後周軍在濠州重創南唐水軍，然後進圍泗州，迫降南唐守將范再遇。南唐水軍主力退保清口（今江蘇省淮陰縣西南泗水入淮之口），柴榮派軍追擊，至楚州（今江蘇省淮安縣）將其包圍。此役，後周軍繳獲戰艦三百餘艘，俘獲士卒七千餘人，其餘南唐戰艦全被燒沉，士卒全被殺溺，南唐在淮水的水軍喪失殆盡。南唐濠州、楚州守將聞訊，先後投降。接著，柴榮命南唐濠州降將，率所部攻天長，又遣鐵騎左廂都指揮使武守琦趨揚州，迫使南唐揚州軍民，棄城逃往江南。後周顯德五年（九五八年）正月，柴榮在攻拔泰州、海州（今江蘇省東海縣）之後，率水軍自淮入江，奪取靜海軍（今江蘇省南通市）。三月上旬，柴榮至迎鑾鎮（今江蘇省儀徵縣境），大破南唐水軍於東　州（今江蘇省崇明縣），並遣李重進率軍西趨廬州（今安徽省合肥市）。李璟恐柴榮渡江南侵，願將江北尚在南唐控制下的廬、舒（今安徽省廬江縣西南）、蘄、黃四州送給後周，雙方劃江為界，以求息兵。柴榮認為作戰目的已經達到，終於應允。至此，後周從南唐手中，共奪得光、壽、廬、舒、蘄、黃、滁、和、濠、泗、楚、揚、泰、通十四州，整個淮南，悉為後周所有。後周顯德六年（九五九年）二月，柴榮為鞏固北部國防，決心收復燕雲之地，命侍衛親軍都虞侯韓通，率水陸軍從大梁先行，自率大軍繼後，北伐遼國。四月上旬，柴榮至滄州，直趨遼瀛（今河北省河間縣）、莫（今河北省任邱縣）兩州，並逼降遼寧州（今河北省青縣）刺史。四月下旬，柴榮抵達獨流口（今天津市靜海縣西南），由此折兵向西，又逼降遼益津關（今河北省霸縣東）守將。此時，趙匡胤所率之軍，已先至瓦橋關（今河北省雄縣南），在此逼降遼莫州刺史，迎接柴榮到來。五月初，李重進亦逼降遼瀛州刺史。柴榮欲乘勢進取幽州，在瓦橋關重新部署兵力，先襲取遼固安（今河北省固安縣）、易州（今河北省易縣）等地。遼帝耶律璟，未料到後周軍如此凶猛，一面命北漢國主劉鈞發兵牽制後周軍，一面集兵幽州，準備南下。五月上旬，李重進出土門（今河北省井陘縣西）迎擊北漢軍，在柏井（今山西省太原市東北）一役，予其重創，昭義節度使李筠，則攻拔遼州（今山西有左權縣）。幾天後，柴榮突患重病，被迫南還，征遼及北漢的大軍，隨其返回大梁。遼帝見柴榮罷兵，正求之不得，亦同時罷兵。

六月，柴榮在大梁病死，其子柴宗訓繼立，是為後周恭帝。柴宗訓在位不到半年，後周政權即為趙匡胤所篡取。

國家圖書館出版品預行編目（CIP）資料

中國古代戰爭通覽 / 張曉生著. -- 第一版. -- 臺北市 : 風格司藝術創作坊, 2017.08
冊； 公分
ISBN 978-986-95148-2-8(第1冊 : 平裝). --
ISBN 978-986-95148-3-5(第2冊 : 平裝). --
ISBN 978-986-95148-4-2(第3冊 : 平裝)

1.戰史 2.中國

592.92　　106011359

中國古代戰爭通覽（二）——西晉時代至五代

作　者 / 張曉生
編　輯 / 苗龍
發行人 / 謝俊龍
出　版 / 風格司藝術創作坊
10671台北市大安區安居街118巷17號
Tel：（02）8732-0530　Fax：（02）8732-0531
http://www.clio.com.tw
經銷商 / 紅螞蟻圖書有限公司
地址：11494台北市內湖區舊宗路二段121巷19號
Tel：（02）2795-3656　Fax：（02）2795-4100
http://www.e-redant.com
出版日期 / 2017 年 08月
定　價 / 360元

ISBN 978-986-95148-3-5　Printed in Taiwan